高等学校计算机教材建设立项项目

Java 程序设计 基础与实践

赵凤芝 邢 煜 段鸿轩 王 茱 编著

清华大学出版社
北京

内 容 简 介

本书从初学者的角度,详细介绍了Java程序设计的重要技术。通过大量的实例和真实项目的讲解,能使读者快速掌握利用Java进行面向对象程序设计的方法和技术。本书基于CDIO的理念,应用"案例+项目驱动"的学习模式,力争做到通俗易懂、学以致用。全书共13章,分别为进入Java世界、Java程序设计基础、Java中数组的应用、面向对象程序设计基础——类与对象、面向对象程序设计高级特性、Java实用类与接口、Java异常处理、Java GUI(图形用户界面)设计、Java IO(输入输出)流、多线程编程、Java网络编程、数据库程序设计和项目开发实战。

本书集作者多年的教学和科研经验编写而成,突出应用能力的培养,注重理论与实践相结合,由浅入深,讲解详尽,实例丰富,最后给出了一个真实项目案例的开发框架及实现方法,是一本实用性突出的教材。本书适合作为高等学校程序设计语言课程的教材,也可作为从事软件开发及相关领域的工程技术人员的自学参考书。

本书封面贴有清华大学出版社防伪标签,无标签者不得销售。
版权所有,侵权必究。举报: 010-62782989,beiqinquan@tup.tsinghua.edu.cn。

图书在版编目(CIP)数据

Java程序设计基础与实践/赵凤芝等编著. —北京: 清华大学出版社,2017(2023.8重印)
ISBN 978-7-302-46926-1

Ⅰ. ①J… Ⅱ. ①赵… Ⅲ. ①JAVA语言-程序设计-高等学校-教材 Ⅳ. ①TP312.8

中国版本图书馆CIP数据核字(2017)第074346号

责任编辑: 张瑞庆
封面设计: 何凤霞
责任校对: 李建庄
责任印制: 沈　露

出版发行: 清华大学出版社
网　　址: http://www.tup.com.cn, http://www.wqbook.com
地　　址: 北京清华大学学研大厦A座　　　　邮　编: 100084
社 总 机: 010-83470000　　　　　　　　　　邮　购: 010-62786544
投稿与读者服务: 010-62776969, c-service@tup.tsinghua.edu.cn
质量反馈: 010-62772015, zhiliang@tup.tsinghua.edu.cn
课件下载: http://www.tup.com.cn, 010-62795954

印 装 者: 三河市龙大印装有限公司
经　　销: 全国新华书店
开　　本: 185mm×260mm　　　印　张: 26.25　　　字　数: 639千字
版　　次: 2017年9月第1版　　　　　　　　　　印　次: 2023年8月第5次印刷
定　　价: 65.90元

产品编号: 069478-02

前　言

随着经济的全球化、产业结构的调整以及"互联网＋"大潮的兴起,信息产业的发展得到了前所未有的重视。在软件开发中,面向对象程序设计方法是目前的主流方法,而 Java 作为一种完全的面向对象的语言,它吸取了其他语言的优点,设计简洁而优美,使用方便而高效,具有简单、面向对象、与平台无关、解释型、多线程、动态、安全性强等特点,成为目前最为流行的程序开发语言之一,得到了普及和应用。Java 的风格接近 C++ 与 C#,特别是它的跨平台性,受到越来越多的程序设计人员的喜爱,在计算机的各种平台、操作系统,以及手机、移动设备、智能卡、家用电器均得到了广泛的应用。Java 可运行于多个平台,如 Windows、Mac OS 及其他多种 UNIX 版本的系统。Java 程序设计也是高等学校计算机及相关学科的核心专业课程,是培养学生软件设计能力的重要课程,在计算机学科的教学中起着非常重要的作用。

Java 诞生于 1991 年,Sun Microsystems 公司(以下简称 Sun 公司)1995 年 6 月把 Java 这门革命性的语言引入世界。之所以称 Java 为革命性的编程语言,是因为用以前语言编写的传统的软件系统与具体的开发环境有关,一旦开发环境有所变化就需要对软件系统进行一番改动,耗时费力,而利用 Java 语言开发的软件系统能在所有装有 Java 解释器的计算机上运行。Java 出现的初衷是出于对独立于平台的需要,世人希望有门编程语言能编写出嵌入到各种家用电器等设备的芯片上且易于维护的程序。但是,人们发现当时的编程语言都针对 CPU 芯片进行编译,如 C、C++ 等,这样,一旦电器设备更换了 CPU 芯片就不能保证程序正常的运行,可能需要修改程序重新进行编译。Sun 公司经过调查发现当时编程语言的这个致命缺点后,于 1990 年成立了由 James Gosling 领导的软件开发小组,开始致力于开发一种与平台无关的编程语言。他们的刻苦钻研与努力造就了 Java 语言的诞生。从此,Java 被广泛接受并推动了 Web 的迅速发展。Java 由 Sun 公司注册,是 Sun 公司最著名的商标,也是 IT 行业最著名的商标之一。

由于计算机语言更新快,所以本书添加了目前关于 Java 5 之后引入的一些最新的知识点,基于 CDIO 的工程教育理念,应用"案例＋项目驱动"的学习模式,力争做到通俗易懂,学以致用。通过引导学生完成项目任务,达到使学生掌握必备知识和拓展知识的目的。

如何尽快掌握 Java 技术呢?

学习任何技术都要从基础开始,编写本书的目的是让初学者能够通过最简单的描述和说明来跨越学习 Java 的第一道门槛,提供一本零起点的面向对象程序设计的初级教程。读者如果简单调研一下就不难发现,目前市面上最多的就是这类Java基础入门的教材。作者希望采用一种最有效的学习与培训的捷径和方法,这就是项目驱动训练法(Project-driven training),也就是用项目实践来带动理论的学习。基于此,本书采用"案例+项目"驱动的模式,深入浅出地全面介绍了Java语言程序设计的知识。通过项目实践,可以对技术应用有明确的目的性(为什么学),对技术原理更好地融会贯通(学什么),也可以更好地检验学习效果(学得怎样)。通过本书的学习,读者不仅学会了一种语言,而且能够在一定程度上掌握面向对象的思维方式,有能力编写真正有实际意义的应用程序,进行实际项目开发。

Java语言基础是一个实践性很强的课程,我们的指导思想是在有限的时间内精讲多练,培养读者的实际动手能力、自学能力、开拓创新能力和综合解决问题能力,将专业能力的培养贯穿始终。

全书共分为13章:第1章 进入Java世界;第2章 Java程序设计基础;第3章 Java中数组的应用;第4章 面向对象程序设计基础——类与对象;第5章 面向对象程序设计高级特性;第6章 Java实用类与接口;第7章 Java异常处理;第8章 Java GUI(图形用户界面)设计;第9章 Java IO(输入输出)流;第10章 多线程编程;第11章 Java网络编程;第12章 数据库设计;第13章 项目开发实战。在本书附录中,还介绍了Java编程规范。本书每章都有很多程序实例,每章后面配备了开发案例。

本书通过浅显易懂的实例引导初学者循序渐进地学习Java程序设计语言。本书通俗易懂,内容丰富,结构合理,注重理论与实践相结合,针对性强,突出应用能力的培养。本书结构设计独特,每章均配有典型案例和习题,与每章知识点相辅相成,简单易学,使初学者更容易掌握,是一本实用性很强的教材。本书所有例题都在Java SE8环境下编译通过并成功运行。本教材配套的教学资源,读者可以从清华大学出版社网站www.tup.com.cn免费下载。

本书由赵凤芝、邢煜、段鸿轩、王荣编著,包锋主审。其中,第1、2、3、4章由赵凤芝编写,第5、6、7章由王荣编写,第8、9、10章由邢煜编写,第11、12、13章及附录由段鸿轩编写,全书由赵凤芝负责组织编写、统稿和定稿,包锋负责审校。本书的编写得到了梁立新及相关人员的大力支持和帮助,在此一并表示感谢!鉴于作者的水平有限,书中难免有不足之处,敬请广大读者批评指正。

作 者

2017年5月

目 录

第 1 章 进入 Java 世界 ... 1
1.1 初识 Java ... 1
- 1.1.1 Java 语言的诞生与发展 ... 1
- 1.1.2 Java 语言的特点 ... 2
- 1.1.3 Java 应用开发体系 ... 4
1.2 面向对象与程序设计语言 ... 5
1.3 学习 Java 技术可以做什么 ... 6
1.4 Java 核心技术体系 ... 7
- 1.4.1 Java 核心技术基础部分 ... 7
- 1.4.2 Java 核心技术应用部分 ... 8
1.5 Java 的开发环境 ... 11
- 1.5.1 什么是 JDK ... 11
- 1.5.2 下载 JDK ... 12
- 1.5.3 完成安装 JDK ... 13
- 1.5.4 系统环境配置 ... 15
- 1.5.5 测试 JDK 配置是否成功 ... 17
- 1.5.6 开发工具 Eclipse 简介 ... 17
1.6 简单的 Java 程序 ... 24
本章总结 ... 29
习题 ... 30

第 2 章 Java 程序设计基础 ... 31
2.1 Java 的基本语法 ... 31
- 2.1.1 Java 的标识符与关键字 ... 31
- 2.1.2 Java 中的注释 ... 34
- 2.1.3 Java 中的常量和变量 ... 37
- 2.1.4 Java 的数据类型 ... 38

2.2 Java 的运算符与表达式 …………………………………………………… 48
　　2.2.1 算术运算符和算术表达式 ……………………………………… 48
　　2.2.2 赋值运算符和赋值表达式 ……………………………………… 52
　　2.2.3 关系运算符和关系表达式 ……………………………………… 53
　　2.2.4 逻辑运算符和逻辑表达式 ……………………………………… 55
　　2.2.5 位运算符 ………………………………………………………… 56
　　2.2.6 条件运算符和条件表达式 ……………………………………… 59
　　2.2.7 表达式中运算符的优先次序 …………………………………… 60
2.3 Java 流程控制 ……………………………………………………………… 61
　　2.3.1 顺序流程 ………………………………………………………… 61
　　2.3.2 分支流程 ………………………………………………………… 61
　　2.3.3 循环控制流程 …………………………………………………… 70
2.4 项目案例 …………………………………………………………………… 78
　　2.4.1 学习目标 ………………………………………………………… 78
　　2.4.2 案例描述 ………………………………………………………… 78
　　2.4.3 案例要点 ………………………………………………………… 78
　　2.4.4 案例实施 ………………………………………………………… 78
　　2.4.5 特别提示 ………………………………………………………… 82
本章总结 ………………………………………………………………………… 82
习题 ……………………………………………………………………………… 82

第 3 章　Java 中数组的应用　　　　　　　　　　　　　　85

3.1 什么是数组 ………………………………………………………………… 85
3.2 一维数组 …………………………………………………………………… 85
3.3 一维数组的应用 …………………………………………………………… 88
3.4 二维数组与多维数组 ……………………………………………………… 92
3.5 二维数组的应用 …………………………………………………………… 95
3.6 项目案例 …………………………………………………………………… 98
　　3.6.1 学习目标 ………………………………………………………… 98
　　3.6.2 案例描述 ………………………………………………………… 99
　　3.6.3 案例要点 ………………………………………………………… 99
　　3.6.4 案例实施 ………………………………………………………… 99
　　3.6.5 特别提示 ………………………………………………………… 102
　　3.6.6 拓展与提高 ……………………………………………………… 102
本章总结 ………………………………………………………………………… 102
习题 ……………………………………………………………………………… 102

第 4 章　面向对象程序设计基础——类和对象　　104

- 4.1　面向对象的基本概念 …………………………………………………… 104
  - 4.1.1　面向对象程序设计思想 ………………………………………… 104
  - 4.1.2　面向对象程序设计方法特点 …………………………………… 105
- 4.2　对象与类 ………………………………………………………………… 105
  - 4.2.1　日常生活中看对象与类的关系 ………………………………… 105
  - 4.2.2　成员 ……………………………………………………………… 106
- 4.3　面向对象的 4 个基本特征 ……………………………………………… 107
  - 4.3.1　继承性 …………………………………………………………… 107
  - 4.3.2　抽象性 …………………………………………………………… 107
  - 4.3.3　封装性 …………………………………………………………… 107
  - 4.3.4　多态性 …………………………………………………………… 108
- 4.4　Java 实现面向对象程序设计 …………………………………………… 108
  - 4.4.1　类的定义与对象的创建 ………………………………………… 108
  - 4.4.2　命名的规则 ……………………………………………………… 109
- 4.5　类的成员——变量 ……………………………………………………… 110
  - 4.5.1　变量属性的修饰符 ……………………………………………… 110
  - 4.5.2　变量的初始化 …………………………………………………… 112
  - 4.5.3　对成员变量的访问 ……………………………………………… 113
- 4.6　类的成员——方法 ……………………………………………………… 115
  - 4.6.1　方法定义 ………………………………………………………… 115
  - 4.6.2　方法的调用及参数传递 ………………………………………… 116
  - 4.6.3　Java 新特性——可变参数(Varargs) …………………………… 117
  - 4.6.4　构造方法 ………………………………………………………… 118
  - 4.6.5　方法的重载 ……………………………………………………… 120
- 4.7　对象资源的回收 ………………………………………………………… 122
  - 4.7.1　垃圾对象 ………………………………………………………… 122
  - 4.7.2　finalize()方法 …………………………………………………… 123
- 4.8　项目案例 ………………………………………………………………… 124
  - 4.8.1　学习目标 ………………………………………………………… 124
  - 4.8.2　案例描述 ………………………………………………………… 124
  - 4.8.3　案例要点 ………………………………………………………… 124
  - 4.8.4　案例实施 ………………………………………………………… 125
  - 4.8.5　特别提示 ………………………………………………………… 130
  - 4.8.6　拓展与提高 ……………………………………………………… 130
- 本章总结 ……………………………………………………………………… 131
- 习题 …………………………………………………………………………… 132

第 5 章　面向对象程序设计高级特性　　134

5.1　继承和多态 　134
5.1.1　继承的概念 　134
5.1.2　继承的实现 　135
5.1.3　成员变量隐藏 　137
5.1.4　方法覆盖 　138
5.1.5　继承中的构造方法调用 　139
5.1.6　多态性 　142

5.2　抽象方法与抽象类 　144
5.2.1　抽象方法 　144
5.2.2　抽象类 　144
5.2.3　扩展抽象类 　145

5.3　接口 　146
5.3.1　接口的定义 　146
5.3.2　接口的实现 　146
5.3.3　引用类型的转换 　147

5.4　包 　148
5.4.1　包及其使用 　149
5.4.2　访问控制 　150

5.5　内部类 　151
5.5.1　认识内部类 　151
5.5.2　成员式内部类——对象成员内部类 　152
5.5.3　成员式内部类——静态内部类 　154
5.5.4　局部内部类 　156
5.5.5　匿名内部类 　157

5.6　项目案例 　158
5.6.1　学习目标 　158
5.6.2　案例描述 　159
5.6.3　案例要点 　159
5.6.4　案例实施 　159
5.6.5　特别提示 　163
5.6.6　拓展与提升 　163

本章总结 　163
习题 　164

第 6 章　Java 实用类与接口　168

- 6.1　Object 类 …………………………………………… 168
- 6.2　字符串处理 …………………………………………… 171
  - 6.2.1　String 类 …………………………………… 171
  - 6.2.2　StringBuilder …………………………… 178
  - 6.2.3　StringTokenizer(字符串标记) …… 184
- 6.3　基本类型的封装类 ……………………………… 186
- 6.4　System 与 Runtime 类 ………………………… 187
  - 6.4.1　System 类 ………………………………… 187
  - 6.4.2　Runtime 类 ……………………………… 188
- 6.5　集合框架 ……………………………………………… 189
  - 6.5.1　Collection 接口 ………………………… 190
  - 6.5.2　Set 接口 …………………………………… 191
  - 6.5.3　List 接口 …………………………………… 193
  - 6.5.4　Iterator 接口 …………………………… 195
  - 6.5.5　Map 接口 ………………………………… 197
- 6.6　泛型 …………………………………………………… 199
- 6.7　时间及日期处理 ………………………………… 203
  - 6.7.1　Date 类 …………………………………… 203
  - 6.7.2　Calendar 类 ……………………………… 205
  - 6.7.3　DateFormat 类 ………………………… 207
  - 6.7.4　SimpleDateFormat 类 ……………… 208
- 6.8　算术实用类 ………………………………………… 210
  - 6.8.1　Math 类 …………………………………… 210
  - 6.8.2　Random 类 ……………………………… 211
- 6.9　枚举 …………………………………………………… 213
- 6.10　Annotation ……………………………………… 217
- 6.11　Lamda 表达式 …………………………………… 218
- 6.12　项目案例 …………………………………………… 220
  - 6.12.1　学习目标 ………………………………… 220
  - 6.12.2　案例描述 ………………………………… 220
  - 6.12.3　案例要点 ………………………………… 220
  - 6.12.4　案例实施 ………………………………… 220
  - 6.12.5　特别提示 ………………………………… 226
  - 6.12.6　拓展与提高 …………………………… 226
- 本章总结 ……………………………………………………… 226
- 习题 …………………………………………………………… 227

第 7 章　Java 异常处理　　229

- 7.1 异常处理概述 …………………………………………………… 229
  - 7.1.1 程序中错误 ……………………………………………… 230
  - 7.1.2 异常定义 ………………………………………………… 230
- 7.2 异常分类 ………………………………………………………… 231
- 7.3 异常处理 ………………………………………………………… 233
  - 7.3.1 如何处理异常 …………………………………………… 233
  - 7.3.2 处理异常的基本语句 …………………………………… 233
- 7.4 自定义异常 ……………………………………………………… 239
- 7.5 项目案例 ………………………………………………………… 240
  - 7.5.1 学习目标 ………………………………………………… 240
  - 7.5.2 案例描述 ………………………………………………… 240
  - 7.5.3 案例要点 ………………………………………………… 240
  - 7.5.4 案例实施 ………………………………………………… 240
  - 7.5.5 特别提示 ………………………………………………… 241
  - 7.5.6 拓展与提高 ……………………………………………… 241
- 本章总结 …………………………………………………………… 243
- 习题 ………………………………………………………………… 243

第 8 章　Java GUI(图形用户界面)设计　　246

- 8.1 GUI 程序概述 …………………………………………………… 246
  - 8.1.1 AWT 简介 ……………………………………………… 246
  - 8.1.2 Swing 简介 ……………………………………………… 247
- 8.2 容器与布局 ……………………………………………………… 248
  - 8.2.1 容器 ……………………………………………………… 248
  - 8.2.2 布局管理 ………………………………………………… 249
- 8.3 常用组件 ………………………………………………………… 258
  - 8.3.1 AWT 组件 ……………………………………………… 258
  - 8.3.2 Swing 组件 ……………………………………………… 264
- 8.4 事件处理 ………………………………………………………… 272
  - 8.4.1 事件处理的概念 ………………………………………… 272
  - 8.4.2 监听器和适配器 ………………………………………… 273
  - 8.4.3 事件处理的编程方法 …………………………………… 283
- 8.5 项目案例 ………………………………………………………… 283
  - 8.5.1 学习目标 ………………………………………………… 283

8.5.2　案例描述 ·· 283
　　8.5.3　案例要点 ·· 283
　　8.5.4　案例实施 ·· 283
　　8.5.5　特别提示 ·· 286
　　8.5.6　拓展与提高 ··· 286
本章总结 ·· 286
习题 ··· 287

第 9 章　Java IO(输入输出)流　　288

9.1　输入输出流的概述 ·· 288
　　9.1.1　流的概念 ·· 288
　　9.1.2　字节流 ··· 289
　　9.1.3　字符流 ··· 290
9.2　java.io 包层次结构 ··· 291
9.3　常用输入输出类 ··· 295
　　9.3.1　常用输入类 ··· 295
　　9.3.2　常用输出类 ··· 297
　　9.3.3　转换流 ··· 302
9.4　文件和目录的操作 ·· 303
9.5　对象流和对象序列化 ··· 309
　　9.5.1　序列化概述 ··· 309
　　9.5.2　序列化实现机制 ··· 309
9.6　项目案例 ·· 311
　　9.6.1　学习目标 ·· 311
　　9.6.2　案例描述 ·· 312
　　9.6.3　案例要点 ·· 312
　　9.6.4　案例实施 ·· 312
　　9.6.5　特别提示 ·· 315
　　9.6.6　拓展与提高 ··· 315
本章总结 ·· 316
习题 ··· 316

第 10 章　多线程编程　　317

10.1　线程概念 ·· 317
10.2　线程的创建及启动 ·· 318
10.3　线程状态及转化 ··· 323

10.4 线程优先级及调度策略 ································· 328
10.5 线程同步与互斥 ····································· 329
    10.5.1 基本概念 ··································· 329
    10.5.2 线程同步 ··································· 331
10.6 项目案例 ·· 335
    10.6.1 学习目标 ··································· 335
    10.6.2 案例描述 ··································· 336
    10.6.3 案例要点 ··································· 336
    10.6.4 案例实施 ··································· 336
    10.6.5 特别提示 ··································· 339
    10.6.6 拓展与提高 ································· 339
本章总结 ·· 340
习题 ·· 340

第 11 章　Java 网络编程　341

11.1 网络编程概述 ······································· 341
11.2 理解 TCP/IP 及 UDP/IP 协议 ·························· 343
11.3 使用 Socket 开发 TCP/IP 程序 ························· 343
11.4 使用 Socket 开发 UDP/IP 程序 ························· 350
11.5 项目案例 ·· 353
    11.5.1 学习目标 ··································· 353
    11.5.2 案例描述 ··································· 353
    11.5.3 案例要点 ··································· 353
    11.5.4 案例实施 ··································· 354
    11.5.5 特别提示 ··································· 362
    11.5.6 拓展与提高 ································· 362
本章总结 ·· 362
习题 ·· 362

第 12 章　数据库程序设计　363

12.1 关系数据库简介 ····································· 363
12.2 JDBC 简介 ··· 364
12.3 准备数据库环境 ····································· 364
12.4 JDBC 开发流程 ····································· 366
12.5 项目案例 ·· 370
    12.5.1 学习目标 ··································· 370

12.5.2	案例描述	370
12.5.3	案例要点	370
12.5.4	案例实施	370
12.5.5	特别提示	372
12.5.6	拓展与提高	372

本章总结 …… 372
习题 …… 372

第 13 章 项目开发实战　　373

13.1	问题描述	373
13.2	需求分析	373
13.3	概要设计	374
13.3.1	数据库设计	374
13.3.2	接口设计	375
13.4	代码实现	375
13.4.1	PersonVO 类的实现	376
13.4.2	DBConnection 类的实现	377
13.4.3	IPersonDAO 接口的实现	378
13.4.4	PersonDAOImpl 类的实现	379
13.4.5	PersonDAOProxy 类的实现	383
13.4.6	DAOFactory 类的实现	385
13.4.7	MainMenu 类的实现	386
13.4.8	InputHandler 类的实现	387
13.4.9	PersonAction 类的实现	388
13.4.10	StartApp 类的实现	391

本章总结 …… 392
习题 …… 392

附录　Java 编程规范　　393

参考文献　　405

第 1 章　进入 Java 世界

本章重点
- Java 语言的发展及特点。
- 面向对象概念及 Java 的核心技术体系。
- Java 的开发环境的搭建。
- 简单的 Java 程序的设计与运行。

Java 是面向对象、安全、跨平台、强大稳健、非常流行的高级程序设计语言。它的风格接近 C++ 与 C#，特别是它的跨平台性，受到越来越多的程序设计人员的喜爱，在计算机的各种平台、操作系统，以及手机、移动设备、智能卡、家用电器等领域均得到了广泛的应用。Java 可运行于多个平台，如 Windows、Mac OS 以及其他多种 UNIX 版本的系统。

学习 Java 语言首先要了解 Java 语言，通过本章的学习将能够了解 Java 语言的发展及特点，了解 Java 语言是纯面向对象的程序设计语言，了解其技术体系，熟悉其开发环境，学会简单 Java 程序的设计与运行。

1.1 初识 Java

1.1.1 Java 语言的诞生与发展

Java 是由 Sun Microsystems 公司于 1995 年 5 月推出的 Java 程序设计语言和 Java 平台的总称。用 Java 实现的 HotJava 浏览器（支持 Java applet）显示了 Java 的魅力：跨平台、动态的 Web、Internet 计算。因此，Java 被广泛地接受并推动了 Web 的迅速发展。Java 由 Sun Microsystems 公司注册，是 Sun Microsystems 公司最著名的商标，也是 IT 行业最著名的商标之一。

1991 年 4 月，Sun Microsystems 公司启动了由 Java 编程语言的创始人——James Gosling（詹姆斯·高斯林，出生于加拿大，是一位计算机编程天才，也被称为 Java 之父，见图 1-1）等发起的名为 Green 研究项目，最初研究的目的是创建一种与平台无关的、可用于交互手持式家庭设备控制器（如用于控制嵌入在有线电视交换盒）的语言，以实现一些家庭娱乐设备和家用电器的控制功能。James Gosling 称这种新语言为 Oak，后更名为 Java，应用于网络，并沿用至今。然而，Green 项目遇

图 1-1　Java 创始人詹姆斯·高斯林

到了困难,市场前景并不乐观。

1994年,Internet开始在全球盛行。从此,计算机世界发生了重大的变革。Internet是世界上最大的客户机/服务器系统,它拥有千万种不同类型的客户机。显然,Web设计者无法做到对可能访问其页面的每一台计算机编写不同的程序,而Java技术正是独立于平台而设计的。这使Green项目组的成员意识到,Java完全符合在Internet上编写、发送和使用应用程序的方式。

1995年,Sun Microsystems公司正式发布Java语言,Microsoft、IBM、NETSCAPE、NOVELL APPLE、DEC和SGI等公司纷纷购买Java语言的使用权。

1996年,Sun Microsystems公司正式发布了Java语言的第一个非试用版本。

1999年11月启用Java2。

2004年9月,J2SE1.5发布,这是Java语言发展史上的又一里程碑事件。为了表示这个版本的重要性,J2SE1.5更名为J2SE5.0。

2005年6月,JavaOne大会召开,Sun Microsystems公司公开Java SE 6。此时,Java的各种版本已经更名以取消其中的数字2:J2EE更名为Java EE,J2SE更名为Java SE,J2ME更名为Java ME。

2009年4月,Oracle(甲骨文)公司宣布收购Sun Microsystems公司。

2011年,Oracle公司发布Java7正式版。

2014年,Oracle公司发布了Java8正式版。

迄今为止,Java技术已经非常成熟,同时也不再使用Java2的称呼方法,而直接称为Java。在计算机发展史上,Java语言的发展速度之快是空前的。

Java的官方网站是http://www.oracle.com/technetwork/java/index.html。Java分为Java运行时环境JRE和Java开发工具包JDK,均可以在其官方网站下载。

1.1.2 Java语言的特点

Java程序设计语言是新一代语言的代表,它强调了面向对象的特性,可以用来开发不同种类的软件,它具有支持图形化的用户界面、支持网络以及数据库连接等复杂的功能。Java语言主要有以下特点。

1. 简单、易于学习

Java语言很简单。Java语言的简单性主要体现在以下三个方面:

(1) Java的风格类似于C++,因为它的语法和C++非常相似,因而C++程序员是非常熟悉的。从某种意义上讲,Java语言是C及C++语言的一个变种,因此,C++程序员可以很快地掌握Java编程技术。

(2) Java摒弃了C++中许多低级、困难、容易混淆、容易出错或不经常使用的功能,例如运算符重载、指针运算、程序的预处理、结构、多重继承以及其他一系列内容,并且通过实现自动垃圾收集大大简化了程序设计者的内存管理工作,这样更有利于Java语言初学者的学习。

(3) Java提供了丰富的类库,为程序设计提供了方便的条件。

2. 面向对象

面向对象可以说是 Java 最重要的特性。Java 语言的设计完全是面向对象的,它不支持类似 C 语言那样的面向过程的程序设计技术。Java 语言的设计集中于对象及其接口,它提供了简单的类机制以及动态的接口模型。对象中封装了它的状态变量以及相应的方法,实现了模块化和信息隐藏;而类则提供了一类对象的原型,并且通过继承机制,子类可以使用父类所提供的方法,实现了代码的复用。

3. 分布式

Java 语言支持 Internet 应用的开发,在基本的 Java 应用编程接口中有一个网络应用编程接口(java.net 包),它提供了用于网络应用编程的类库,包括 URL、URLConnection、Socket、ServerSocket 等。Java 的 RMI(远程方法调用)机制也是开发分布式应用的重要手段。

4. 高性能

用 Java 语言编辑的源程序的执行方法是采用先经过编译器编译、再利用解释器解释的方式来运行的。它综合了解释性语言与编译语言的众多优点,使其执行效率较以往的程序设计语言有了大幅度的提高。如果解释器速度不慢,Java 可以在运行时直接将目标代码翻译成机器指令。Sun 公司用直接解释器一秒钟内可调用 300 000 个过程。翻译目标代码的速度与 C/C++的性能没什么区别。

5. 安全性

Java 通常被用在网络环境中,为此,Java 提供了一个安全机制以防恶意代码的攻击。除了 Java 语言具有的许多安全特性以外,Java 对通过网络下载的类具有一个安全防范机制(类 ClassLoader),如分配不同的名字空间以防替代本地的同名类、字节代码检查,并提供安全管理机制(类 SecurityManager)让 Java 应用设置安全哨兵。

6. 多线程

Java 的多线程机制使应用程序中的线程能够并发执行,且其同步机制保证了对共享数据的正确操作。通过使用多线程,程序设计者可以分别用不同的线程完成特定的行为,而不需要采用全局的事件循环机制,这样就很容易在网络上实现实时交互行为。Java 的多线程功能使得在一个程序里可同时执行多个小任务。线程有时也称小进程,是一个大进程里分出来的小的、独立的进程。在 Java 语言中,线程是一种特殊的对象,它必须由 Thread 类或其子(孙)类来创建。通常有两种方法来创建线程:一种方法是使用 Thread(Runnable)的构造方法将一个实现了 Runnable 接口的对象包装成一个线程;另一种方法是从 Thread 类派生出子类并重写 run 方法,使用该子类创建的对象即为线程。值得注意的是,Thread 类已经实现了 Runnable 接口,因此,任何一个线程均有它的 run 方法,而 run 方法中包含了线程所要运行的代码。线程的活动由一组方法来控制。Java 语言支持多个线程的同时执行,并提供多线程之间的同步机制(关键字为 synchronized)。

7. 可移植性(与平台无关性)

Java 源程序经过编译器编译,会被转换成一种称为字节码(byte-code)的目标程序。字节码的最大特点便是可以跨平台运行,即程序设计人员常说的"编写一次,到处运行",正是这一特性成为 Java 得以迅速普及的重要原因。与平台无关的特性使 Java 程序可以方便地移植到网络上的不同机器。同时,Java 的类库中也实现了与不同平台的接口,使这些类库可以移植。另外,Java 编译器是由 Java 语言实现的,Java 运行时系统由标准 C 实现,这使得 Java 系统本身也具有可移植性。

8. 动态

Java 的动态特性是其面向对象设计方法的扩展。它允许程序动态地装入运行过程中所需要的类,这是 C++ 语言进行面向对象程序设计所无法实现的。在 C++ 程序设计过程中,每当在类中增加一个实例变量或一种成员方法后,引用该类的所有子类都必须重新编译,否则将导致程序崩溃。

Java 通过如下措施来解决这个问题:

Java 编译器不是将对实例变量和成员方法的引用编译成数值引用,而是将符号引用信息在字节码中保存并传递给解释器,再由解释器来完成动态连接,然后将符号引用信息转换成数值偏移量。这样,一个在存储器生成的对象不在编译过程中决定,而是延迟到运行时由解释器确定。因此,对类中的变量和方法进行更新时就不至于影响现存的代码。解释执行字节码时,这种符号信息的查找和转换过程仅在一个新的名字出现时才进行一次,随后代码便可以全速执行。在运行时确定引用的好处是可以使用已被更新的类,而不必担心会影响原有的代码。如果程序连接了网络中另一系统中的某一类,该类的所有者也可以自由地对该类进行更新,而不会使任何引用该类的程序崩溃。

Java 还简化了使用一个升级的或全新的协议的方法。如果用户系统运行 Java 程序时遇到了不知怎样处理的程序,Java 能自动下载用户所需要的功能程序。

1.1.3 Java 应用开发体系

Java 平台由 Java 虚拟机(Java Virtual Machine,JVM)和 Java 应用编程接口(Application Programming Interface,API)构成。Java 应用编程接口为 Java 应用提供了一个独立于操作系统的标准接口,可分为基本部分和扩展部分。在硬件或操作系统平台上安装一个 Java 平台之后,Java 应用程序就可运行。现在 Java 平台已经嵌入几乎所有的操作系统。这样,Java 程序可以只编译一次就可以在各种系统中运行。

Java 分为三个版本:Java SE(Java Standard Edition,Java 标准版),Java EE(Java Enterprise Edition,Java 企业版),Java ME(Java Micro Edition,Java 平台微型版)。

Java SE 体系:Java 标准版允许开发和部署在桌面、服务器、嵌入式环境和实时环境中使用的 Java 应用程序。Java SE 包含了支持 Java Web 服务开发的类,并为 Java EE 提供基础。

Java EE 体系:Java 企业版帮助开发和部署可移植、健壮、可伸缩且安全的服务器端 Java 应用程序。Java EE 是在 Java SE 的基础上构建的,它提供 Web 服务、组件模型、管理和通信 API,可以用来实现企业级的面向服务体系结构(Service-Oriented Architecture,SOA)和 Web2.0 应用程序。

Java ME 体系:Java 平台微型版为在移动设备和嵌入式设备(如手机、PDA、电视机顶盒和打印机)上运行的应用程序提供一个健壮且灵活的环境。Java ME 包括灵活的用户界面、健壮的安全模型、许多内置的网络协议,以及对可以动态下载的连网和离线应用程序的丰富支持。基于 Java ME 规范的应用程序只需编写一次就可以用于许多设备,而且可以利用每个设备的本机功能。

1.2 面向对象与程序设计语言

面向对象(Object-Oriented,OO)是当前计算机界关心的重点,它是 20 世纪 90 年代软件开发方法的主流。

面向对象的概念可以使得人们按照通常的思维方式来建立问题域的模型,设计出尽可能自然地表现求解方法的软件。所谓面向对象,就是基于对象的概念,以对象为中心,以类和继承为构造机制,来认识、理解、刻画客观世界和设计、构建相应的软件系统。

1. 对象

对象是要研究的任何事物。从一本书到一家图书馆,从单个整数到整数列庞大的数据库,以及极其复杂的自动化工厂和航天飞机都可视为对象,它不仅能表示有形的实体,也能表示无形的(抽象的)规则、计划或事件。从程序设计者角度来看,对象是一个程序模块;从用户角度来看,对象为他们提供所希望的行为。对象的操作通常称为方法。

2. 类

类是对象的模板,即类是对一组有相同数据和相同操作的对象的定义,一个类所包含的数据和方法,描述一组对象的共同属性和行为。类是在对象之上的抽象,对象则是类的具体化,是类的实例。类可有其子类,也可有其他类,形成类层次结构。

类是一个通用的概念,Java、C++、C♯、PHP 等很多编程语言中都有类,都可以通过类创建对象。可以将类看成是结构体的升级版,正是看到了 C 语言的不足,C 语言后来的设计者尝试加以改善,继承了结构体的思想,并进行了升级,让程序员在开发或扩展大中型项目时更加容易。

因为 Java、C++ 等语言都支持类和对象,所以使用这些语言编写程序也称为面向对象编程,这些语言也称为面向对象的编程语言。C 语言因为不支持类和对象的概念,所以称为面向过程的编程语言。

实际上,面向对象只是面向过程的升级。

3. 消息

消息是对象之间进行通信的一种规格说明。它一般由三部分组成:接收消息的对象、消息名以及实际变元。

面向对象编程(Object-Oriented Programming,OOP),即面向对象程序设计,是一种计算机编程架构。OOP 的一条基本原则是计算机程序是由单个能够起到子程序作用的单元或对象组合而成。OOP 达到了软件工程的三个主要目标:重用性、灵活性和扩展性。为了实现整体运算,每个对象都能够接收信息、处理数据和向其他对象发送信息。

面向对象程序设计在 20 世纪 80 年代成为一种主导思想,这主要归功于 C++(C 语言的扩充版)。在图形用户界面(GUI)日渐崛起的情况下,面向对象程序设计得到了推动和发展。

1967年,挪威计算中心的Kristen Nygaard和Ole-Johan Dahl开发了Simula67语言,它提供了比子程序更高一级的抽象和封装,引入了数据抽象和类的概念,被认为是第一个面向对象语言。

20世纪70年代初,Palo Alto研究中心的Alan Kay所在的研究小组开发出Smalltalk语言,之后又开发出Smalltalk-80,Smalltalk-80被认为是最纯正的面向对象语言,它对后来出现的面向对象语言,如Object-C、C++、Self、Eiffel都产生了深远的影响。随着面向对象语言的出现,面向对象程序设计也就应运而生且得到迅速发展。之后,面向对象思想不断向其他阶段渗透。1980年,Grady Booch提出了面向对象设计的概念,之后又出现了面向对象分析。1985年,第一个商用面向对象数据库问世。1990年以来,面向对象分析、测试、度量和管理等研究都得到长足发展。实际上,"对象"和"对象的属性"这样的概念可以追溯到20世纪50年代初,它们首先出现于关于人工智能的早期著作中。但是,出现面向对象语言之后,面向对象思想才得到了迅速的发展。

过去的几十年中,程序设计语言对抽象机制的支持程度不断提高:从机器语言到汇编语言,再到高级语言,直到面向对象语言,如图1-2所示。汇编语言出现后,程序员避免了直接使用0和1,而是利用符号来表示机器指令,从而更方便地编写程序;当程序规模继续增长的时候,出现了FORTRAN、C、Pascal等高级语言,这些高级语言使得编写复杂的程序变得容易,程序员们可以更好地对付日益增加的复杂性。但是,如果软件系统达到一定规模,即使应用结构化程序设计方法,局势仍将变得不可控制。作为一种降低复杂性的工具,面向对象语言产生了,面向对象程序设计也随之产生。

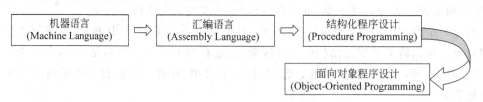

图1-2 程序设计语言的发展

面向对象是当前计算机界关心的重点,面向对象的概念和应用已经超越了程序设计和软件开发,扩展到很宽的范围。例如,数据库系统、交互式界面、应用结构、应用平台、分布式系统、网络管理结构、CAD技术、人工智能等很多领域。本节只介绍了面向对象的简单概念,Java语言是典型的面向对象的语言,关于面向对象的更多内容将在后面的章节中详细介绍。

1.3 学习Java技术可以做什么

随着互联网技术的发展,Java的应用越来越广泛,主要体现在以下几个方面。

1. Android的应用

许多的Android应用都是Java程序员开发的。虽然Android运用了不同的JVM以及不同的封装方式，但是代码还是用 Java 语言所编写。相当一部分的手机中都支持 Java 游戏。Android 手机上的 App 几乎都是用 Java 开发的，例如 QQ、微信、UC 浏览器。

2. 在金融业应用的服务器程序的开发

Java 在金融服务业的应用非常广泛，很多第三方交易系统、银行、金融机构都选择用 Java 开发，因为相对而言，Java 更安全。大型跨国投资银行用 Java 来编写前台和后台的电子交易系统、结算和确认系统、数据处理项目以及其他项目。大多数情况下，Java 被用于服务器端的开发，但由于多数服务器没有任何前端，它们通常是从一个服务器（上一级）接收数据，处理后发向另一个处理系统（下一级处理）。

3. Web 网站的开发

Java 在电子商务领域以及网站开发领域占据了一定的席位。开发人员可以运用许多不同的框架来创建 Web 项目，即使是简单的 Servlet、JSP 和以 Struts 为基础的网站在政府项目中也经常被用到，例如医疗救护、保险、教育、国防以及其他的不同部门网站都是以 Java 为基础来开发的。Java 非常适合开发大型的企业网站，例如人人网、去哪儿网的后台都是用 Java 开发的。

4. 嵌入式领域

Java 在嵌入式领域发展空间很大。在这个平台上，只需 130KB 就能够使用 Java 技术（在智能卡或者传感器上）。嵌入式应用就是在小型电子产品中运行的软件，例如老式手机上的软件、MP3 上的软件等。

5. 大数据技术

Hadoop 以及其他大数据处理技术很多都是用 Java 研制开发的，例如 Apache 的基于 Java 的 HBase 和 Accumulo、ElasticSearchas。

6. 高频交易的空间

Java 提高了这个平台的特性和即时编译，同时也能够像 C++ 一样传递数据。正是由于这个原因，Java 成为程序员编写交易平台的语言，因为虽然性能不比 C++，但开发人员可以避开安全性、可移植性和可维护性等问题。

7. 科学应用

Java 在科学应用中是很好的选择，包括自然语言处理。最主要的原因是 Java 相比 C++ 或其他语言，其安全性、便携性、可维护性更好，与其他高级语言的并发性也更好。

1.4 Java 核心技术体系

Java 核心技术体系结构包括 Java 核心技术基础和 Java 核心技术应用两大部分，如图 1-3 所示。

1.4.1 Java 核心技术基础部分

学习 Java 开发的第一步是搭建 Java 开发环境，包括熟悉 Java 开发环境的配置和 JDK

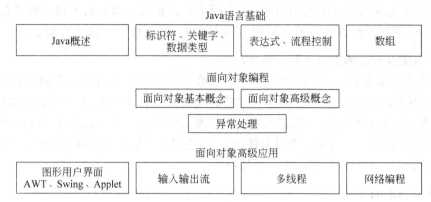

图 1-3　Java 核心技术体系结构

开发工具；之后了解 Java 的核心特性，包括 Java 虚拟机、垃圾回收器、Java 代码安全检查等；在此基础上掌握 Java 应用程序开发的基本结构，以及学习如何编辑、编译和运行 Java 应用程序。

任何程序设计语言，都是由语言规范和一系列开发库组成的。首先需要掌握 Java 语言的基础语法。后面章节将介绍标识符(Identifier)、关键字(Keyword)、变量和常量这些基本元素，以及 Java 的数据类型(包括基本类型和引用类型)；之后继续介绍 Java 基础语法：Java 运算符、表达式运算(包括运算符的优先次序和数据类型转换)以及流程控制(包括顺序流程、分支流程和循环流程)。

数组也是 Java 语言中的一个重要组成部分。需要了解数组的声明、生成和初始化，数组的使用，以及多维数组的基本原理。

在此基础之上，进行 Java 最重要的面向对象的概念的学习。在这里要熟悉面向对象核心语法，包括：封装，包含 Java 中的类、方法和变量以及构造方法、方法重载；继承，包含继承概念和方法重写(覆盖)；多态，包含多态概念和多态实现。

接着介绍面向对象的一些高级特性，包括：静态(Static)变量、方法和初始化程序块，最终(Final)类、变量、方法，访问规则(Access Control)，抽象类和方法(Abstract Classes and Methods)，接口(Interface)，基本类型包装器(Wrappers)，集合，内部类，以及反射机制等。

了解完面向对象的基础知识后，将在此基础上介绍 Java 核心技术的应用部分或者称高级部分，包括图形用户界面、多线程、输入输出和网络编程等。

1.4.2　Java 核心技术应用部分

1. 图形用户界面

好的应用系统需要做到用户友好(user friendly)，也就是提供好的图形用户界面(Graphic User Interface，GUI)。下面介绍两个主要的构建图形用户界面的技术：AWT 和 Swing。

1) AWT

在 JDK 的第一个发布版中包含了 AWT(Abstract Window Toolkit)这个库。AWT 的默认实现使用了"对等"机制，即每一个 Java GUI 窗口部件都在底层的窗口系统中有一个对应的组件。例如，每一个 java.awt.Button 对象都将在底层窗口系统中创建一个唯一对应的 Button。当用户单击这个按钮时，事件将从本地实现库传送到 Java 虚拟机里，并且最终传送到与 java.awt.Button 对象相关联的逻辑。对等系统的实现，以及 Java 组件与对等组件之间交流的实现，都隐藏在底层 JVM 实现中，Java 语言级的代码仍然是跨平台的。

尽管如此，为了保持"write once, run anywhere"的许诺，Java 不得不进行折中。特别要说明的是，Java 采用了"最小公分母"的方法，即 AWT 仅仅提供所有本地窗口系统都提供的特性。这就需要开发人员为更多高级特性开发自己的高级窗口部件，然后提供给不同的用户去使用和体验。

所以，用 AWT 开发的应用程序既缺少流行 GUI 程序的许多特性，又不能达到在显示和行为上像用本地窗口构建库开发程序一样的目标。应该有一个更好的库让 Java GUI 取得成功，Swing 就是这样一个方案。

2) Swing

在 1997 年 JavaOne 大会上提出并在 1998 年 5 月发布的 JFC(Java Foundation Classes) 包含了一个新的使用 Java 窗口开发包。这个新的 GUI 组件称为 Swing，它是 AWT 的升级，并且看起来对 Java 的进一步发展有很大帮助。

Swing 架构特征如下：

- AWT 依赖对等架构，用 Java 代码包装本地窗口部件；而 Swing 却根本不使用本地代码和本地窗口部件。
- AWT 把绘制屏幕交给本地窗口部件；而 Swing 用自己的组件绘制自己。
- 因为 Swing 不依赖本地窗口部件，它可以抛弃 AWT 的"最小公分母"的方法，并在每个平台下实现每个窗口部件，从而创建一个比 AWT 更强大的开发工具包。
- Swing 在默认情况下，采用本地平台的显示外观。然而，它并不仅仅局限于此，还可以采用插件式的显示外观。因此，Swing 应用程序看起来像 Windows 应用程序、Motif 应用程序、Mac 应用程序，甚至像它自己的显示外观："金属"。所以，Swing 应用程序可以完全忽略它运行时所在的操作系统环境，并且仅仅看起来像自己。

Swing 组件超越了简单的窗口部件，它体现了正不断出现的设计模式以及一些最佳实践方法。采用 Swing，用户不仅仅得到 GUI 窗口部件的引用和它所包含的数据，而且可以定义一个模型去保存数据，定义一个视图去显示数据，定义一个控制器去响应用户输入。事实上，大部分 Swing 组件的构建是基于 MVC(Model-View-Controller) 模式的，MVC 使应用程序开发变得更加清晰、更易维护和更易管理。

3) Java Applet 介绍

在 Swing 基础之上，可以开发一种特殊的图形界面程序——Applet。Java Applet 就是用 Java 语言编写的这样的一些小应用程序，它们可以直接嵌入网页中，并能够产生特殊的效果。当用户访问这样的网页时，Applet 被下载到用户的计算机上执行，但前提是用户使用的是支持 Java 的网络浏览器。由于 Applet 是在用户的计算机上执行的，因此它的执行速度不受网络带宽或者 Modem 存取速度的限制，用户可以更好地欣赏网页上 Applet 产生的多媒体效果。在 Java Applet 中，可以实现图形绘制、字体和颜色控制、动画和声音的插入、人机交互及网络交流等功能。

介绍完 GUI 开发后，接下来介绍 Java 的另一个高级核心技术——多线程。

2. 多线程

在计算机编程中，一个基本的问题就是同时对多个任务加以控制。有时要求将问题划分成独立运行的程序片段，使整个程序能更迅速地响应用户的请求。在一个程序中，这些独立运行的片段称为"线程"(Thread)，利用它编程的概念就称为"多线程处理"。多线程处理的一个常见的例子就是用户界面。利用线程，用户单击一个按钮，程序就会立即做出响应，而不是让用户等待程序完成了当前任务以后才开始响应。

Java 提供的多线程功能使得在一个程序里可以同时执行多个小任务。线程（有时也称为小进程）是一个大进程里分出来的小的独立的进程。多线程带来的更大的好处是更好的交互性能和实时控制性能。尽管多线程是强大而灵巧的编程工具，但要用好却不容易。必须注意一个问题：共享资源。如果有多个线程同时运行，而且它们试图访问相同的资源，就会遇到这个问题。例如，两个进程不能将信息同时发送给一台打印机。为解决这个问题，对那些可共享的资源来说（如打印机），它们在使用期间必须进入锁定状态。所以，一个线程可以将资源锁定，在完成了它的任务之后再解开（释放）这个锁，使其他线程可以接着使用同样的资源。

Java 的多线程机制已内建到语言中，这使得一个可能较复杂的问题变得简单起来。对多线程处理的支持是在对象这一级别支持的，所以一个线程可表达为一个对象。Java 也提供了资源锁定方案，它能锁定任何对象占用的内存（内存实际是多种共享资源的一种），所以同一时间只能有一个线程使用特定的内存空间。为达到这个目的，需要使用 synchronized 关键字。其他类型的资源必须由程序员明确锁定，这通常要求程序员创建一个对象，用它代表一把锁，所有线程在访问这个资源时都必须检查这把锁。

3. 输入输出

在项目开发中，输入输出操作是必不可少的。输入或者输出都是针对内存而言，从磁盘或者网络载入内存称为输入(Input, I)，从内存送至磁盘或者网络称为输出(Output, O)。对语言设计人员来说，创建好的输入输出系统是一项困难的任务，Java 库的设计者通过创建大量类攻克了这个难题。

Java 的核心库 java.io 提供了全面的 IO 接口，包括文件读写、标准设备输出等。Java 中 IO 是以流(Stream)为基础进行输入输出的，所有数据被串行化写入输出流，或者从输入流读入。此外，Java 也对块传输提供支持。Java IO 模型设计非常优秀，它使用装饰(Decorator)模式，按功能划分 Stream，可以动态装配这些 Stream，以便获得需要的功能。例如，需要一个具有缓冲的文件输入流，则应当组合使用 FileInputStream 和 BufferedInputStream。Java 的 IO 体系分为 InputStream/OutputStream 和 Reader/Writer 两类，区别在于 InputStream/OutputStream 处理的是字节流，而 Reader/Writer 能够直接读写字符文本。基本上，所有的 IO 类都是配对的，即有 XxxInput 就有一个对应的 XxxOutput。

4. Java 网络编程

最后介绍 Java 的网络编程原理。

对网络编程简单的理解就是两台计算机相互通信,网络编程的基本模型就是客户机/服务器(Client/Server)模型。简单地说,就是两个进程之间相互通信,其中一个必须提供一个固定的位置,而另一个则只需要知道这个固定的位置,并去建立两者之间的联系,然后完成数据的通信就可以了。这里提供固定位置的通常称为服务器,而建立联系的通常称为客户机。

在开始学习网络编程之前,先简单了解网络基础知识,特别是网络传输层协议 TCP 和 UDP。它们使用 IP 路由功能把数据包发送到目的地,从而为应用程序及应用层协议(包括 HTTP、SMTP、SNMP、FTP 和 Telnet)提供网络服务。TCP 提供的是面向连接的、可靠的数据流传输,类似于生活中的打电话;而 UDP 提供的是非面向连接的、不可靠的数据流传输,类似于生活中的收发信件。

对于程序员而言,掌握一种编程接口并使用一种编程模型相对就简单多了,Java 提供一些相对简单的应用开发接口(API)来完成这些工作。对于 Java 而言,这些 API 存在于 java.net 这个包里面,因此只要导入这个包就可以准备网络编程了。

Java 所提供的网络功能分为以下三大类。

(1) URL 和 URLConnection:是三大类功能中最高级的一种。通过 URL 的网络资源表达方式,很容易确定网络上数据的位置。利用 URL 的表示和建立,Java 程序可以直接读入网络上所存放的数据,或者把自己的数据传送到网络的另一端。

(2) Socket:所谓 Socket,可以想象成两个不同的程序通过网络的通道,这是传统网络程序中最常用的方法。一般在 TCP/IP 网络协议下的客户机/服务器软件采用 Socket 作为交互的方式。

(3) Datagram:是这些功能中最低级的一种。一般在 UDP/IP 网络协议下的客户机/服务器开发中采用这种模式。其他网络数据传送方式,都假设在程序执行时,建立一条安全稳定的通道。但是,以 Datagram 方式传送数据时,只是把数据的目的地记录在数据包中,然后就直接放在网络上进行传输,系统不保证数据一定能够安全送到,也不能确定什么时候可以送到。

本书将深入细致地介绍和讨论上述核心技术,采用的方式是项目驱动训练法(Project-driven training),也就是用项目实践来带动理论的学习。

1.5 Java 的开发环境

本节主要介绍 Java 开发环境的搭建,首先介绍 JDK 的下载安装和环境变量的设置,并通过一个简单的示例程序展示 JDK 的简单使用方法,对于 Java 开发工具方面将简要介绍集成开发环境 Eclipse 的基本使用方法,通过本章的学习,可以迅速掌握 Java 开发环境的搭建,并对 Eclipse 开发工具的基本用法有所了解。

1.5.1 什么是 JDK

Sun 公司提供了一套 Java 开发环境,简称 JDK(Java Development Kit),即 JDK 是针对 Java 开发人员发布的免费软件开发工具包(Software Development Kit,SDK)。JDK 是整个

Java 的核心，包括了 Java 运行环境、Java 工具和 Java 基础类库，主要用于移动设备、嵌入式设备上的 Java 应用程序。

JDK 可以从 Oracle 公司的网站 http://www.oracle.com/technetwork/java/javase/downloads/index.html 下载，JDK 当前最新版本是 JDK8，建议下载该版本的 JDK，下载好的 JDK 是一个可执行的安装程序，默认安装完毕后，会在 C:\Program Files\Java\ 目录下安装一套 JRE 运行时环境，在 C:\Program Files\Java 下安装一套 JDK（同时包括一套 JRE）开发环境。然后需要在环境变量 PATH 的最前面加上 Java 的路径 C:\Program Files\Java\bin 进行简单的设置，这样 JDK 就安装好了。

注意：在编写 Java 程序时，应该下载一份 Java Doc API 帮助文档，该文档包含了所使用版本的 JDK 类库中所有类的说明，是使用 Java 进行开发时必不可少的编程手册。

1.5.2 下载 JDK

JDK 中包含了 Java 开发中必需的工具和 Java 运行时环境即 JRE。

在正式开发之前，先到 Oracle 公司的网站上获取一份 JDK 的安装文件，下面将一步一步地演示 JDK 下载的方法。

（1）打开浏览器，在地址栏里输入网址：

http://www.oracle.com/technetwork/java/javase/downloads/index.html

如图 1-4 所示，进入 Java 下载首页。

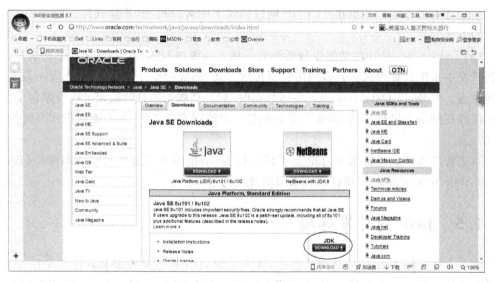

图 1-4　Java 下载首页

（2）单击 JDK 的 Download 按钮后，进入选择安装平台与语言界面，如图 1-5 所示。

注意：*需要选择图 1-5 中 Accept License Agreement 选项后，才可以下载。同时，应该根据所使用的计算机的操作系统类型，选择要下载的版本，若选择的平台与即将安装的平台不符，程序有可能无法安装或者在运行的时候出错。Windows 用户选择 Windows x86（32 位）或 Windows x64（64 位）。*

第 1 章　进入 Java 世界

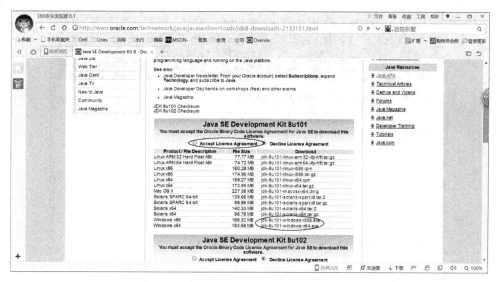

图 1-5　选择安装平台与语言

（3）按图 1-6 选择要保存的路径，单击"下载"按钮，即可完成最终下载。

图 1-6　最终下载界面

下载之后，在读者指定目录下将会出现名为 jdk-<version>-windows-x64.exe 的可执行文件，该文件即为所需的 JDK 安装文件。

注意：此处的<version>指代所下载 JDK 的版本号，后面出现的<version>意义与此处相同。刚刚下载的文件为 jdk-8u102-windows-x64.exe，其中的版本号 8u102 是指 JDK 8 Update 102。

1.5.3　完成安装 JDK

JDK 已经下载到硬盘里，接下来就是进行 JDK 的安装。

（1）双击已下载的 JDK 安装文件，执行安装程序，进入安装程序界面，阅读安装协议，如图 1-7 所示。

（2）单击"下一步"按钮后，进入设置安装路径界面，如图 1-8 所示。

图 1-7　阅读安装协议

图 1-8　设置 JDK 安装路径

（3）单击"下一步"按钮后，系统将会自动进行 JDK 的安装。在安装完 JDK 后，安装程序将自动进入 JRE 的安装界面，安装程序将自动安装 JRE，过程中无须处理。最终安装完成后，显示如图 1-9 所示的画面。

至此，JDK 及 JRE 就安装完成。但是，安装完成并不代表可以立即使用，还要继续进行

图 1-9　安装完成界面

JDK 的配置，JDK 配置完成后才能使用。

注意：JDK 是开发环境，JRE 是 Java 程序的运行环境，如果只是为了运行 Java 程序，可以仅安装 JRE 而不必安装 JDK。

1.5.4　系统环境配置

JDK 安装完成后，还要对它进行相关的配置，配置完成以后才可以使用，先来设置一些环境变量，对于 Java 来说，一般需要配置 JAVA_HOME、Path、classpath 三个环境变量（JDK 1.5 之后，classpath 可以省略，但如果需要向下兼容，则仍要对其进行配置）。下面在 Windows 8 操作系统下，设置环境变量，其他版本的 Windows 操作系统的设置与此类似。

（1）要打开环境变量的设置窗口，右击"这台电脑-属性-高级系统设置"弹出"系统属性"对话框，如图 1-10 所示。选择"高级"标签，进入"高级"选项卡，再单击"环境变量"按钮，进入"环境变量"对话框，如图 1-11 所示。

（2）在"系统变量"下面，单击"新建"按钮，弹出"新建系统变量"对话框如图 1-12 所示，在变量名中输入"JAVA_HOME"，变量值即为上面 JDK 的安装目录，单击"确定"按钮。

（3）在图 1-11"系统变量"列表框中，选择变量 Path，待其所在行变高亮后，单击"编辑"按钮，在弹出的"编辑系统变量"对话框中，在变量值的最开始添加上"%JAVA_HOME%\bin"，其中分号用于分隔不同的环境变量，"%JAVA_HOME %"代表对上一步所配置的 JAVA_HOME 环境变量的引用，PATH 环境变量中添加的路径实际上是 JAVA_HOME 这个环境变量下面的 bin 目录，其完整路径是 C:\Program Files\Java\jdk1.8.0_102\bin，如图 1-13 所示。使用相对路径，在开发和使用时会有更多的灵活性，因此建议采用这种做法。

编辑完成后，单击"确定"按钮进行保存，环境变量 Path 的设置就完成了。

图 1-10 "系统属性"对话框

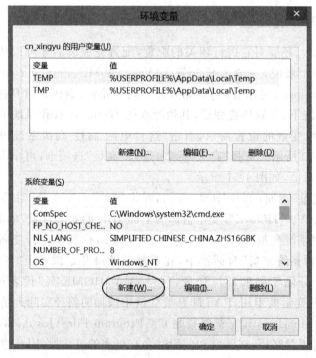

图 1-11 "环境变量"对话框

图 1-12 新建 JAVA_HOME 变量

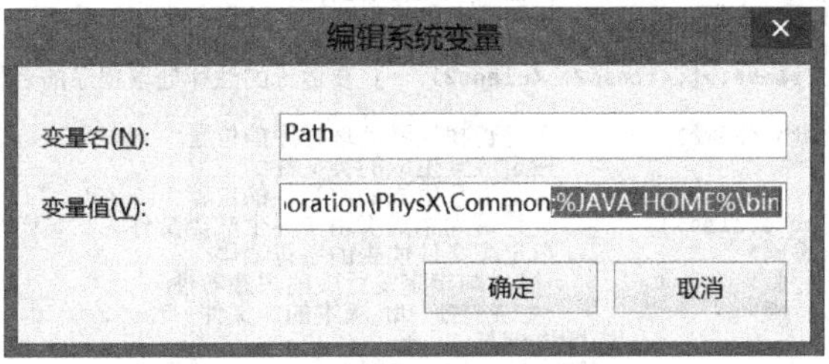

图 1-13 编辑 Path 变量

注意：设置 Path 变量的路径，必须是 JDK 安装目录中的 bin 目录，有时候在 JDK 安装目录的同一层会有 JRE 的安装目录，因此请谨慎选取相关路径，避免将路径设置成 JRE 目录下的 bin 目录。

1.5.5 测试 JDK 配置是否成功

设置好环境变量后就可以对刚设置好的变量进行测试，并检测 Java 是否可以运行。

(1) 在"运行"对话框中输入 cmd 命令。

(2) 之后单击"确定"按钮，打开命令行窗口。

(3) 在光标处输入：javac 命令，按 Enter 键执行，即可看到测试结果，如图 1-14 所示。如果执行 javac 命令没有报错，说明之前设置的环境变量工作正常。这里 javac 是编译 Java 源程序的命令。

这样就说明用户的环境已设置好了。设置好了开发环境，Java 的大门就此开启，可以一起开始探索这个充满了创造性的美好世界了。

注意：请尽量熟悉 Windows 的命令行界面操作，在 Java 的学习过程中，会经常使用到命令行界面。

1.5.6 开发工具 Eclipse 简介

在实际的开发过程中，是不可能脱离集成开发工具的帮助的，使用集成开发工具可以大大提高开发效率，从而保证项目的进度。在本节的内容中，将简要介绍 Eclipse 开发工具的使用。

Eclipse 是一款非常优秀的开源 IDE，基于 Java 的可扩展开发平台，除了可以作为 Java 的集成开发环境外，还可作为编写其他语言（如 C++ 和 Ruby）的集成开发环境。Eclipse 凭

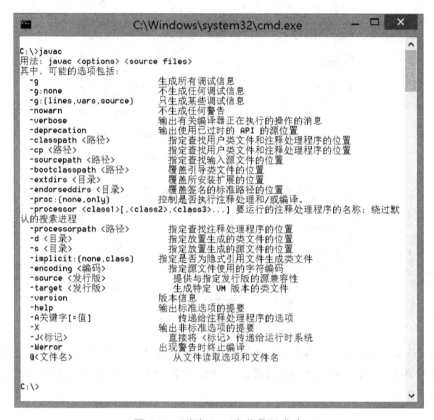

图 1-14　测试 Java 安装是否成功

借其灵活的扩展能力、优良的性能与插件技术，受到了越来越多开发者的喜爱。

1. 下载 Eclipse

（1）Eclipse 的下载地址为 https://www.eclipse.org/downloads/，如图 1-15 所示。

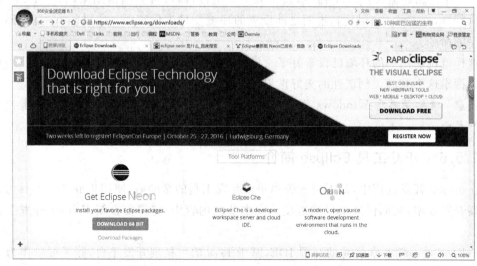

图 1-15　Eclipse 下载地址首页

2016年6月，Eclipse发布了Neon版，这个版本首次鼓励用户使用Eclipse Installer来进行安装，这是一种由Eclipse Oomph提供的新技术，它通过提供一个很小的安装器使得各种工具可以按需下载和安装。以前的版本都是提供一个大ZIP安装包，因而Eclipse的下载服务器总是负荷很大。现在则是提供许多的可选插件，可以只在需要的时候才下载。很多以前的标准工具包（如Java开发包和CDT C/C++开发包等）现在都基于安装器做成了可选安装包，这样用户就完全可以只挑选自己需要的标准开发工具，按照自己的需要来组合，定制自己的IDE。

（2）单击DOWNLOAD 64 BIT按钮后进入图1-16所示的Eclipse安装文件下载页面。

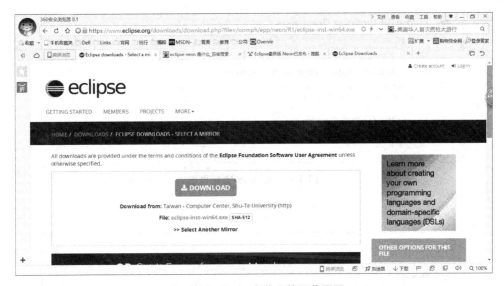

图1-16　Eclipse安装文件下载页面

（3）单击DOWNLOAD按钮，会下载一个名为eclipse-inst-win64.exe的安装文件。

2．安装Eclipse

（1）双击安装文件eclipse-inst-win64.exe，出现如图1-17所示的Eclipse安装界面。

（2）单击Eclipse IDE for Java Developers选项，安装为Java开发者准备的Eclipse集成开发环境，选择Eclipse安装路径，如图1-18所示。

（3）单击INSTALL按钮进行安装。等待安装完成后出现如图1-19所示的Eclipse安装完成界面。

3．初识Eclipse

（1）单击图1-19中的LAUNCH按钮，或在Eclipse安装目录的eclipse目录下找到eclipse.exe并双击，将运行Eclipse集成开发环境，如图1-20所示。在第一次运行时，Eclipse会要求选择工作空间（workspace），用于存储工作内容，如果在图1-20中勾选Use this as the default and do not ask again选项，以后启动Eclipse将以本次设置的工作空间作为默认工作空间，而不再询问用户。

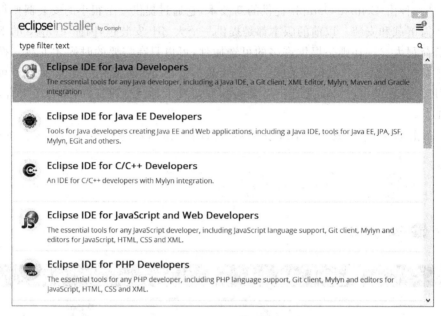

图 1-17　Eclipse 安装界面

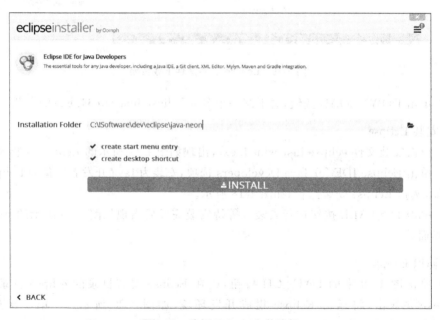

图 1-18　选择 Eclipse 安装路径

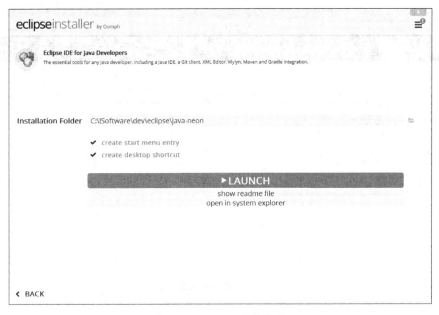

图 1-19　Eclipse 安装完成

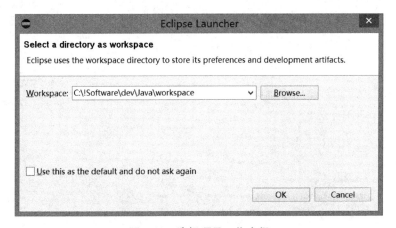

图 1-20　选择项目工作空间

（2）选择工作空间后，单击 OK 按钮，进入 Eclipse 欢迎界面，如图 1-21 所示。

Eclipse 欢迎界面（工作台窗口之一）提供了一个或多个透视图。透视图包含编辑器和视图（如导航器）。可同时打开多个工作台窗口。开始时，在打开的第一个"工作台"窗口中，将显示 Java 透视图，其中只有"欢迎"（Welcome）视图可视。单击欢迎视图中标记为"工作台"（Workbench）的箭头，以使透视图中的其他视图变得可视，如图 1-22 所示。

在窗口的右上角会出现一个快捷方式栏，它允许用户打开新透视图，并可在已打开的各透视图之间进行切换。活动透视图的名称显示在窗口的标题中，并且将突出显示它在快捷方式栏中的项。工作台窗口的标题栏指示哪一个透视图是活动的。Eclipse 的工作台可以根据程序员的习惯进行定制，可以选择显示哪个窗口，并可对窗口进行拖放。

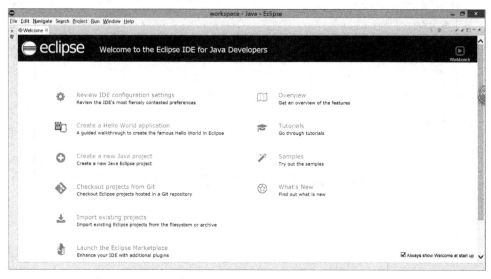

图 1-21　Eclipse 欢迎界面

图 1-22　Java 开发视图

4. 用 Eclipse 编写程序

下面先来体验用 Eclipse 开发 Java 程序。

(1) 选择菜单 File→New→Java Project 新建一个 Java 项目,命名为 CoreJava,单击 Finish 按钮,如图 1-23 所示。

(2) 选中"包视图"(Package Explorer)中 CoreJava 项目下的 src,右击,在弹出菜单中选择 New-class,如图 1-24 所示。在输入框中输入类名(如 HelloWorld),在 Package 输入框内输入 sample,选中 public static void main(String[] args)前的复选框(将会自动生成程序入口 main 方法),单击"完成"(Finish)按钮,系统将自动产生以下程序。

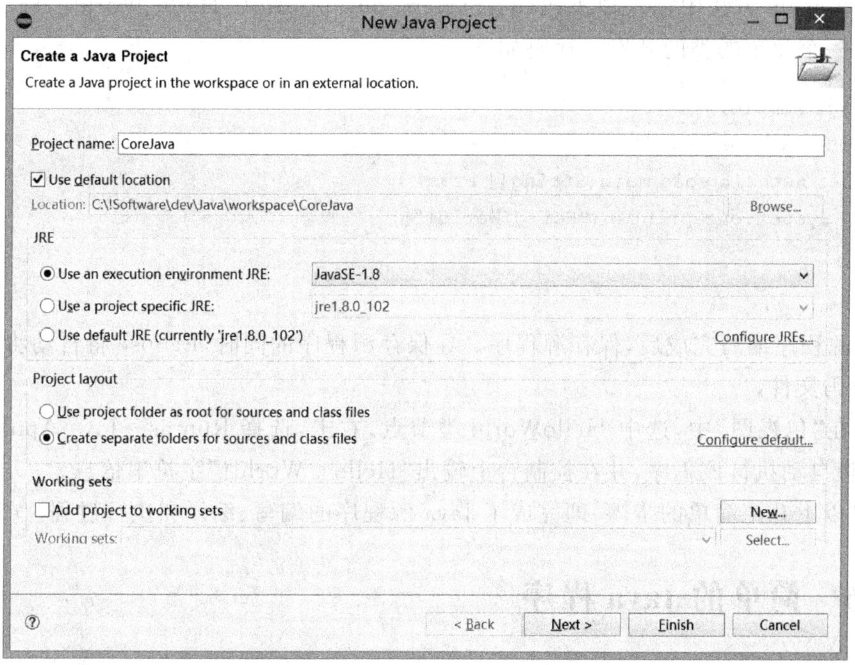

图 1-23　构建 Java 项目

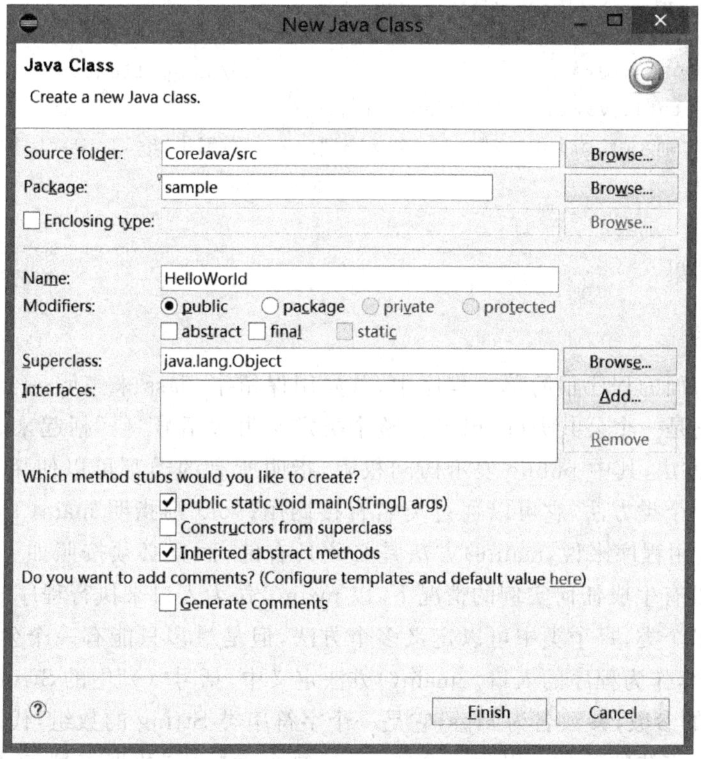

图 1-24　构建 Java 类

（3）在 main 方法中输入以下语句：System. out. println("Hello World!");;，这样便编写完成了一个简单的类的开发。代码如下：

```
package sample;
public class HelloWorld {
  public static void main(String[] args) {
      System.out.println("Hello,World!");
  }
}
```

（4）源程序编写完成后，保存源程序。在保存源程序的同时，Eclipse 将自动将源程序编译成字节码文件。

（5）在"包视图"中，选中 HelloWorld 类节点，右击，选择 Run as→Java Application 命令，系统将自动执行该程序，并在控制台上输出"Hello World!"字符串信息。

通过以上几个简单的步骤，即完成了 Java 源程序的编写、编译和执行过程。

1.6 简单的 Java 程序

刚刚进入 Java 的世界，开发一个入门的程序是必不可少的，为了更好地理解 Java 的强大功能，下面介绍一个简单的实例。

【例 1-1】 开发第一个简单的 Java 程序。

```
public class Example1 {                              //an application
    public static void main(String[] args){
        System.out.println("Hello World!");         //输出"Hello World!"
    }
}
```

程序运行结果：

Hello World!

可以看到上面的程序很简单。程序中，首先用保留字 class 来声明一个新的类，其类名为 Example1，它是一个公共类（public）。整个类定义由大括号"{}"括起来。在该类中定义了一个 main() 方法，其中 public 表示访问权限，指明所有的类都可以使用这一方法；static 指明该方法是一个类方法，它可以通过类名直接调用；void 则指明 main() 方法不返回任何值。对于一个应用程序来说，main() 方法是必须具有的，而且必须按照如上的格式来定义。Java 解释器在没有生成任何实例的情况下，以 main() 作为入口来执行程序。一个 Java 源文件中可以定义多个类，每个类中可以定义多个方法，但是最多只能有一个公共类，main() 方法也只能有一个，作为程序的入口。main() 方法定义中，括号"()"中的 String[] args 是传递给 main() 方法的参数，参数名为 args，它是一个字符串类 String 的数组，代表命令行用户输入的运行参数。方法的参数可以为 0 个或多个，每个参数用"数据类型 参数名"来指定，多个参数之间用逗号分隔。在 main() 方法的方法体（大括号）中，只有一条语句：

```
System.out.println("Hello World!");
```

用来实现字符串的输出。

程序中，//后的内容为注释。

现在可以运行该程序。首先把它放到一个名为 Example1.java 的文件中。这里，文件名应和类名相同，因为 Java 解释器要求公共类必须放在与其同名的文件中。然后进入命令行方式，用 javac 命令对它进行编译：

```
C:\>javac Example1.java
```

编译的结果是生成字节码文件 Example1.class。最后用 java 命令来运行该字节码文件：

```
C:\>java Example1
```

结果在屏幕上显示"Hello World!"。

注意：javac 和 java 两个命令都存在于 Java 的安装目录下的 bin 目录中，该目录已经添加到 path 环境变量里，所以无论当前工作路径在哪里，都可以直接使用 java 和 java 命令。

【关键技术解析】
- 使用 class 关键字来定义一个类。
- 在一个可执行的类中必须有一个 main()方法，该方法是程序的入口。
- 利用 System.out.println()语句将信息输出在标准输出设备上。

接下来再看一个相对完整的 Java 应用程序例子，来理解面向对象编程的主要概念。

```java
/*
 *一个简单的 Java 演示程序
 */
package sample;                              //第一步(step 1)
import java.io.*;                            //第二步(step 2)
public class FirstJavaProgram{               //第三步(step 3)

    //数据部分(Data or Fields)，第四步(step 4)
    private String name;
    private int age;

    /*方法部分(Methods)，第五步(step 5)
    一种特殊方法--构造方法/函数(constructor)*/
    public FirstJavaProgram(String aName, int aAge){
      name=aName;
      age=aAge;
    }
    //数据读取方法(Accessor Method)
    public String getName()
    {
    return name;
    }
```

```
    public void setName(String aName){
      name=aName;
    }
    //运行入口方法(Main Method)
    public static void main(String[] args){
    //创建对象,第六步(step 6)
    FirstJavaProgram fjp=new FirstJavaProgram("Zhang", 24);
    System.out.println("Name is: "+fjp.getName());
    }
}
```

从这个例子可以看出,Java 程序结构可以分为 6 个部分(或者称为开发的 6 个步骤)。

(1) package 语句:0 个或 1 个,必须放在文件开始。
(2) import 语句:0 个或多个,必须放在所有类定义之前。
(3) class 定义:至少一个。
(4) 数据定义(Data Definition):0 个或多个。
(5) 方法定义(Method Definition):0 个或多个。
(6) 对象创建与引用:0 个或多个。

下面具体来分析每一个步骤。

1. 程序包(package)

由于 Java 编译器为每个类生成一个字节码文件,并且文件名与类名相同,因此同名的类有可能发生冲突。为了解决这一问题,Java 提供包来管理类名空间。程序包相当于文件系统里的文件夹或目录,而类相当于文件。

Java 中用 package 语句将一个 Java 源文件中的类放入一个包里。package 语句作为 Java 源文件的第一条语句,指明该文件中定义的类所在的包(若省略该语句,则指定为无名包)。package 的格式如下:

```
package pkg1[.pkg2[.pkg3…]];
```

Java 编译器把包对应于文件系统的目录管理,在 package 语句中,用句点"."来指明目录的层次。例如:

```
package com.nepu.graphics;
class Square{…;}
class Circle{…;}
class Triangle{…;}
```

其中,package com. nepu. graphics;这条语句指定这个包中的文件存储在目录 com/nepu/graphics 下。

2. import 语句

为了能使用其他类,需要用 import 语句引入所需要的类。

```
import package1[.package2…](classname|*);
```

例如：

```
import com.nepu.graphics.*;
import java.io.*;
```

3. class 定义

用关键词 class 定义名为 FirstJavaProgram 的新类，FirstJavaProgram 是新类的名称，类名第一个字母一般大写。同时，还要了解 Java 的一些规范，例如类的个数：一个 Java 文件中至少有一个类，但最多只能有一个 public 类，若有 public 类，源文件必须按该类命名。

类的说明包括数据说明和成员方法说明，都放在类后面的大括号里。其中，数据部分可以被方法使用，而方法中可以处理数据。数据和方法从属于类，不能脱离类而独立存在，这与传统的面向过程语言截然不同。在面向过程语言中，函数或者方法是中心；而在面向对象语言中，类或对象是中心。

一般类定义如下：

```
class 类名称{数据定义;方法定义}
```

4. 数据定义

类的数据部分又称为属性，根据访问权限的不同使用不同的访问修饰符。这里使用了关键字 private(私有)，这样这些数据就成为这个类的私有成员，其他类就不能直接操作这些数据了，这就是封装的概念。访问修饰符有 private、protected 和 public。private 表示只能被本类访问，protected 表示只能被子类和同一个包中的类访问，public 表示能被任何类访问。如果不写访问修饰符，则表明是默认的访问权限，表示能被本包(package)中的任意类访问，而其他包中的类是不可访问的。

5. 方法定义

类的方法部分又称为行为，它们为类提供了功能，其他类或对象可以使用或调用这些方法。方法名的第一个字母一般小写。类一般会提供一种特殊方法：构造方法，它的目的是对数据部分进行初始化，为类的每个对象提供自己独特的属性值。我们还经常遇到数据读取方法(accessor method)。上面提到封装特性，其他类不能直接操作某个类的私有成员，但可以通过数据读取方法这个接口来达到类似的目的。类中最重要的方法称为业务方法(business method)，它们为每个类提供独特的逻辑处理功能。

6. 对象创建与引用

之前涉及的都是类的概念，而我们一直在谈"面向对象"，那么对象在哪里呢？

例如，main 方法中：FirstJavaProgram fjp＝new FirstJavaProgram("Zhang", 24);，这里出现了三个概念：类、对象和引用。其中，FirstJavaProgram 是我们定义的类；通过 new 运算符和构造方法可以创建对象，也就是类的实例。那么 fjp 是什么呢？这里把它称为对象的引用，它实际上是指向对象的地址。对于对象的操作都是通过引用进行的。例如，通过引用调用对象中的 getName 方法，完成获取名字值的功能。

```
fjp.getName();
```

最后，System.out.println 向屏幕输出结果，相当于 C 中的 printf()。简单地说，System 是一个预定义的可访问系统底层功能的类，out 是连接到控制台的输出流。

除了以上可以独立运行的应用程序（Application）以外，Java 还提供一种小程序，叫做 Applet。

接下来看一个例子。

【例 1-2】 简单的小应用程序（Applet）。

```java
import java.awt.*;
import java.applet.*;
public class HelloWorldApplet extends Applet {   //an applet
    public void paint(Graphics g){
        g.drawString("Hello World!",20,20);
    }
}
```

程序中，首先用 import 语句输入 java.awt 和 java.applet 两个包，使得该程序可以使用这些包中所定义的类，它类似于 C 中的 #include 语句。然后声明一个公共类 HelloWorldApplet，用 extends 指明它是 Applet 的子类。在类中，重写父类 Applet 的 paint() 方法，其中参数 g 为 Graphics 类型对象，它表明当前作画的上下文。在 paint() 方法中，调用 g 的方法 drawString()，在坐标(20,20)处输出字符串"HelloWorld!"，其中坐标是用像素点来表示的。

这个程序中没有实现 main() 方法，这是 Applet 与应用程序 Application（如例 1-1）的区别之一。为了运行该程序，首先也要把它放在文件 HelloWorldApplet.java 中，然后对它进行编译：

```
C:\>javac HelloWorldApplet.java
```

得到字节码文件 HelloWorldApplet.class。由于 Applet 中没有 main() 方法作为 Java 解释器的入口，所以必须编写 HTML 文件，把该 Applet 嵌入其中，然后用 appletviewer 来运行，或在支持 Java 的浏览器上运行。它的<HTML>文件如下：

```html
<HTML>
    <HEAD>
        <TITLE>Applet HTML Page</TITLE>
    </HEAD>
    <BODY>
        <APPLET codebase=. code="HelloWorldApplet" width=350 height=200>
        </APPLET>
    </BODY>
</HTML>
```

其中，用<applet>标记来启动 HelloWorldApplet，code 指明字节码所在的文件，width 和 height 指明 applet 窗口大小。把这个 HTML 文件存入 Example.html，然后运行：

```
C:\>appletviewer Example.html
```

这时屏幕上弹出一个窗口，显示 Applet 运行结果如图 1-25 所示。

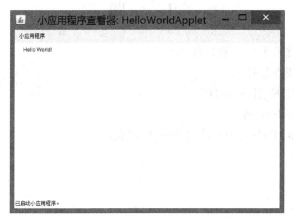

图 1-25　Applet 运行结果

从上述例子中可以看出，Java 程序是由类构成的，对于一个应用程序来说，必须有一个类中定义 main()方法，而对 applet 来说，它必须作为 Applet 的一个子类。在类的定义中，应包含类变量的声明和类中方法的实现。Java 在基本数据类型、运算符、表达式、控制语句等方面与 C、C++基本上是相同的，但它同时也增加了一些新的内容，这些新内容会在以后的各章中详细介绍。本节只是对 Java 程序有一个初步的了解。

【知识拓展】Java 虚拟机

前面已经说过，Java 语言编辑的源程序的执行方法是先经过编译器编译，再利用解释器解释的方式来运行的。Java 程序的开发及运行周期如图 1-26 所示。

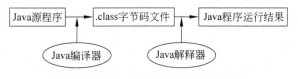

图 1-26　Java 程序的开发及运行周期

基于 Java 运行的平台无关性特点，可以直观地理解：在常规计算机运行环境中，一定存在多种类型的 Java 解释程序以帮助运行 Java 程序。任何一种可以运行 Java 程序（即可以担任 Java 解释器）的软件都可以称为 Java 虚拟机（Java Virtual Machine，JVM），因此，诸如浏览器与 Java 的一部分开发工具等皆可看成是 JVM。当然可以把 Java 的字节码看成是 JVM 所运行的机器码。

本 章 总 结

本章重点介绍了 Java 语言的入门知识及应用开发环境，通过这一章的学习，可以了解 Java 语言的诞生、发展及其所具有的特点、Java 核心技术体系，了解面向对象的初步概念和面向对象程序设计的特点，熟悉 Java 的开发环境，可以运行一个小的 Java 程序。

习 题

1. Java 的三个技术平台分别是什么？
2. Java 语言的特点是什么？
3. 解释什么是 JDK，什么是 JRE。
4. 如何建立运行 Java 程序？
5. 编写一个显示"Hello Java！"的 Java 应用程序。

第 2 章　Java 程序设计基础

本章重点
- 熟悉 Java 语言中的标识符和关键字。
- 熟悉 Java 语言的数据类型。
- 学会 Java 语言的运算符和表达式。
- 熟悉 Java 程序的控制流程(顺序、选择和循环)。

任何程序设计语言,都是由语言规范和一系列开发库组成的。例如,标准 C,除了语言规范外,还有很多函数库。Java 语言也不例外,也是由 Java 语言规范和 Java 开发类库组成的。学习任何程序设计语言,都要从这两方面着手,关于常用的 Java 开发类,会在后面章节介绍,这里主要介绍 Java 基础语法。本章主要讲解 Java 标识符、关键字与数据类型,运算符与表达式以及程序设计使用的控制语句。

要想应用 Java 语言进行程序设计,必须学习其基本语言知识。通过本章的学习,将能够掌握 Java 语言的基本语法以及基本编程结构和方法,学会简单的 Java 语言程序设计。这部分是程序设计的基本知识和技巧,应该牢固掌握。

2.1　Java 的基本语法

2.1.1　Java 的标识符与关键字

1. 标识符

程序中所用到的每一个变量、方法、类和对象的名称都是标识符(Identifier),都应该有相应的名称作为标识。通常,把给程序中的实体——变量、常量、方法、类和对象等所起的名称作为标识符。简单地说,标识符就是一个名称。

Java 语言的标识符应该遵循如下规则:

- 只能由英文字母 A~Z 或 a~z、下画线"_"、美元符号"$"或人民币符号¥和数字 0~9 组成,而且这样的字符序列开头不能是数字。变量名不能使用空格、加号"+"、减号"-"、逗号","等特殊符号。
- 标识符区分大小写。例如,sum、Sum 和 SUM 是三个不同的标识符。为避免引起混淆,程序中最好不要出现仅靠大小写区分的相似标识符。
- 不允许使用 Java 关键字(后面要介绍)来命名,因为关键字是系统已经定义过的具有特殊含义的标识符。另外,还有一些名称虽然不是关键字,但是系统已经把它们留作特殊用途,如系统使用过的函数名等,用户也不应使用它们作为标识符(如 main),以免引起阅读上的混乱。
- 标识符没有长度限制，但不建议使用太长的标识符。
- 标识符命名原则应以直观且易于拼读为宜，即做到"见名知意"，最好使用英文单词及其组合，这样便于记忆和阅读。
- Java中标识符命名约定：常量全部用大写字母，变量用小写字母开始，类以大写字母开始。

例如，下面是合法的标识符：

b，a3，_switchstudentName，Student_Name，_my_value，$address

下面是非法的标识符：

ok?，"abc"，a.b，2teacher，a+b，room♯，abstract（这是一个关键字）

请读者自己分析。

注意：为了提高Java程序的可读性，Java源程序有一些约定成俗的命名规范。Java程序中的命名规范如下。

（1）包名：包名是全小写的名词，中间可以由点分隔开，如java.awt.event。

（2）类名：首字母大写，通常由多个单词合成一个类名，要求每个单词的首字母也要大写，如class HelloWorldApp。

（3）接口名：命名规则与类名相同，如interface Collection。

（4）方法名：往往由多个单词合成，第一个单词通常为动词，首字母小写，中间的每个单词的首字母都要大写，如balanceAccount、isButtonPressed。

（5）变量名：一般为名词或名词短语，大小写规则与方法命名类似，如length。

（6）常量名：基本数据类型的常量名为全大写，如果是由多个单词构成，可以用下画线隔开，如int YEAR，int WEEK_OF_MONTH；如果是对象类型的常量，则是大小写混合，由大写字母把单词分隔开。

2. 关键字

关键字又称为保留字（reserved word），它们具有专门的意义和用途，不能当作一般的标识符使用。

表2-1列出了Java常见的关键字。这些关键字不能用于常量、变量和任何标识符的名称。

表2-1 Java常见关键字

abstract	assert	break	byte	boolean
catch	case	class	char	continue
default	double	do	else	enum
extends	false	final	finally	float
for	if	implements	import	instanceof
int	interface	long	native	new

续表

null	package	private	protected	public
return	short	static	strictfp	super
switch	synchronized	this	throw	throws
transient	true	try	void	volatile
while				

Java 中的每个关键字都有其不同的作用。

abstract：抽象方法，抽象类的修饰符。

assert：断言条件是否满足。

boolean：布尔数据类型。

break：跳出循环或者 label 代码段。

byte：8 位有符号数据类型。

case：switch 语句的一个条件。

catch：和 try 搭配捕捉异常信息。

char：16 位 Unicode 字符数据类型。

class：定义类。

continue：不执行循环体剩余部分。

default：switch 语句中的默认分支。

do：循环语句，循环体至少会执行一次。

double：64 位双精度浮点数。

else：if 条件不成立时执行的分支。

enum：枚举类型。

extends：表示一个类是另一个类的子类。

final：在变量前表示变量在初始化之后就不能再改变了，在方法前表示方法不能被重写，在类前表示类不能被继承。

finally：和 try 搭配使用无论有没有异常发生都执行其中的代码。

float：32 位单精度浮点数。

for：for 循环语句。

if：条件语句。

implements：表示一个类实现了接口。

import：导入类。

instanceof：测试一个对象是否是某个类的实例。

int：32 位整型数。

interface：接口，一种抽象的类型，仅有方法和常量的定义。

long：64 位整型数。

native：表示方法用非 Java 代码实现。

new：分配新的类实例。

package：一系列相关类组成一个包。
private：表示私有字段或者方法等，只能从类内部访问。
protected：表示字段或方法只能被子类或在同一个包中的类访问。
public：表示公共属性或者方法。
return：方法返回值。
short：16 位数字。
static：表示在类级别定义，所有实例是共享的字段或方法。
strictfp：浮点数使用比较严格的规则。
super：表示基类。
switch：选择分支语句。
synchronized：表示同一时间只能由一个线程访问的代码块。
this：表示调用当前实例，或者调用另一个构造函数。
throw：抛出异常。
throws：声明方法可能抛出的异常。
transient：修饰不需要序列化的字段。
try：表示代码块要做异常处理，配合 catch 捕获异常，或者和 finally 配合表示无论是否抛出异常都执行 finally 中的代码。
void：标记方法不返回任何值。
volatile：标记字段可能会被多个线程同时访问，而不做同步。
while：while 循环。

注意：

（1）true、false 和 null 通常为小写，而不是像在 C++ 语言中那样大写。严格地讲，它们不是关键字，而是文字。然而，这种区别仅仅是理论上的。

（2）Java 没有如 C 语言中的 sizeof 运算符，所有类型的长度和表示是固定的。

（3）在 Java 编程语言中不使用 goto 和 const 作为关键字，尽管它们在其他语言中常用，但不能用 goto、const 作为变量名。

（4）Java 中不存在如 C 语言中的 unsigned 关键字，所有数字类型都是有符号的。

2.1.2　Java 中的注释

代码注释是架起程序设计者与程序阅读者之间的通信桥梁，帮助最大限度地提高团队开发合作效率，也是程序代码可维护性的重要环节之一。所以我们不是为写注释而写注释。代码附有注释对程序开发者来说非常重要，随着技术的发展，在项目开发过程中，必须要求程序员写好代码注释，这样有利于代码后续的编写和使用。

下面介绍代码注释原则。

1. 注释形式统一

在整个应用程序中，使用具有一致的标点和结构的样式来构造注释。如果在其他项目中发现它们的注释规范与这份文档不同，请按照现有规范写代码，而不要试图在既成的规范系统中引入新的规范。

2. 注释内容准确简洁

注释内容要简单明了,含义准确,防止注释的多义性,错误的注释不但无益反而有害。

3. 基本注释

以下是必须加的基本注释:

(1) 类(接口)的注释。

(2) 构造函数的注释。

(3) 方法的注释。

(4) 全局变量的注释。

(5) 字段/属性的注释。

注:简单的代码做简单注释,注释内容不大于 10 个字即可。另外,持久化对象或 VO 对象的 getter、setter 方法不需加注释。

4. 特殊注释

以下是必须加注释的特殊程序代码:

(1) 典型算法必须有注释。

(2) 在代码不明晰处必须有注释。

(3) 在代码修改处加上修改标识的注释。

(4) 在循环和逻辑分支组成的代码中加注释。

(5) 为他人提供的接口必须加详细注释。

注:此类注释格式暂无举例。具体的注释格式自行定义,要求注释内容准确简洁。

5. 注释格式

(1) 单行(single-line)注释:

//…

(2) 块(block)注释:

/*…*/

(3) 文档注释:

/**…*/

(4) javadoc 注释标签语法如下。

- @author:对类的说明,标明开发该类模块的作者。
- @version:对类的说明,标明该类模块的版本。
- @see:对类、属性、方法的说明,参考转向,也就是相关主题。
- @param:对方法的说明,对方法中某参数的说明。
- @return:对方法的说明,对方法返回值的说明。
- @exception:对方法的说明,对方法可能抛出的异常进行说明。

6. 举例

参考举例如下。

(1) 类(接口)注释

例如：

```
/**
*类的描述
*@author Administrator
*@Time 2012-11-2014:49:01
*
*/
public classTest extends Button {
   ...
}
```

(2) 构造方法注释

例如：

```
public class Test extends Button {
  /**
   *构造方法的描述
   *@param name
   *按钮上显示的文字
   */
   public Test(String name){
     ...
   }
}
```

(3) 方法注释

例如：

```
public class Test extends Button {
  /**
   *为按钮添加颜色
   *@param color
         按钮的颜色
*@return
*@exception  (方法有异常的话添加)
*@author Administrator
*@Time2012-11-20 15:02:29
   */
   public void addColor(String color){
     ...
   }
}
```

(4) 全局变量注释

例如：

```
public final class String
    implements java.io.Serializable, Comparable<String>,CharSequence
{
    /** The value is used for character storage.*/
    private final char value[];
    /** The offset is the first index of thestorage that is used.*/
    private final int offset;
    /** The count is the number of characters in the String.*/
    private final int count;
    /** Cache the hash code for the string*/
    private int hash;                           //Default to 0
    …
}
```

(5) 字段/属性注释

例如：

```
public class EmailBody implements Serializable{
    private String id;
    private String senderName;              //发送人姓名
    private String title;                   //不能超过 120 个中文字符
    private String content;                 //邮件正文
    private String attach;                  //附件,如果有的话
    private String totalCount;              //总发送人数
    private String successCount;            //成功发送的人数
    private Integer isDelete;               //0 不删除 1 删除
    private Date createTime;                //目前不支持定时,所以创建后即刻发送
    private Set<EmailList>  EmailList;
    …
}
```

2.1.3　Java 中的常量和变量

在程序中存在大量的数据来代表程序的状态，其中有些数据在程序的运行过程中值会发生变化，有些数据在程序运行过程中值不能发生变化，这些数据在程序中分别称为变量和常量。

在实际的程序中，可以根据数据在程序运行中是否会发生变化，来选择应该定义成变量还是常量。

1. 常量

数值不能变化的量称为常量，需要使用关键字 final 修饰。其定义格式如下：

```
final Type varName=value [, varName [ =value] …];
```

例如：

```
final   int    MAXLEN=1000;
final   double  PI=3.1415926;
final char MALE='M',FEMALE='F';
```

一般情况下，常量名用大写字母标识，如果由几个单词组成，不同单词之间使用下划线"_"连接。例如，NAME、STUDENT_NAME 等。

2. 变量

变量代表程序的变化的状态。程序通过改变变量的值来改变程序的状态。为了方便地引用变量的值，在程序中需要为变量设定一个名称，这就是变量名。例如，在二维游戏程序中，需要表示人物的位置，则需要用两个变量，一个是 x 坐标，一个是 y 坐标，在程序运行过程中，这两个变量的值会发生变化。

在程序中使用变量之前必须对变量预先定义或赋值，一方面符合程序运行的要求，此外，还使得程序的可读性更强。

变量是程序中的基本存储单元，其定义包括作用域、变量类型和变量名几个部分。格式如下：

```
Type varName=value [, varName [ =value] …];
```

其中：

(1) Type 代表变量数据类型。Java 的数据类型分为基本类型（又称为原始类型）和引用类型两种。

(2) varName 代表变量名，也就是上面提到的标识符。在一定的作用域内，变量名必须唯一。

(3) value 代表变量值。对变量的定义实际上分为两步：

第一步是变量声明（Declaration），例如：int x;。

第二步是变量赋值（Assignment），例如：x=10;。第一次赋值也称为初始化。

有时会合并这两步，例如：int x=10; int y=x;。

(4) 变量的作用域：变量的作用域是指变量在程序中的作用范围，它分为成员变量和局部变量。成员变量是类中定义的变量，它在方法外声明，与方法处于同一层级。局部变量是在方法内定义的变量，它仅在该方法内的语句起作用。

局部变量和成员变量可以同名，当在方法中定义的局部变量与类的成员变量同名时，方法内的变量名引用指的是该方法内的局部变量，而不是成员变量。而局部变量定义以外的变量引用则指向成员变量。

2.1.4 Java 的数据类型

Java 语言提供了丰富的数据类型，分为基本类型（又称为原始类型）和引用类型两大类，如图 2-1 所示。

第 2 章 Java 程序设计基础

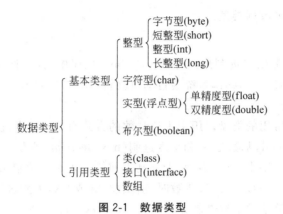

图 2-1 数据类型

Java 定义了 8 个基本数据类型：字节型(byte)、短整型(short)、整型(int)、长整型(long)、字符型(char)、单精度型(float)、双精度型(double)和布尔型(boolean)。

这些类型可以分为以下 4 组。

(1) 整型：该组包括字节型(byte)、短整型(short)、整型(int)和长整型(long)，它们代表有符号整数。

(2) 浮点型：该组包括单精度型(float)和双精度型(double)，它们代表有小数精度要求的数字。

(3) 字符型：该组包括字符型(char)，它代表字符集的符号，例如字母和数字。

(4) 布尔型：该组包括布尔型(boolean)，它是一种特殊的类型，表示真/假值。

可以按照定义使用它们，也可以构造数组或类的类型来使用它们。这样，它们就构成了用来创建所有其他类型数据的基础。

基本数据类型代表单值，而不是复杂的对象。Java 是完全面向对象的，而基本数据类型不是面向对象的，它们类似于其他大多数非面向对象语言的基本数据类型。这样做的原因是出于效率方面的考虑。在面向对象中引入基本数据类型不会对执行效率产生太大的影响。当然，Java 也提供了对基本数据类型的封装类型(Wrapper Class)，这在后面会详细介绍。

所有基本类型所占的位数都是确定的，并不因操作系统的不同而不同(见表 2-2)。

表 2-2 基本数据类型

数据类型	所占位数	数的取值范围	举 例
char	16	0～65 535	char x1,x2;
byte	8	$-2^7 \sim 2^7-1$ (即 $-128 \sim 127$)	byte y1,y2;
short	16	$-2^{15} \sim 2^{15}-1$ (即 $-32\,768 \sim 32\,767$)	short z1,z2;
int	32	$-2^{31} \sim 2^{31}-1$	int f1,f2;
long	64	$-2^{63} \sim 2^{63}-1$	long h1,h2;
float	32	$-3.4e^{038} \sim 3.4e^{038}$	float k1,k2;
double	64	$-1.7e^{308} \sim 1.7e^{308}$	double x,y;
boolean	8	true,false	boolean t;

下面依次讨论每种数据类型。

1. 整型

计算机中的数据都以二进制形式存储。在 Java 程序中，为了便于表示和使用，整型数据可以用以下几种形式表示，编译系统会自动将其转换为二进制形式存储。

1）整型常量

整数是程序中最常用的类型。用来表达整数的方式有三种：十进制（日常使用的方式，基数是 10）、八进制（octal，基数是 8）和十六进制（hexadecimal，基数是 16）。

十进制整型数的数字由 0~9 表示，十进制无前缀。表示八进制数时，加前缀 0，八进制数的数字由 0~7 表示。表示十六进制数时，前缀加 0x 或 0X，十六进制数的数字由 0~9 和 a~f 或 A~F 组成。整型常量按进制分类如表 2-3 所示。

表 2-3　整型常量按进制分类

分　　类	表示方法	说　　明	举　　例
十进制整数	一般表示形式	逢十进一	100 表示十进制数 100
八进制整数	以 0 开头	逢八进一	0100 表示八进制数 100
十六进制整数	以 0x 开头	逢十六进一	0x100 表示十六进制数 100

（1）十进制整数形式：与数学上的整数表示相同。

例如：123，-567，0。

（2）八进制整数形式：在数码前加数字 0。

以 0 开头，如 0123 是八进制数，表示十进制数 83，-011 是八进制数表示十进制数-9，012 表示十进制数 10。

（3）十六进制整数形式：在数码前加数字 0x 或 0X。

以 0x 或 0X 开头，如 0x123 表示是十六进制数表示十进制数 291，-0X12 表示十进制数-18。

2）整型变量

类型为 byte、short、int 或 long。其中，byte 在机器中占 8 位，short 占 16 位，int 占 32 位，long 占 64 位。如果没有明确指出一个整数值的类型，那么它默认为 int 类型。

整型变量的定义如下：

```
byte by1;                    //定义变量 by1 为 byte 型
short a;                     //定义变量 a 为 short 型
int x=123;                   //定义变量 x 为 int 型,且赋初值为 123
long y=123L;                 //定义变量 y 为 long 型,且赋初值为 123
```

由此可见，一个整数值可以赋给一个 int 变量。但是，定义一个 long 变量，用户需要明白地告诉编译器变量的值是 long 型，可以通过在变量的后面加一个大写的 L 或小写的 l 来做到这一点。长整型必须以 L 作为结尾，如 9L、156L。

2. 实型

1）实型常量

由于计算机中的实型数据是以浮点形式表示的，即小数点的位置可以是浮动的，因此，实型常量既可以称为实数,也可以称为浮点数。浮点数常量有 float(32 位)和 double(64 位)两种类型,分别称为单精度浮点数和双精度浮点数,表示浮点数时,要在后面加上 f(F)或者 d(D),不加后缀时为 double 类型。

Java 语言的实型常量有两种表示形式:标准记数法形式和科学记数法形式。

(1) 标准记数法形式由数字和小数点组成。小数点前表示整数部分,小数点后表示小数部分,具体格式如下:

<整数部分>.<小数部分>

其中,小数点不可省略,<整数部分>和<小数部分>不可同时省略。

(2) 科学记数法形式即指数形式。这种表示形式包含数值部分和指数部分。数值部分表示方法同十进制小数形式,指数部分是一个可正可负的整型数,这两部分用字母 e 或 E 连接起来。具体格式如下:

<整数部分>.<小数部分>e<指数部分>

其中,e 左边部分可以是<整数部分>.<小数部分>,也可以只是<整数部分>,还可以是.<小数部分>;e 右边部分可以是正整数或负整数,但不能是浮点数,如表 2-4 所示。

表 2-4 实型常量表示方法

表示方法	说明	举例
标准记数法形式	由数字和小数点组成	0.123、.123、123.、123.0
科学记数法形式	由尾数、字母 e 或 E 和指数组成	1.23e3 或 1.23E3

说明:1.23e3 表示 1.23 乘以 10 的 3 次幂。

在表示指数形式时,e 前必须有数字,e 后必须为整数。另外,10e2 也可写为 10e+02。

使用指数形式来表示很大或很小的数比较方便。

2) 实型变量

实型数据类型为 float(单精度型)或 double(双精度型),其中 float 在机器中占 32 位,double 占 64 位。

实型变量的定义如下:

```
double x=0.123;          //定义变量 x 为 double 型,且赋初值为 0.123
float y=0.123F;          //定义变量 y 为 float 型,且赋初值为 0.123
```

各种类型的实数的范围及所占字节数如表 2-5 所示。

表 2-5 实型(浮点型)变量类型

类型	所占字节数	数的取值范围	举例
float	4	$-3.4e^{038} \sim 3.4e^{038}$	float x1,x2;
double	8	$-1.7e^{308} \sim 1.7e^{308}$	double y1,y2;

注意:Java 中的实型变量默认是双精度型(double)。为了指明一个单精度型变量,必须

在数据后面加 F 或 f,若加 d 或 D 为 double 类型。

例如,3.6d、2e3f、.6f、1.68d、7.012e+23f 都是合法的。

3. 字符型数据

1) 字符常量

字符常量是由英文字母、数字、转义序列、特殊字符等字符所表示,它的值就是字符本身。字符常量是用单引号括起来的单个字符,Java 中的字符占用两个字节。例如,'J'、'@'和'1'。另外,Java 中还有以\开头的具有特殊含义的字符,称为转义字符。常用的转义字符见表 2-6。

表 2-6 Java 中的转义字符

字 符 形 式	说　　明
\n	换行
\t	横向跳格(即跳到下一个 tab 位置)
\b	退格
\r	回车
\f	走纸换页
\\	反斜杠字符\
\'	单引号(撇号)字符
\"	双引号字符
\0	空字符
\ddd	1~3 位八进制数所代表的字符(d 介于 0~7 之间)
\uxxxx	1~4 位十六进制数所代表的字符(x 介于 0~f 之间)

表中列出的转义字符,意思是将反斜杠(\)后面的字符转换成另外的意义。例如,'\n'中的 n 不代表字母 n 而是作为"换行"符。

表中的最后两行是用 ASCII 码(八进制和十六进制)表示的一个字符,例如'\101'和'\u41'都代表 ASCII 码(十进制)为 65 的字符'A'。注意,'\0'或'\000'是代表 ASCII 码为 0 的控制字符,即"空操作"字符,它将用在字符串中。

字符串常量与字符常量的区别是:字符串常量是由双引号括起来的字符序列,如"abc"、"a"和"Let's learn java!"。

注意:不要将字符常量与字符串常量混淆。'a'是字符常量,"a"是字符串常量,二者数据类型不同。后面可以使用字符串常量初始化一个 String 类的对象。关于字符串处理将在后面的章节中详细介绍。

2) 字符变量

在 Java 语言中的字符变量只有一种定义形式:

char 变量名;

字符变量用来存放字符常量，且只能存放一个字符，在机器中占 16 位，如表 2-7 所示。

表 2-7 字符型变量类型

类型	所占字节数	说明	数据的取值范围	举例
char	2	存放单个字符	0～65 535	char c1,c2='a';

例如，字符型变量的定义如下：

```
char   c='a';                  //定义变量 c 为 char 型,且赋初值为'a'
char   c1='\n';                //定义变量 c 为 char 型,且赋初值为'\n',转义字符,表示换行
```

Java 的 char 与 C 或 C++ 中的 char 不同。在 C/C++ 中，char 的位宽是 8 位整数。但 Java 不同，Java 使用 Unicode 码代表字符。Unicode 定义的国际化字符集能表示迄今为止人类语言的所有字符集。它是几十个字符集的统一，如拉丁文、希腊语、阿拉伯语、古代斯拉夫语、希伯来语、日文片假名、匈牙利语等，它要求占用 16 位。这样，Java 中的 char 类型是 16 位，其范围是 0～65 535，是没有负数的 char。人们熟知的标准字符集 ASCII 码的范围是 0～127，扩展的 8 位字符集 ISO-Latin-1 的范围是 0～255。

下面的程序演示了字符型变量的使用。

【例 2-1】 字符型变量的使用。

```
/*源文件名:charTest1.java*/

package sample;
public class CharTest1 {
  public static void main(String args[]){
    char ch1,ch2;
    ch1=65;                       //A 字符的 ASCII 代码值
    ch2='B';
    System.out.println("ch1 and ch2:"+ch1+" "+ch2);
  }
}
```

程序运行结果：

ch1 and ch2:A B

变量 ch1 被赋值 65，它是 ASCII 码（Unicode 码也一样）用来代表字母 A 的值。前面已提到，ASCII 字符集占用了 Unicode 字符集的 0～127 的取值范围，因此，以前使用过的一些字符概念在 Java 中同样适用。

尽管 char 不是整数，但是在许多情况下可以对它们进行运算操作。例如，可以将两个字符相加，或者对一个字符变量值进行增量操作。

下面的程序演示了字符型变量的运算。

【例 2-2】 字符型变量的运算。

/*源文件名:charTest2.java*/

```java
package sample;
public class CharTest2 {
  public static void main(String args[]){
    char ch1;
    ch1='A';
    ch1++;
    System.out.println("ch1 is: "+ch1);
  }
}
```

程序运行结果:

ch1 is: B

在该程序中,变量 ch1 首先被赋值为 A,然后自增 1。结果是 ch1 将代表字符 B,即在 ASCII(以及 Unicode)字符集中 A 的下一个字符。

上面介绍了几种基本类型,在一个程序中可能会出现多种类型,下面来看一个示例。

【例 2-3】 几种基本类型变量的定义与使用。

```java
/*源文件名:AssignTest.java*/

package sample;
public class AssignTest {
  public static void main(String args []){
    int x, y;                    //定义整型变量
    float z=3.414f;              //定义单精度型变量并赋初值
    double w=3.1415;             //定义双精度型变量并赋初值
    char c;                      //定义字符型变量
    String str;                  //定义字符串变量
    String str1="bye";           //定义字符串变量并赋初值
    c='A';
    str="Hello! Welcome!";
    x=6;
    y=1000;
    System.out.println("int x="+x);
    System.out.println("int y="+y);
    System.out.println("float z="+z);
    System.out.println("double w="+w);
    System.out.println("char c="+c);
    System.out.println("string str="+str);
  }
```

程序运行结果:

int x=6
int y=1000
float z=3.414

```
double w=3.1415
char c=A
string str=Hello! Welcome!
```

4. 布尔型

布尔型数据只有两个值 true 和 false,且它们不对应于任何整数值。

布尔型变量的定义如下:

```
boolean b1=true;            //语句声明变量 b1 为 boolean 类型,它被赋予的值为 true
```

同样:

```
boolean b2=false;           //语句声明变量 b2 为 boolean 类型,它被赋予的值为 false
```

下面的程序说明了布尔型数据的使用。

【例 2-4】 布尔型数据的使用。

```
/*源文件名:BooleanTest.java*/
package sample;
public class BooleanTest {
  public static void main(String args[]){
    boolean a;
    a=true;
    System.out.println("It is "+a+".");
    a=false;
    System.out.println("It is "+a+".");
  }
}
```

程序运行结果:

```
It is true.
It is false.
```

5. 基本数据类型之间的转换

整型、实型、字符型数据可以混合运算。在运算中,不同类型的数据首先转换成同一类型,然后进行运算,这时候会遇到类型转换(Casting)的概念。

如果参与运算的两种类型是兼容的,那么 Java 可能会自动地进行转换。例如,把 int 类型的值赋给 long 类型的变量总是可行的。然而,不是所有的类型都是可以自动转换的,例如,没有将 double 类型转换为 byte 类型的定义。在兼容但可能丢失部分数据的类型运算时进行类型转换仍然可以办到,这就必须使用强制类型转换,它能完成两个数据类型之间的显式变换。下面介绍自动类型转换和强制类型转换。

1) 自动类型转换

自动类型转换也称为默认或隐式类型转换(Implicit Casting)。

如果下列两个条件都能满足,那么将一种类型的数据赋给另外一种类型变量时,会执行自动类型转换。

(1) 这两种类型是兼容的。

(2) 目的类型取值的范围比来源类型的大。

对于基本类型的范围(低→高)：

$$byte,short,char \rightarrow int \rightarrow long \rightarrow float \rightarrow double$$

当以上两个条件都满足时，拓宽转换(Widening Conversion)发生。例如，int 类型的范围比所有 byte 类型的合法范围都大，因此不要求显式强制类型转换语句。

对于拓宽转换，数字类型包括整数(integer)和浮点(floating-point)数类型，数字类型以及能够使用数字表示的字符类型(char)之间都是彼此兼容的。但是，数字类型和布尔类型(boolean)是不兼容的，字符类型和布尔类型也互相不兼容。

当不同类型的数据在运算符的作用下构成表达式时要进行类型转换，即把不同的类型先转换成统一的类型，然后再进行运算。

通常数据之间的转换遵循的原则是"类型提升"，即如果一个运算符有两个不同类型的操作数，那么在进行运算之前，先将较低类型(所占内存空间字节数少)的数据提升为较高的类型(所占内存空间字节数多)，从而使两者的类型一致(但数值不变)，然后再进行运算，其结果是较高类型的数据。类型的高低是根据其数据取值范围的大小来判定的，取值范围越大，类型越高；反之越低。例如，long 类型虽然占用 64 位数，但其取值范围小于占 32 位的 float 类型，可以自动提升类型，自动转换时低位可能会损失精度，如图 2-2 所示。

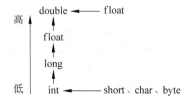

图 2-2　标准类型数据转换规则

当较高类型的数据转换成较低类型的数据时，称为降格。Java 语言中类型提升时，一般其值保持不变；但类型降格时就可能失去一部分信息。

2) 强制类型转换

强制类型转换也称为显式类型转换(Explicit Casting)。尽管自动类型转换对编程很有帮助，但并不能满足所有的编程需要。例如，如果需要将 int 类型的值赋给一个 byte 类型的变量，这样的转换就不会自动进行，因为 byte 类型的取值范围比 int 类型的要小。这种转换有时称为"缩小转换"，需要将源数据类型的值变小才能适合目标数据类型。

强制类型转换的通用格式如下：

```
(target-type)value
```

其中，目标类型(target-type)指定了要转换成的类型。

例如：

```
float   x=5.65F;              //x 为 float 类型
int     y;                    //y 为 int 类型
y= (int)x+10;                 //先将 x 的值转换为 int 型,再与 10 相加结果赋值给 y
```

上面是把实型 x 强制转换成整型，要把 x 前面的 int 用括号括起来。强制类型转换的一般形式为(类型名)(表达式)，表达式应该用括号括起来。x 自身的类型仍为 float 型，所以值仍等于 5.65；而 y 的值会是 15。

当把浮点值赋给整数类型时，一种不同的类型转换发生了：截断（truncation）。由于整数没有小数部分，这样，当把浮点值赋给整数类型时，它的小数部分会被舍去。例如，如果将值 3.45 赋给一个整数，其结果值只是 3，而小数部分的 0.45 被丢弃了。当然，如果浮点值太大而不能适合目标整数类型，那么它的值将同时丢失高位数据。

注意：强制类型是暂时的、一次性的，不会改变其后边表达式的类型。

下面的实例将 int 类型强制转换成 byte 类型。如果整数的值超出了 byte 类型的取值范围，它的值将仅保留对应二进制数的最低 8 位。

```
int a;
byte b;
//…
b=(byte)a;
```

下面的实例演示了强制类型转换。

【例 2-5】 强制类型数据的转换。

```
/*源文件名:ExplicitDatalastingTest.java*/
package sample;
public class ExplicitDataCastingTest {
  public static void main(String args[]){
    byte b;
    int i=257;
    double d=123.456;
    System.out.println("\nCasting of int to byte.");
    b=(byte)i;
    System.out.println("b is:"+b);
    System.out.println("\nCasting of double to int.");
    i=(int)d;
    System.out.println("i is:"+i);
  }
}
```

程序运行结果：

```
Casting of int to byte.
b is: 1
Casting of double to int.
i is: 123
```

下面举例说明每一个类型转换。当值 257 被强制转换为 byte 类型变量时，其结果是保留 257 对应二进制数的低 8 位。当把变量 d 转换为 int 类型时，它的小数部分被舍弃。

下面再看一个实例。

【例 2-6】 不同类型变量的转换。

```java
/*源文件名:CastingTest.java*/
package sample;
public class CastingTest {
    public void implictCasting(){
        byte a=0x60;
        int ia=a;
        char b='a';
        int c=b;
        long d=c;
        long e=1000000000L;
        float f=e;
        double g=f;
    }
    public void explicitCasting(){
        long l=1000000L;
        int i=l;                    //错误!应该为:(int)l;
        double d=12345.678;
        float f=d;                  //错误!应该为:(float)d;
    }
}
```

该程序有编译错误,已经在代码中标出。

2.2 Java 的运算符与表达式

Java 语言提供了丰富的运算符和表达式,这为编程带来了方便和灵活。Java 的运算符主要包括算术运算符、赋值运算符、关系运算符、逻辑运算符、位运算符、条件运算符和其他运算符等。

运算符可以按其操作数个数的多少分为三类,它们是单目运算符(一个操作数)、双目运算符(两个操作数)和三目运算符(三个操作数)。

由这些运算符和操作数按一定的语法形式连接起来的式子就称为表达式。一个常量或一个变量名字是最简单的表达式,其值就是该常量或变量的值。表达式的值还可以用作其他运算的操作数,嵌套在一起形成更复杂的表达式。

2.2.1 算术运算符和算术表达式

算术运算符包括＋(加)、－(减)、＊(乘)、/(除)、％(模)、＋＋(自增)、－－(自减)等。算术运算符的运算数必须是数字类型。算术运算符不能用在布尔类型上,但是可以用在 char 类型上,因为在 Java 中,char 类型实质上是 int 类型的一个子集。

常见的算术运算如表 2-8 和表 2-9 所示。

1. 双目算术运算符

所谓双目运算符就是指一个运算符包含两个操作数。

表 2-8　双目算术运算符

运算符	名称	举例	结果
*	乘	2.5＊3.0	7.5
/	除	2.5/5	0.5
%	模(求余)	10％3	1
+	加	2.5+1.2	3.7
-	减	5-4.6	0.4

基本算术运算符——加、减、乘、除可以对所有的数字类型数据进行操作。加、减运算符也用作表示单个操作数的正、负号。特别要注意的是,对整数进行除法(/)运算时,所有的余数都要被舍去,而对于浮点数除法则可以保留余数。下面的例子演示了算术运算符的使用。

【例 2-7】　算术运算符的使用。

```
/*源文件名:MathTest.java*/
package sample;
public class MathTest {
  public static void main(String args[]){
    int a=3+5;
    int b=a*2;
    int c=b/10;
    double  d=b/10;
    System.out.println("a="+a);
    System.out.println("b="+b);
    System.out.println("c="+c);
    System.out.println("d="+d);
  }
}
```

程序运行结果:

```
a=8
b=16
c=1
d=1.6
```

模运算符(％)可以获取整数除法的余数,它同样适用于浮点类型数据(这与 C/C++ 不同,C、C++ 语言要求％两侧均为整型数据)。下面的实例程序说明了模运算符的用法。

【例 2-8】　模运算符的用法。

```
/*源文件名:ModTest.java*/
package sample;
public class ModTest {
  public static void main(String args[]){
```

```
        int x=23;
        double y=23.56;
        System.out.println("x mod 5="+x %5);
        System.out.println("y mod 5="+y %5);
    }
}
```

程序运行结果：

```
x mod 5=3
y mod 5=3.56
```

注意：Java 对加运算进行了扩展，能够完成字符串的连接，例如，"Java"＋" Applet"的结果为字符串"Java Applet"。

2. 自增和自减运算符以及强制类型运算符

（1）＋＋和－－是 Java 的自增和自减运算符。

作用：自增运算符对其运算数加 1，自减运算符对其运算数减 1。

自增和自减运算符两种运算类型。

① 前置运算：＋＋i，－－i。

表示先使变量的值增 1 或减 1，再使用该变量。

② 后置运算：i＋＋，i－－。

表示先使用该变量参加运算，再将该变量的值增 1 或减 1。

自增和自减运算符如表 2-9 所示。

表 2-9 自增和自减运算符

运算符	名称	运算规则	举例	结果
＋＋	增 1(前缀)	先增值后引用	a＝2;x＝＋＋a;	x＝3,a＝3
＋＋	增 1(后缀)	先引用后增值	a＝2;x＝a＋＋;	x＝2,a＝3
－－	减 1(前缀)	先减值后引用	a＝2;x＝－－a;	x＝1,a＝1
－－	减 1(后缀)	先引用后减值	a＝2;x＝a－－;	x＝2,a＝1

注意：自增和自减运算符中的 4 个符号同级，且高于双目算术运算符。自增和自减运算符只作用于变量，而不能作用于常量或表达式上。

下面将对自增和自减运算符进行详细讨论。首先来看自增和自减运算符的操作。语句

```
x++;
```

与下面语句相同：

```
x=x+1;
```

同样，语句

```
x--;
```

与下面语句相同：

```
x=x-1;
```

在上面的例子中，自增或自减运算符采用前缀（prefix）或后缀（postfix）格式都是相同的。但是，当自增或自减运算符作为一个较大表达式的一部分时，就会有区别。如果自增或自减运算符放在其运算数的前面，Java 就会在获得该运算数的值之前执行相应的操作，并将其用于表达式的其他部分。如果运算符放在其运算数的后面，Java 就会先获得该操作数的值再执行自增或自减运算。例如：

```
x=10;
y=++x;
```

在这个例子中，y 将被赋值为 11，因为在将 x 的值赋给 y 以前，要先执行自增运算。这样，语句 y=++x;和下面两句是等价的：

```
x=x+1;
y=x;
```

但是，当写成如下这样时：

```
x=10;
y=x++;
```

在执行自增运算以前，先将 x 的值赋给了 y，因此 y 的值还是 10 。当然，在这两个例子中，x 都被赋值为 11。在本例中，语句 y=x++;与下面两个语句等价：

```
y=x;
x=x+1;
```

下面的程序说明了自增运算符的使用。

【例 2-9】 自增运算符的使用。

```
/*源文件名:IncTest.java*/
package sample;
public class IncTest {
  public static void main(String args[]){
    int a=1;
    int b=2;
    int c;
    int d;
    c=++b;
    d=a++;
    c++;
    System.out.println("a="+a);
    System.out.println("b="+b);
    System.out.println("c="+c);
```

```
        System.out.println("d="+d);
    }
}
```

程序运行结果：

a=2
b=3
c=4
d=1

说明：单独的自增和自减运算，前置和后置等价。例如，a++;和++a;等价，都相当于 a=a+1。

【相关知识】自增运算符(++)和自减运算符(--)，只能用于变量，而不能用于常量或表达式，如 5++或(a+b)++都是不合法的。它们的结合方向是"自右至左"。它们常用于循环语句中，使循环变量自动加 1。

2.2.2 赋值运算符和赋值表达式

1. 赋值运算

赋值运算符用来构成赋值表达式给变量进行赋值操作。赋值运算符用等号"="表示，它的作用就是将一个数据赋给一个变量。

由赋值运算符及相应操作数组成的表达式称为赋值表达式。其一般形式如下：

变量名=表达式

例如：

```
int a=2;
a=a+3;                    //a=5
```

赋值运算符如表 2-10 所示。

表 2-10 赋值运算符

运算符	名称	运算规则	运算对象	结合方向	举例	结果
=	赋值	给变量赋值	任何类型	从右向左	a=5;	5

2. 复合赋值运算

复合赋值运算符由一个双目运算符和一个赋值运算符构成。复合赋值运算符如表 2-11 所示。

表 2-11 复合赋值运算符

运算符	名称	运算规则	举例	结果
*=	自反乘	a*=b⇔a=a*b	a=4;a*=2;	a=8
/=	自反除	a/=b⇔a=a/b	a=4;a/=2;	a=2

续表

运算符	名称	运算规则	举例	结果
%=	自反模	a%=b⇔a=a%b	a=4;a%=2;	a=0
+=	自反加	a+=b⇔a=a+b	a=4;a+=2;	a=6
−=	自反减	a−=b⇔a=a−b	a=4;a−=2;	a=2

注意：符号⇔表示"相当于"；自反赋值运算符中的5个符号优先级相同，但低于算术运算符。

这种赋值运算符有两个好处：一是它们比标准的等式要紧凑；二是它们有助于提高Java的运行效率。由于这些原因，在Java的程序中，会经常看见这些简写的赋值运算符。

【例 2-10】 复合的赋值运算符的应用。

已知 a=12,n=5,求下列表达式的值。

(1) a+=a;　　　　　　　　　　/*相当于 a=a+a;*/
(2) a−=2;　　　　　　　　　　/*相当于 a=a−2;*/
(3) a*=2+3;　　　　　　　　　/*相当于 a=a*(2+3);*/
(4) a/=a+a;　　　　　　　　　/*相当于 a=a/(a+a);*/
(5) a%=(n%=2);　　　　　　　/*相当于 n=n%2,得到 n 值为 1,再计算 a=a%n;*/
(6) a+=a−=a*a;

上述赋值表达式的计算结果分别为 24、10、60、0、0、−120。

表达式(3)和(4)由于加法的优先级高于自反乘和自反除的赋值运算，所以先运算加法。而表达式(5)中的运算符级别相同，由于括号的存在，计算时按照从右向左的顺序进行，该表达式可以分解为两个表达式进行计算，分别为：n=n%2;a=a%n;，所以，所得结果为 0。

而赋值表达式 a+=a−=a*a 最终 a 的值为−120。

具体的求解步骤如下：

① 将整个算式由左至右简化成一个算式，相当于 a=a+a−a*a。
② 再按照算术运算符的优先级进行 a+a−a*a 的运算，相当于 a=12+12−12*12 所得结果为−120。

2.2.3　关系运算符和关系表达式

所谓"关系运算"(relational operation)实际上就是"比较运算"。将两个值进行比较，判断其比较的结果是否符合给定的条件。关系运算符包括 >、<、>=、<=、== 和 != 等。关系运算符决定值和值之间的关系，例如，决定相等、不相等及排列次序等。关系运算符及其含义如表 2-12 所示。

这些关系运算符产生的结果是布尔类型值。关系运算符常常用在 if 控制语句和各种循环语句的条件表达式中。

Java 中的任何类型，包括整型、浮点型、字符型及布尔型都可用 == 来比较是否相等，用 != 来比较是否不等。

表 2-12 关系运算符

运算符	名称	举例	表达式值
<	小于	a=1;b=2;a<b;	true
<=	小于或等于	a=1;b=2;a<=b;	true
>	大于	a=1;b=2;a>b;	false
>=	大于或等于	a=1;b=2;a>=b;	false
==	等于	a=1;b=2;a==b;	false
!=	不等于	a=1;b=2;a!=b;	true

注意：Java比较是否相等的运算符是两个等号，而不是一个等号（一个等号是赋值运算符）。等于运算符是==，即为代数式中的两个等号，通常容易在使用等于运算符时写出一个等号，使程序出现意想不到的错误。只有数字类型可以使用比较运算符进行比较。也就是说，只有整数、浮点数和字符运算数可以用来比较大小，而布尔型不能比较大小。

注意：使用关系运算符构成的关系表达式的值是逻辑值。要么为"真"，要么为"假"。

例如，下面的程序段对变量c的赋值是有效的。

```
int a=5;
int b=3;
boolean c=a<b;
```

在本例中，a<b（其结果是false）的结果存储在变量c中。

【例 2-11】 关系运算符的计算。

```
/*源文件名:RelationOpTest.java*/
/**
 * Java中关系运算符的使用
 */
package sample;
public class RelationOpTest{
  public static void main(String args[]){
    int a=1;
    int b=2;
    int c=3;
    boolean d=a<b;              //true
    boolean e=a>b;              //false
    boolean f=b==c;             //false
    boolean g=b!=c;             //true
    boolean h=b>=c;             //false
    boolean i=b<=c;             //true
    boolean j=a==b;             //false
    System.out.println("d="+d);
    System.out.println("e="+e);
```

```
        System.out.println("f="+f);
        System.out.println("g="+g);
        System.out.println("h="+h);
        System.out.println("i="+i);
        System.out.println("j="+j);
    }
}
```

程序运行结果：

```
d=true
e=false
f=false
g=true
h=false
i=true
j=false
```

2.2.4 逻辑运算符和逻辑表达式

逻辑运算符用来进行逻辑运算,逻辑运算也称为布尔运算。用逻辑运算符连接操作数组成的表达式称为逻辑表达式。逻辑表达式的值,或称逻辑运算的结果也只有真和假两个值。当逻辑运算的结果为真时,用 true 作为表达式的值;当逻辑运算的结果为假时,用 false 作为表达式的值。当判断一个逻辑表达式的结果时,则是根据逻辑表达式的值为 true 时表示真;为 false 时表示假。逻辑运算符如表 2-13 所示。

表 2-13 逻辑运算符

运算符	名称	运算规则	举例	表达式值
!	非	逻辑非	a=true;!a;	false
&&	与	逻辑与	a=true;b=false;a&&b;	false
||	或	逻辑或	a=true;b=false;a||b;	true

Java 提供了逻辑非(!)、逻辑与(&&)和逻辑或(||)三个逻辑运算符。

逻辑非代表取反,如果当前运算数为真,取反后的值为假;反之,如果当前运算数为假,取反后的值为真。

在逻辑或运算中,如果第一个运算数为真,则不管第二个运算数是真还是假,其运算结果为真。

类似地,在逻辑与运算中,如果第一个运算数为假,则不管第二个运算数是真还是假,其运算结果为假。

因此,如果运用||和 && 形式,那么有时第一个运算数就能决定表达式的值,只有在需要时才对第二个运算数求值。这就是逻辑运算符的短路特性,所以 && 又称为短路与,||又称为短路或当右边的运算数取决于左边的运算数是真或者假时,这点是很有用的。例如,

下面的程序语句说明了逻辑运算符的优点,用它可以防止被0除的错误。

```
if(x !=0 && num / x>12)
```

既然用了逻辑与运算符,就不会有当x为0时除零运算所产生的运行时异常。

请看以下示例。

【例 2-12】 Java 中关系和逻辑运算符的使用。

```
/*源文件名:LogicTest.java*/
package sample;
public class LogicTest{
  public static void main(String[] args){
    int i=2;
    int j=3;
    System.out.println("i="+i);
    System.out.println("j="+j);
    System.out.println("i !=j is "+(i !=j));
    System.out.println("(i<10&&j<10)is "+((i<10)&&(j<10)));
    System.out.println("((i+j)>10)is "+((i+j)>10));
    System.out.println("(!(i==j))is "+(!(i==j)));
  }
}
```

程序运行结果:

```
i=2
j=3
(i<10 && j<10)is true
((i+j)>10)is false
(!(i==j))is  true
```

注意:除了逻辑非外,逻辑运算符的优先级低于关系运算符。逻辑非这个符号比较特殊,它的优先级高于算术运算符。逻辑运算符的优先级为!＞&&＞||。

2.2.5 位运算符

位运算符包括＞＞、＜＜、＞＞＞、&、|、^和～等。Java定义的位运算符(bitwise operator)直接对整数类型的位进行操作,这些整数类型包括long、int、short、char和byte。表2-14列出了位运算符及其含义。

表 2-14 位运算符及其含义

位运算符	含义	举例	结果
～	按位非(NOT)	～00011001	11100110
&	按位与(AND)	00110011&10101010	00100010

续表

位运算符	含 义	举 例	结 果
|	按位或(OR)	00110011|10101010	10111011
^	按位异或(XOR)	00110011^10101010	10011001
<<	左移	a=00010101;a<<2;	01010100
>>	带符号右移	a=10101000;a>>2;	11101010
>>>	无符号右移,左边空出的位以0填充	a=10101000;a>>>2;	00101010

既然位运算符在整数范围内对位操作,那么理解这样的操作会对一个值产生什么影响是很重要的。具体地说,需要知道Java是如何存储整数值并且如何表示负数的。因此,在继续讨论之前,首先简要介绍这些概念。

所有的整数类型都以二进制数字位的变化及其宽度来表示。例如,byte型数值42的二进制代码是00101010,其中每个位置代表2的次方。另外,所有的整数类型(除了char类型之外)都是有符号的整数,这意味着它们既能表示正数,又能表示负数。Java使用2的补码表示负数,也就是通过将与其对应的正数的二进制代码取反(即将1变成0,将0变成1),然后对其结果加1。例如,-42就是通过将42的二进制代码的各个位取反,即对00101010取反得到11010101,然后再加1,得到11010110,即-42。要对一个负数解码,首先对其所有的位取反,然后加1。例如-42,11010110取反后为00101001,然后加1,这样就得到了42。

1. 位逻辑运算符

位逻辑运算符有"与"(AND)、"或"(OR)、"异或"(XOR)、"非"(NOT),分别用&、|、^、~表示,表2-15显示了每个位逻辑运算的结果。在继续讨论之前,请记住位运算符应用于每个运算数内的每个单独的二进制位。

表2-15 位逻辑运算的结果

A	B	A|B	A&B	A^B	~A
0	0	0	0	0	1
1	0	1	0	1	0
0	1	1	0	1	1
1	1	1	1	0	0

1) 按位非(NOT)

按位非也称为补,是一元运算符,按位非运算符为~,是对其运算数的每一位取反。例如,数字42,它的二进制代码为00101010,经过按位非运算成为11010101。

2) 按位与(AND)

按位与运算符为&,如果两个运算数都是1,则结果为1。在其他情况下,结果均为0。例如:

```
      00101010  42
   &  00001111  15
      00001010  10
```

3) 按位或(OR)

按位或运算符为|,如果任何一个运算数为1,则结果为1。例如:

```
      00101010  42
   |  00001111  15
      00101111  47
```

4) 按位异或(XOR)

按位异或运算符为^,只有在两个比较的位不同时其结果是1;否则,结果是零。例如:

```
      00101010  42
   ^  00001111  15
      00100101  37
```

2. 移位运算符

1) 左移运算符(<<)

将一个数的各二进制位全部左移若干位,每左移1位,高阶位都被移出并且丢弃,同时右端补0。在不溢出的情况下,每左移1位,相当于乘2。

下面的程序段将值16左移2次,将结果64赋给变量a。

```
int a=16;
a=a <<2;                //a=64
```

2) 右移运算符(>>)

将一个数的各二进制位全部右移若干位。每右移1位,低阶位都被移出并且丢弃,同时前补符号值(正数补0,负数补1)。每右移1位,相当于除以2。

下面的程序段将值32右移2次,将结果8赋给变量a。

```
int a=32;
a=a >>2;                //a=8
```

注意:当值中的某些位被"移出"时,这些位的值将被丢弃。例如,下面的程序段将35右移2次,它的2个低位被移出丢弃,也将结果8赋给变量a。

```
int  a=35;
a=a >>2;                //a=8
```

用二进制表示该过程可以更清楚地看到程序的运行过程。

```
00100011  35
>>2
00001000  8
```

将值每右移1次,就相当于将该值除以2并且舍弃了余数。可以利用这个特点将一个整数进行快速的除2运算,但一定要确保不会将该数原有的任何一位移出。右移时,被移走的最高位(最左边的位)由原来最高位的数字补充。例如,如果要移走的值为负数,每一次右移都在左边补 1；如果要移走的值为正数，每一次右移都在左边补 0，这个过程称为符号位扩展（保留符号位），在进行右移操作时用来保持负数的符号。例如，-8>>1 是-4，用二进制表示如下：

```
11111000 -8
>>1
11111100 -4
```

需要注意的是，由于符号位扩展（保留符号位）每次都会在高位补 1，因此-1 右移的结果总是-1。

3）无符号右移运算符（>>>）

将一个数的各二进制位全部右移若干位。每右移 1 位，低阶位都被移出并且被丢弃，同时前面空出的位补 0。正数每右移 1 位，相当于除以 2。而负数的无符号右移会丢失最左边的符号位，其结果将变成一个正数。

2.2.6 条件运算符和条件表达式

条件运算符"?:"是 Java 提供的一个特别的三目运算符，即它有三个参与运算的操作数。

由条件运算符组成条件表达式的一般形式如下：

表达式 1？表达式 2：表达式 3

其中，表达式 1 是一个布尔表达式。

其求值规则为：条件表达式的运算是先计算表达式 1（通常为关系表达式或逻辑表达式）的值，如果表达式 1 的值为真，则整个条件表达式取表达式 2 的值，否则取表达式 3 的值。表达式 2 和表达式 3 是除了 void 以外的任何类型的表达式，并且它们的类型必须相同。

条件表达式通常用于赋值语句之中，例如：

```
if(a>b)   max=a;
else      max=b;
```

就可以用 max=(a>b)?a:b；替换，二者的运行情况及结果完全一致。

条件运算符的优先级：条件运算符的运算优先级低于关系运算符和算术运算符，但高于赋值运算符。因此，max=(a>b)?a:b 可以去掉括号而写为 max=a>b?a:b。

例如：

```
int a=10,b=20,max;
max=(a>b)?a:b                    /*给 max 赋值，如果 a>b 则 max 值为 a，否则为 b*/
```

执行结果：

```
max=20
```

注意：条件运算符的结合性为自右至左。

例如，a>b?a:c>d?c:d 应理解为 a>b?a:(c>d?c:d)，这也就是条件表达式嵌套的情形,即其中的表达式3又是一个条件表达式。

2.2.7 表达式中运算符的优先次序

1. 运算符的优先级

在Java语言中,要想正确使用一种运算符,必须清楚这种运算符的优先级。当一个表达式中出现不同类型的运算符时,首先按照它们的优先级顺序进行运算,即先运算优先级高的运算符,再运算优先级低的运算符。当两类运算符的优先级相同时,则要根据运算符的结合性确定运算顺序。当多个运算符同时存在时,需要知道它们之间的优先次序。关于运算符的优先级和结合性如表2-16所示。

表2-16 运算符的优先级和结合性

运算符	描述	优先级	结合性
.,[],()	域,数组,括号	1	从左向右
++,--,!,~	单目操作符	2	从左向右
*,/,%	乘,除,取余	3	从左向右
+,-	加,减	4	从左向右
>>,>>>,<<	位运算	5	从左向右
>,<,>=,<=	关系运算	6	从左向右
==,!=	逻辑运算	7	从左向右
&	按位与	8	从左向右
^	按位异或	9	从左向右
|	按位或	10	从左向右
&&	逻辑与	11	从左向右
||	逻辑或	12	从左向右
?:	条件运算符	13	从左向右
=,+=,-=,*=,/=,%=,<<=,>>=,>>>=,^=,&=,|=	赋值运算符	14	从右向左

2. 使用圆括号改变运算的优先级

圆括号(parentheses)提高了括在其中的运算符的优先级,这常常能帮助我们获得需要的结果。例如,考虑下列表达式:

a >> b+3

该表达式首先把3加到变量b,得到一个中间结果,然后将变量a右移该中间结果位。

上述表达式可用添加圆括号的办法重写如下:

a >> (b+3)

然而,如果想先将a右移b位,得到一个中间结果,然后对该中间结果加3,就需要对表达式加如下的圆括号：

(a >> b)+3

圆括号除了改变一个运算的正常优先级外，有时也被用来帮助澄清表达式的含义。对于阅读程序代码的人来说，理解一个复杂的表达式是困难的。对复杂表达式增加圆括号可以帮助防止人们正确理解表达式。例如，下面哪一个表达式更容易阅读呢？

a | 4+c >> b & 7
(a | (((4+c)>>b) & 7))

另外，圆括号不会降低程序的运行速度。因此，添加圆括号可以减少含糊不清的地方，而且不会对程序产生消极影响。

2.3 Java 流程控制

计算机语言通过控制语句执行程序流从而完成一定的任务。程序流由若干个语句组成，语句可以是单一的一条语句，如 z＝x＋y，也可以是用大括号"{ }"括起来的一个复合语句。

计算机语言有三种流程：顺序(Sequence)流程、分支(Branch)流程和循环(Loop)流程。
(1) 顺序流程：应用程序一行一行地按顺序执行。
(2) 分支流程：根据表达式结果或变量状态使程序选择不同的执行路径。
(3) 循环流程：使程序能够重复执行一个或一个以上语句。也就是说，重复语句形成了循环。

Java 的流程控制语句包括以下语句。
(1) 分支语句：if-else，switch。
(2) 循环语句：while，do-while，for。
(3) 与程序转移有关的其他语句：break，continue，return。
(4) 异常处理语句：try-catch-finally，throw。

其中的异常处理语句将专门在后面章节讨论。下面介绍其他几种语句。

2.3.1 顺序流程

顺序结构是程序设计中最简单的一种程序结构，其特点是完全按照语句出现的先后次序执行程序。在日常生活中，需要"按部就班、依次进行"的处理和操作随处可见。顺序流程是最简单的程序流程，应用程序默认的就是一行一行地顺序执行。这里不再赘述。

在顺序结构中，程序的流程是固定的，不能跳转，只能按照书写的先后顺序逐条逐句地执行。这样，一旦发生特殊情况，就无法进行有效处理。在实际应用中，有很多时候需要根据不同的判定条件执行不同的操作步骤，这就需要采用分支流程来处理。

2.3.2 分支流程

在程序设计过程中，经常先给出问题中需要用来进行判断的条件，然后再根据实际运行情况进行条件判断,依据条件成立与否来选择执行不同的操作,这种程序设计流程称为分支流程,也称为选择流程,其流程图如图 2-3 所示。

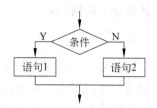

图 2-3 标准选择结构流程图

从流程图中可以看出,在选择结构程序设计中首先要做的是设计用来判断的条件(条件表达式)。前面已经学习了关系和逻辑运算符的使用,在 Java 程序中通常需要用关系运算符和逻辑运算符来构成条件判断表达式。下面来看一个例子。

【例 2-13】 编写程序,判断学生成绩是否合格。

算法分析与设计:

在本例中,学生成绩是从键盘输入的数据,定义变量 score 表示学生成绩,因此判断学生成绩是否合格,实际上就是判断学生成绩是否大于或等于整数 60。如果学生成绩(score)大于或等于整数 60,则该学生成绩为合格,否则为不合格。流程图如图 2-4 所示。

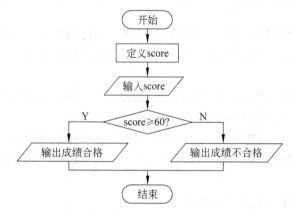

图 2-4 判断学生成绩是否合格流程图

程序如下:

```java
/*源文件名:IfTest.java*/

package sample;
import java.io.*;
public class IfTest {
    public static void main(String args[]){
        int score;
        String num;
        System.out.println("Please input a student's score:");
InputStreamReader isr=new InputStreamReader(System.in);     /*输入数据流*/
BufferedReader br=new BufferedReader(isr);
try{
    num=br.readLine();
    score=Integer.parseInt(num);
    if(score>=60)                    /*用关系表达式判断该成绩是否高于 60 分*/
        System.out.println("The student's score has passed.\n");
```

```
        else
        System.out.println("The student's score hasn't passed.\n");
        }
    catch(IOException e){  }
    }
}
```

当用户在运行程序并根据程序提示从键盘输入不同数据时,程序将得到如下两种不同的运行结果:

① 当输入的分数高于 60 分时,例如:

please input a student's score:79 <回车>

则输出:

The student's score has passed.

② 当输入的分数低于 60 分时,例如:

please input a student's score: 45<回车>

则输出:

The student's score hasn't passed.

在上面的例子中,"if…else…"是典型的选择结构程序语句,表示"如果……否则……"。

通过上面的例题可以看出,选择结构程序设计就是根据给定的条件执行相应的操作语句的程序设计。

选择结构程序设计中最常用的一种语句是 if 语句,因此,通常也把 if 语句称为条件分支语句。Java 语言提供了两种形式的 if 语句:①if…else 形式(标准双分支选择);②if…else if…else 或 if…if…else 等形式(嵌套选择形式)。

1. 选择结构的标准形式:if…else

if…else 形式也称为双分支选择,是 if 语句中最常使用的形式。其语法格式如下:

```
if(布尔表达式)
    语句 1;
else
    语句 2;
```

其含义为:判断括号内表达式的值,若为非 0,执行语句 1;否则,执行语句 2。

if…else 形式的程序流程图如图 2-5 所示。

注意:布尔表达式是任意一个返回布尔数据类型的表达式,而且必须是布尔数据类型。另外,每个单一语句后面都要有分号。为了增强程序的可读性,应将 if 或 else 后的语句用{}括起来。

【例 2-14】 设计一个应用程序,判断某一年是否为

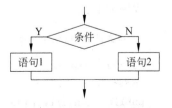

图 2-5 if…else 形式流程图

闰年。

算法设计：

通常判断某年为闰年有如下两种情况：

（1）该年的年号能被 4 整除但不能被 100 整除。

（2）该年的年号能被 400 整除。

假设在程序中用整型变量 Y 表示该年的年号。

上述两种情况分别可以表示为：

(Y%4==0)&&(Y%100!=0)

和

Y%400==0

而根据实际情况可以知道，在上述两种情况中，只要能让其中任何一种成立，即可断定该年为闰年，因此最终用来判断某年是否为闰年的表达式如下：

(Y%4==0)&&(Y%100!=0)||(Y%400==0)

当表达式的值为 true 时则该年为闰年，为 false 时则为非闰年。闰年判断流程图如图 2-6 所示。

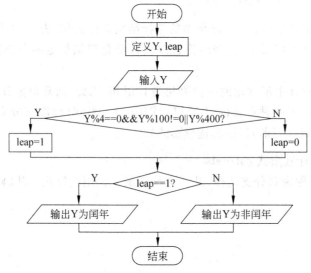

图 2-6　闰年判断流程图

程序如下：

```
/*源文件名:IfLeapYear.java*/
package sample;
import java.io.*;
public class IfLeapYear {
    public static void main(String args[]){
```

```
            int year,leap;
            String num;
            System.out.println("Please input a student's score:");
            InputStreamReader isr=new InputStreamReader(System.in);
            BufferedReader br=new BufferedReader(isr);
            try{
                num=br.readLine();
                year=Integer.parseInt(num);                    //输入年份
                if((year%4==0)&&(year%100!=0)||(year%400==0))  //判断是否为闰年
                    leap=1;
                else
                    leap=0;
                if(leap==1)
                    System.out.println(year +" is a leap year.");
                else
                    System.out.println(year +" is not a leap year.");
                }
            catch(IOException e){  }
            }
    }
```

程序运行结果：

Please　input the year number:1989 <回车>
1989 is not a leap year.

Please　input the year number:2000 <回车>
2000 is a leap year.

注意：在条件语句中"等于"用==，要区别于赋值语句中的=；||为"或"（或者）；&&为"与"（并且）。

2. 选择结构的嵌套 if 语句形式

嵌套在程序设计中是一种非常常见的结构，在某一个结构中的某一条执行语句本身又具有相同的结构时就称为嵌套。一个 if 语句又包含一个或多个 if 语句(或者 if 语句中的执行语句本身又是 if 结构语句)称为 if 语句的嵌套。当流程进入某个选择分支后又引出新的选择时，就要使用嵌套的 if 语句。

嵌套 if 语句的标准语法格式如下：

```
if(表达式 1)
    if(表达式 2)  语句 1;
    else         语句 2;
else
    if(表达式 3)  语句 3;
    else         语句 4;
```

其含义为：先判断表达式 1 的值，若表达式 1 为 true，再判断表达式 2 的值，若表达式 2

为 true,则执行语句 1,否则执行语句 2;若表达式 1 的值为 false,再判断表达式 3 的值,若表达式 3 为 true,则执行语句 3,否则执行语句 4。嵌套 if 语句流程图如图 2-7 所示。

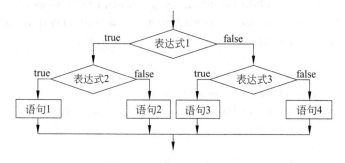

图 2-7　嵌套 if 语句流程图

这种在 if 语句中本身又包含 if 语句的选择结构,常用于解决比较复杂的选择问题,其中的每一条语句都必须经过多个条件共同决定才能执行(如同行人要到某个目的地,只有在每个十字路口都做出正确选择后才能到达一样)。

有关嵌套 if 语句使用的几点说明如下:

(1) 嵌套 if 语句的使用非常灵活,不仅标准形式的 if 语句可以嵌套,其他形式的 if 语句也可以嵌套;被嵌套的 if 语句可以是标准形式的 if 语句,也可以是其他形式的 if 语句。例如:

```
if(表达式 1)                          if(表达式 1)
    if(表达式 2)    语句 1;                if(表达式 2)    语句 1;
    else           语句 2;                else
                                              if(表达式 3)    语句 2;
                                              else           语句 3;
```

(2) 被嵌套的 if 语句本身又可以是一个嵌套的 if 语句,称为 if 语句的多重嵌套。

(3) 在多重嵌套的 if 语句中,else 总是与离它最近并且没有其他 else 配对的 if 呈配对关系。

注意:按上面所述要点,应该能够分清楚 if 与 else 之间的匹配关系。嵌套 if 语句的书写风格,应该把处于同一逻辑层级的语句写在同一列上,使程序从形式上更清晰、更美观。

【例 2-15】 给一百分制成绩,要求根据分数输出成绩等级:'A'、'B'、'C'、'D'、'E'。90 分以上为'A',80~89 分为'B',70~79 分为'C',60~69 分为'D',60 分以下为'E'。

算法设计:

在此问题中只需要定义一个整型变量用来存放学生成绩,其他如'A'、'B'、'C'等均可以在输出函数中用普通字符表示。本题选择多分支 if 结构来解决。

```
/*源文件名:IfElseDemo.java*/
package sample;
import java.io.*;
public class IfElseDemo {
```

```
    public static void main(String args[]){
        char grade;
        int score;
        String num;
    System.out.println("Please input a student's score:");
    InputStreamReader isr=new InputStreamReader(System.in);
    BufferedReader br=new BufferedReader(isr);
    try{
    num=br.readLine();
    score=Integer.parseInt(num);
        if(score>=90)                      /*用关系表达式判断该成绩是否高于90分*/
            grade='A';
        else   if(score>=80)               /*成绩高于80分但在90分以下*/
            grade='B';
        else   if(score>=70)
            grade='C';
        else   if(score>=60)
            grade='D';
        else
            grade='E';
         System.out.println("Grade="+grade);
    }
    catch(IOException e){   }
    }
 }
```

程序运行结果：

```
Please input a student's score:87 <回车>
Grade=B
```

提示：在 if…else if…else 形式的 if 语句中，后一个表达式的执行是在前面表达式不成立的基础上进行的，因此，后面条件的描述中实际上已经包含对前面条件的否定，如上例中 else if(score>=80)中的 score>=80 相当于 score<90&&score>=80。

有关 if 语句使用的几点说明如下：

(1) if 语句中的条件表达式必须用()括起来，并且在括号内部不能加分号。

(2) if 或 else 子句后面的执行语句均有分号。

(3) else 是 if 语句的子句，必须与 if 搭配使用，不可以单独使用。

(4) 当 if 或 else 子句后是多个执行语句构成的语句组时（复合语句），必须用{}括起来，否则各子句均只管到其后第一个分号处。例如：

```
if(a>b){
    a++;
    b++;
}else{
```

```
            a=0;
            b=5;
}
```

（5）if 或 else 子句后只接单个分号时，应将其作为空语句处理。

（6）简单的 if 语句可以用条件表达式书写，这样的写法在 C 语言中经常用到，好处在于代码简洁，并且有一个返回值。例如：

```
if(a>b)
        y=a;
    else
        y=b;
```

这段代码也可以简写成下面的形式：

```
y=a>b?a:b;
```

3. switch 语句及其应用

switch 语句又称为开关语句，在 Java 程序中专门用来处理多分支选择问题。用 switch 语句编写的多分支选择程序，就像一个多路开关，使程序流程形成多个分支，使用起来比复合 if 语句及嵌套 if 语句更加方便灵活。

【例 2-16】 用 switch 语句实现学生成绩的等级评定。

给一百分制成绩，要求根据分数输出成绩等级：'A', 'B', 'C', 'D', 'E'。90 分以上为'A'，80～89 分为'B', 70～79 分为'C', 60～69 分为'D', 60 分以下为'E'。

程序如下：

```
/*源文件名:ExSwitch.java*/

package sample;
import java.io.*;
public class ExSwitch {
  public static void main(String args[]){
      int score,k;
      String num;
      System.out.println("Please input a student's score:");
      InputStreamReader isr=new InputStreamReader(System.in);
      BufferedReader br=new BufferedReader(isr);
      try{
          num=br.readLine();
          score=Integer.parseInt(num);      //输入成绩
          k=score/10;                        //将成绩整除 10
          if(score>100||score<0)
              System.out.println("\n 输入数据有误。\n");
          else{
              switch(k){
                  case 10:
```

```
            case 9:System.out.println("成绩:A");break;
            case 8:System.out.println("成绩:B");break;
            case 7: System.out.println("成绩:C");break;
            case 6: System.out.println("成绩:D");break;
            case 5:
            case 4:
            case 3:
            case 2:
            case 1:`
            case 0: System.out.println("成绩:E"); break;
            default: System.out.println("\n输入数据有误。\n");
        }
    }
    catch(IOException e){  }
  }
}
```

程序运行结果：

87<回车>

成绩:B

switch 语句使用的语法格式如下：

```
switch(表达式){
    case 常量 1: 语句 1;break;
    case 常量 2: 语句 2;break;
    ⋮
    case 常量 n: 语句 n;   break;
    default:    语句 n+1; break;
}
```

其含义为：先计算表达式的值,判断此值是否与某个常量表达式的值匹配,如果匹配,控制流程转向其后相应的语句;否则,检查 default 是否存在,如果存在则执行其后相应的语句,如果不存在则结束 switch 语句。

使用 switch 结构设计多分支选择结构程序,不仅使用更加方便,而且程序可读性也更高。其流程图如图 2-8 所示。

有关 switch 语句使用的几点说明如下：

(1) 括号内的表达式的返回值类型可以是 int、byte、char、short 类型之一,Java 与添加了对枚举(enum)的支持,Java 7 又增加了对字符串(String)的支持,后两种类型暂不讨论。

(2) case 子句中的值必须是常量,case 后的每个常量表达式必须各不相同。

(3) default 子句是任选的,并且可以放在任何位置。

(4) 每个 case 之后的执行语句可多于一个,但不必加{}。

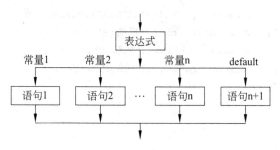

图 2-8　switch 结构流程图

（5）switch 语句不像 if 语句，只要满足某一条件就可在执行相应的分支后自动结束选择。break 语句用来在执行完一个 case 分支后，使程序跳出 switch 语句，即终止 switch 语句的执行。如果某个 case 分支后没有 break 语句，程序将不再做比较而继续执行后面 case 分支的语句，因此需要在每个 case 分支的最后加上一条 break 语句以帮助结束选择。

（6）switch、break、default 均为 Java 语言的关键字。switch 语句的功能可以用 if…else 语句来实现，但某些情况下，使用 switch 语句更加简练。

【相关知识】break 语句。

break 语句在 Java 语言中称为中断语句，只有关键字 break，没有参数。break 语句不仅可以用来结束 switch 的分支语句，也可以在循环结构中实现中途退出，即在循环条件没有终止前也可以使用 break 语句来跳出循环结构。

2.3.3　循环控制流程

循环结构是程序设计中一种非常重要的结构，几乎所有的实用程序中都包含循环结构，应该牢固掌握。

Java 语言可以组成各种不同形式的循环结构，分别由 while 语句、do…while 语句、for 语句及增强型 for-each 循环语句来实现。为了更方便地控制程序流程，Java 语言还提供了循环辅助控制语句：break 语句、continue 语句。

1. while 语句（当型循环）

【例 2-17】　利用 while 语句求 sum＝1＋2＋3…＋10。

算法 N-S 流程图如图 2-9 所示。

程序如下：

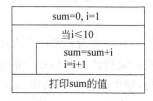

图 2-9　例 2-17 循环 N-S 图

```java
/*源文件名:Sum1.java*/
package sample;
public class Sum1{
    public static void main(String args[])
    {
        int i=1,sum=0;                    //循环赋初值
        while(i<=10)                      //循环条件:当循环变量 i 小于 100 时
        {
            sum=sum+i;                    //累加
```

```
            i=i+1;                        //循环变量递增 1
        }
        System.out.println("sum="+sum)
    }
```

程序运行结果：

sum=55

上面的例子中，i 表示循环变量，sum 存放累加和。i＝0，sum＝1 表示进入循环前需要置"初值"，该语句只执行一次。i≤10 表示循环执行的"条件"：当变量 i 的值超过 10 时，循环结束；否则，反复执行"循环体语句"：sum＝sum＋i;i＝i＋1;。

上述循环程序运行过程分析如下：

循环次数	sum 累加和	i 的值	循环条件 (i≤10)
初始	0	1	true
第 1 次	sum=0+1=1	2	true
第 2 次	sum=1+2=3	3	true
第 3 次	sum=3+3=6	4	true
第 4 次	sum=6+4=10	5	true
⋮			
第 9 次	sum=36+9	10	true
第 10 次	sum=45+10=55	11	false

【相关知识】while 语句的一般形式如下：

while(表达式)　语句；

或

```
while(表达式)
{
    语句序列；
}
```

其中，表达式称为"循环条件"，语句称为"循环体"。为便于初学者理解，可以读作"当条件（循环条件）成立（为真），循环执行语句（循环体）"。

while 语句执行过程如下：

(1) 先计算 while 后面的表达式的值，如果其值为"真"，则执行循环体。

(2) 执行一次循环体后，再判断 while 后面的表达式的值，如果其值为"真"，则继续执行循环体，如此反复，直到表达式的值为假，退出此循环结构。

while 循环的执行流程如图 2-10 所示。

使用 while 语句需要注意以下几点：

(1) while 语句的特点是先计算表达式的值，然后根据

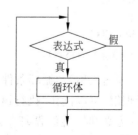

图 2-10　while 语句实现循环的流程图

表达式的值决定是否执行循环体中的语句。因此,如果表达式的值开始就为"假",那么循环体一次也不执行。

(2) 当循环体由多个语句(两个以上的语句)组成时,必须用{ }括起来,形成复合语句。

(3) 在循环体中应有使循环趋于结束的语句,以避免"死循环"的发生。

【思考】

(1) 在例题 2-17 的基础上思考:如何求 sum=1+1/2+1/3+…+1/50?

(2) 如何求 s=1×2×3×4×…×10? 即求 10!。

2. do…while 语句(直到型循环)

【例 2-18】 利用 do…while 语句求 sum=1+2+3+…+10。

do…while 循环的执行流程如图 2-11 所示。

程序如下:

```
/*源文件名:Sum2.java*/
package sample;
public class Sum2{
    public static void main(String args[])
    {
        int i=1,sum=0;
        do
        {
          sum=sum+i;
          i+=1;
         } while(i<=10);
        System.out.println("sum="+sum);
    }
}
```

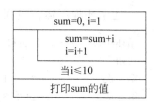

图 2-11 例 2-18 程序 N-S 图

程序运行结果:

sum=55

do…while 语句的一般形式如下:

do
{
语句序列;
} while(表达式);

其中,表达式称为"循环条件",语句称为"循环体"。为便于初学者理解,可以读作"执行语句(循环体),当条件(循环条件)成立(为真)时,继续循环"或"执行语句(循环体),直到条件(循环条件)不成立(为假)时,循环结束",如图 2-12 所示。

do…while 语句执行过程如下:

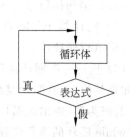

图 2-12 do…while 语句实现循环的流程图

(1) 执行 do 后面的循环体语句。
(2) 计算 while 后面的表达式的值,如果其值为"真",则继续执行循环体,直到表达式的值为假,退出此循环结构。

注意: do…while 循环与 while 循环的区别:
(1) do…while 循环,总是先执行一次循环体,然后再求表达式的值。因此,无论表达式是否为"真",循环体至少执行一次。
(2) while 循环先判断循环条件再执行循环体,循环体可能一次也不执行。
(3) 在 if 语句、while 语句中,表达式后面都不能加分号,而在 do…while 语句的表达式后面则必须加分号。

3. for 语句实现的循环

【例 2-19】 利用 for 语句求 sum=1+2+3+…+10。

程序执行流程如图 2-13 所示。

```
/*源文件名:Sum_for.java*/
package sample;
public class Sum_for{
    public static void main(String args[])
    {
        int i=1,sum=0;
        for(i=1;i<=10;i++)
            sum=sum+i;
        System.out.println("sum="+sum);
    }
}
```

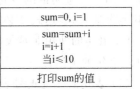

图 2-13 例 2-19 程序 N-S 图

程序运行结果:

sum=55

上面的例子中,for 后面的 i=1 表示循环变量 i 的初值为 1,该语句只执行一次。i<=10 表示循环执行的条件,当变量 i 的值超过 10 时,循环结束;否则,反复执行循环体语句 sum=sum+i。语句 i++ 使循环趋于结束。和前面的例子一样,在进入循环之前将存放累加和的变量 sum 初值置 0。执行结果是一样的。

for 语句的一般形式如下:

```
for(表达式 1;表达式 2;表达式 3)     表达式 1;
    循环体;              等价于    while(表达式 2)
                                {
                                    循环体;
                                    表达式 3;
                                }
```

for 是关键字,其后有三个表达式,各个表达式用;分隔。三个表达式可以是任意的表达式,通常主要用于 for 循环控制。

for 循环的执行流程如图 2-14 所示。

for 循环执行过程如下:

(1) 先计算表达式 1。

(2) 然后计算表达式 2,若其值为 true(循环条件成立),则转至步骤(3)执行循环体;若其值为 false(循环条件不成立),则转至步骤(5)结束循环。

(3) 执行循环体。

(4) 计算表达式 3,然后转至步骤(2)。

(5) 结束循环,执行 for 循环之后的语句。

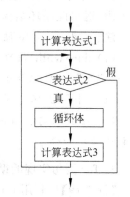

图 2-14　for 语句实现循环的流程图

说明:for 语句中有三个表达式,以;号分隔。表达式 1 可以是设置循环变量初值的表达式(常用),也可以是与循环变量无关的其他表达式;表达式 2 必须为关系表达式或逻辑表达式。

for 语句的使用非常灵活,请区别下列程序段完成的功能,体会 for 语句的灵活性。

(1) 表达式 1 为逗号表达式,上述例题中的循环语句可以写为:

```
for(sum=0,i=1;i<=10;i++)
    sum=sum+i;
```

在实际应用中,第三个表达式也可以是逗号表达式,例如上例中的循环语句可以写为:

```
for(sum=0,i=1;i<=10;i++,sum=sum+i);
```

此时省略了循环体。

(2) 循环控制变量初值大于终值,步长为-1(步长递减),上述例题中的循环语句可以写为:

```
for(sum=0,i=10;i>=1;i--)
    sum=sum+i;
```

(3) 省略表达式 1,上述例题中的循环语句可以写为:

```
sum=0;i=1
    for(;i<=10;i++)
        sum=sum+i;
```

(4) 省略表达式 3,上述例题中的循环语句可以写为:

```
sum=0;i=1
    for(;i<=10;)
        {
            sum=sum+i;
            i++;
        }
```

(5) 若表达式 2 省略,for(;;)语句相当于 while(true)。若退出循环需要在循环体中加入后面马上介绍的终止循环的语句。

4. 多重循环(嵌套循环)

一个循环体内又包含另一个完整的循环结构,即循环套循环,这种结构称为多重循环(嵌套循环)。

按照循环的嵌套次数,分别称为二重循环、三重循环。一般将处于内部的循环称为内循环,处于外部的循环称为外循环。一般单重循环只有一个循环变量,双重循环具有两个循环变量,多重循环有多个循环变量。

【例 2-20】 打印九九乘法表。

```
1×1=1    1×2=2    1×3=3    …    1×8=8    1×9=9
2×1=2    2×2=4    2×3=6    …    2×8=16   2×9=18
3×1=3    3×2=6    3×3=9    …    3×8=24   3×9=27
⋮
9×1=9    9×2=18   9×3=27   …    9×8=72   9×9=81
```

算法分析:

观察上面的乘法表可以看出:

第一行为 1×i=i;第二行为 2×i=2i;第三行为 3×i=3i;…;第九行为 9×i=9i。

行号 i 从 1~9,每次递增 1,程序 N-S 图如图 2-15 所示,可以用下面的程序实现。

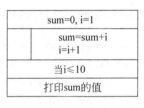

图 2-15 例 2-20 程序 N-S 图

程序如下:

```java
/*源文件名:ForDemo.java*/
package sample;
public class ForDemo{
    public static void main(String args[])
    {
        int i,j;
        for(i=1; i<=9; i++)                    //外重循环控制行
        {
            for(j=1; j<=9; j++)                //内重循环控制列
                System.out.print(i+"*"+j+"="+i*j+"   ");
            System.out.println;                //换行
        }
    }
}
```

程序运行结果:

```
1×1=1  1×2=2  1×3=3  1×4=4  1×5=5   1×6=6   1×7=7   1×8=8   1×9=9
2×1=2  2×2=4  2×3=6  2×4=8  2×5=10  2×6=12  2×7=14  2×8=16  2×9=18
```

3×1=3	3×2=6	3×3=9	3×4=12	3×5=15	3×6=18	3×7=21	3×8=24	3×9=27
4×1=9	4×2=12	4×3=12	4×4=16	4×5=20	4×6=24	4×7=28	4×8=32	4×9=36
5×1=9	5×2=10	5×3=15	5×4=20	5×5=25	5×6=30	5×7=35	5×8=40	5×9=45
6×1=9	6×2=12	6×3=18	6×4=24	6×5=30	6×6=36	6×7=42	6×8=48	6×9=54
7×1=9	7×2=14	7×3=21	7×4=28	7×5=35	7×6=42	7×7=49	7×8=56	7×9=63
8×1=9	8×2=16	8×3=24	8×4=32	8×5=40	8×6=48	8×7=56	8×8=64	8×9=72
9×1=9	9×2=18	9×3=27	9×4=36	9×5=45	9×6=54	9×7=63	9×8=72	9×9=81

说明：

- 一个循环体必须完完整整地嵌套在另一个循环体内，不能出现交叉现象。
- 多层循环的执行顺序是：最内层先执行，由内向外逐层展开。
- 三种循环语句构成的循环可以互相嵌套。
- 并列循环允许使用相同的循环变量，但嵌套循环不允许。

【相关知识】增强型 for-each 循环。

JDK 的版本不断升级后，增加了很多新的特性，在 JDK5.0 以后的版本中，增加了 for-each 循环，目的是简化针对数组以及 Collection 类型集合的访问，特点是简单。例如，在没有 for-each 循环时，可以如下操作数组：

```
String[] array=new String[]{"leon","gary","linda"};   //定义数组
for(int i=0;i<array.length;i++){
    String element=array[i];
    System.out.println(element);
}
```

在使用了新的增强型 for-each 循环后，代码得到了简化，如下所示：

```
String[] array=new String[]{"leon","gary","linda"};
for(String element:array){
  System.out.println(element);
}
```

增强型的 for-each 循环语句是从数组或者 Collection 集合中连续一一取出其中保存的元素，简化了 Java 程序员遍历数组或者集合的操作。有关数组的内容，请参见后面的章节。

5．与程序转移有关的其他语句

1) break 语句

在 switch 语句中，break 语句用来终止 switch 语句的执行，使程序从整个 switch 语句后的第一条语句开始执行。

在循环语句中，break 用于强制退出循环，不执行剩余循环迭代。

break 语句就是让程序跳出它所指定的块，并从紧跟该块后的第一条语句处执行。

【例 2-21】 break 语句的应用：打印 1~10 之间的所有奇数。

程序如下：

```
/*源文件名:PrintOddNum.java*/
```

```java
package sample;
public class PrintOddNum
{
  public static void main(String [] args)
  {
    for(int i=1;i<100;i+=2)
      {
        if(i>10)break;
        System.out.println("i="+i);
      }
  }
}
```

程序运行结果：

i=1
i=2
i=3
i=4
i=5
i=6
i=7
i=8
i=9
i=10

2) continue 语句

continue 语句用来结束本次循环,跳过循环体中下面尚未执行的语句,接着进行终止条件的判断,以决定是否继续循环。对于 for 语句,在进行终止条件的判断前,还要先执行迭代语句。continue 语句的格式如下：

continue;

【例 2-22】 continue 语句的应用：打印 1～10 之间的所有奇数。

程序如下：

/*源文件名:PrintOddNum1.java*/

```java
package sample;
public class PrintOddNum1
{
  public static void main(String [] args)
  {
    for(int i=0;i<10;i++)
      {
        if(i%2==0)
          continue;
```

```
            System.out.println("x="+i);
        }
    }
}
```

程序运行结果：

x=1
x=3
x=5
x=7
x=9

说明：上面的例子,当 i 是偶数时就跳过本次循环后的代码,直接执行 for 语句中的第三部分循环变量的自加,然后进入下一次循环的比较,是奇数就打印 i 的值。

2.4 项目案例

2.4.1 学习目标

- 学习掌握 Java 基础语法。
- 掌握 Java 运算符和表达式。
- 练习 Java 条件控制语句、选择语句和循环语句的使用。

2.4.2 案例描述

(1) 题目：有 1、2、3、4 共 4 个数字,能组成多少个互不相同且无重复数字的三位数？各是多少？

(2) 题目：企业发放的奖金是根据利润提成的。利润低于或等于 10 万元时,奖金可提 10%；利润在 10 万元~20 万元时,低于 10 万元的部分按 10% 提成,高于 10 万元的部分可提成 7.5%；利润在 20 万~40 万元时,高于 20 万元的部分可提成 5%；利润在 40 万元~60 万元时,高于 40 万元的部分可提成 3%；利润在 60 万元~100 万元时,高于 60 万元的部分可提成 1.5%；利润高于 100 万元时,超过 100 万元的部分按 1% 提成,从键盘输入当月利润,求应该发放的奖金总数是多少？

(3) 题目：输入某年某月某日,判断这一天是这一年的第几天？

2.4.3 案例要点

第(1)题主要练习嵌套 for 循环语句,Java 运算符表达式的计算。
第(2)题主要练习 if…else 条件选择语句,Java 运算符表达式的计算。
第(3)题主要练习 do…while 循环语句和 switch 开关语句,Java 逻辑运算符的使用。

2.4.4 案例实施

第(1)题案例代码如下：

```
/*源文件名:Test1.java*/
public class Test1{
    public static void main(String[] args){
        int count=0;
        for(int x=1; x<5; x++){
          for(int y=1; y<5; y++){
            for(int z=1; z<5; z++){
              if(x !=y && y !=z && x !=z){
                count ++;
                System.out.println(x*100+y*10+z);
              }
            }
          }
        }
        System.out.println("共有"+count+"个三位数");
    }
}
```

程序运行结果如图 2-16 所示。

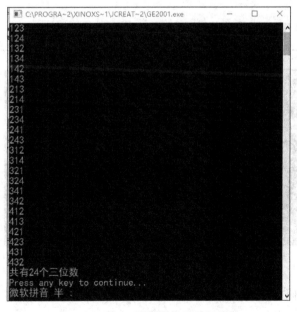

图 2-16 第(1)题案例代码运行结果

第(2)题案例代码如下:

```
/*源文件名:Test2.java*/
import java.util.*;
public class Test2{
    public static void main(String[] args){
```

```
        double x=0,y=0;
        System.out.print("输入当月利润(万):");
        Scanner s=new Scanner(System.in);
        x=s.nextInt();
        if(x>0 && x<=10){
            y=x*0.1;
        } else if(x>10 && x<=20){
            y=10*0.1+(x-10)*0.075;
        } else if(x>20 && x<=40){
            y=10*0.1+10*0.075+(x-20)*0.05;
        } else if(x>40 && x<=60){
            y=10*0.1+10*0.075+20*0.05+(x-40)*0.03;
        } else if(x>60 && x<=100){
            y=20*0.175+20*0.05+20*0.03+(x-60)*0.015;
        } else if(x>100){
            y=20*0.175+40*0.08+40*0.015+(x-100)*0.01;
        }
        System.out.println("应该提取的奖金是 "+y+"万");
    }
}
```

程序运行结果如图 2-17 所示。

图 2-17　第(2)题案例代码运行结果

第(3)题案例代码如下：

```
/*源文件名:Test3.java*/
import java.util.*;
public class Test3 {
public static void main(String[] args){
    int year, month, day;
    int days=0;
    int d=0;
```

```java
    int e;
    Input fymd=new Input();
    do {
      e=0;
      System.out.print("输入年:");
      year=fymd.input();
      System.out.print("输入月:");
      month=fymd.input();
      System.out.print("输入天:");
      day=fymd.input();
      if(year<0 || month<1 || month>12 || day<1 || day>31){
        System.out.println("输入错误,请重新输入!");
        e=1;
      }
    }while(e==1);
     for(int i=1; i<=month; i++){
        switch(i){
          case 1:
          case 3:
          case 5:
          case 7:
          case 8:
          case 10:
          case 12:
           days=31;
          break;
          case 4:
          case 6:
          case 9:
          case 11:
           days=30;
              break;
          case 2:
           if((year %400 ==0)||(year %4 ==0 && year %100 !=0)){
              days=29;
           } else {
              days=28;
           }
           break;
       }
       d +=days;
     }
    System.out.println(year+"-"+month+"-"+day+"是这年的第"+(d+day)+"天。");
}
```

```
}
class Input{
    public int input(){
        int value=0;
        Scanner s=new Scanner(System.in);
        value=s.nextInt();
        return value;
    }
}
```

程序运行结果如图 2-18 所示。

图 2-18　第(3)题案例代码运行结果

2.4.5　特别提示

if(表达式)和 while(表达式)中表达式部分的结果只能是 boolean 值,switch(表达式)中的表达式结果可以是整型值、枚举或字符串。了解逻辑运算符 && 和位运算符 & 以及||和|的区别。

本　章　总　结

本章重点介绍了 Java 的标识符及关键字,着重介绍了 Java 语言的数据类型和程序控制流程,本章分别对分支(选择)流程控制语句、循环流程控制语句进行了详细的讲解,并给出了典型应用。

习　　题

一、思考题

1. Java 标识符的命名有什么规定?
2. Java 的数据类型中包含哪些基本数据类型? 哪些引用数据类型?

3. Java 有哪几种分支选择语句？其执行流程是怎样的？
4. Java 有哪几种循环结构？每种循环语句的执行流程是怎样的？
5. Java 的运算符大致分为哪些类型？其运算优先级别如何？
6. while 和 do…while 语句的区别是什么？

二、选择题

1. 下面选项能正确表示 Java 语言中的一个整型常量的是（　　）。
   A) －8.0　　　　B) 1000000　　　　C) －30　　　　D) 123
2. 下列变量定义错误的是（　　）。
   A) char ch1='m',ch2='\';　　　　B) float x,y=1.56f;
   C) public int i=100,j=2,k;　　　　D) float x;y;
3. 下列变量定义错误的是（　　）。
   A) long a=987654321L;　　　　B) int b=123;
   C) static e=32761;　　　　D) int c,d;
4. 下列变量定义正确的是（　　）。
   A) double d;　　　　B) float f=6.6;
   C) byte b=130;　　　　D) boolean t="true";
5. 以下字符常量中表示不正确的是（　　）。
   A) 'a'　　　　B) '#'　　　　C) ' '　　　　D) "a"
6. 定义 a 为 int 类型的变量。下列正确的赋值语句选项是（　　）。
   A) int a=6;　　　　B) a==3;　　　　C) a=3.2f;　　　　D) a+=a^3;
7. 以下正确的 Java 语言标识符是（　　）。
   A) t%tools　　　　B) a+b　　　　C) java_123　　　　D) test!
8. 假设以下选项中的变量都已正确定义，不合法的表达式是（　　）。
   A) a>=3==b<1　　　　B) 'n'-1
   C) 'a'=8　　　　D) 'A'%6

三、填空题

1. 表达式 2>=5 的运算结果是_____。
2. 表达式(3>2)?8:9 的运算结果是_____。
3. 在 Java 语言中，逻辑常量值除了 true 之外，另一个逻辑常量是_____。
4. 表达式 9==8&&3<7 的运算结果是_____。
5. 表达式(18-4)/7+6 的运算结果是_____。
6. 表达式 5>2&&8<8&&23<36 的运算结果是_____。
7. 表达式 9-7<0||11>8 的运算结果是_____。
8. 当整型变量 n 的值不能被 7 除尽时，其值为 false 的 Java 语言表达式是_____。

四、编程题

1. 已知圆球体积公式为 $V=4/3\pi r^3$，编写程序，设计一个求圆球体积的方法，并在主程序中调用它，求出当 r=3 时圆球的体积值。

2. 曾有一位印度国王要奖赏他聪明能干的宰相达依尔。达依尔只要求在国际象棋的 64 个棋盘格上放置小麦粒,第一格放 1 粒,第二格放 2 粒,第三格放 4 粒,第四格放 8 粒……问最后一格需要放多少粒小麦粒呢?

3. 打印出所有的"水仙花数"。"水仙花数"是指一个 3 位数,其各位数字的立方和等于该数本身。例如,153 是一个"水仙花数",因为 $153=1^3+5^3+3^3$。

4. 有一分数序列:2/1,3/2,5/3,8/5,13/8,21/13,…,求出这个数列的前 20 项之和。

5. 打印出如下菱形图案。

```
   *
  ***
 *****
*******
 *****
  ***
   *
```

6. 求出 100～200 之间的所有素数。

第 3 章　Java 中数组的应用

本章重点
- 了解数组的概念和特点。
- 熟悉一维数组的定义和使用。
- 熟悉二维数组的定义和使用。
- 了解多维数组。
- 掌握数组的应用。

通过本章的学习,学会数组的定义和引用。掌握应用数组进行成批数据的处理。数组在实际应用中使用比较普遍,应熟练掌握使用方法。

3.1　什么是数组

前面程序中使用的变量均为基本数据类型的变量,各个变量之间没有任何联系。有时需要定义一些变量,如 s1,s2,s3,s4,s5,…,s10,它们可以代表同一个班中 10 个学生的成绩,这些变量都用相同的字母开头,只是后面的数字有所区别,可以把这种元素组成的一组变量定义为数组。

在 Java 语言中,数组是一种最简单的复合数据类型(引用数据类型)。数组提供了一种将有关联的数据分组的方法。

数组的主要的特性如下:
(1) 数组是数据的有序集合。
(2) 数组中的每个元素都具有相同的数据类型。
(3) 所有元素具有相同的数组名字。用数组名和下标可以唯一地确定数组中的元素。

数组有一维数组、二维数组和多维数组。

Java 语言中变量的下标用方括号括起来。即 s[1],s[2],…,s[10],这就是数组类型变量。

注意:数组的有序性,是指数组元素存储的有序性,而不是指数组元素值有序。利用这种有序性,在后面的章节中,可以方便地解决一些问题。

3.2　一维数组

一维数组中各个数组元素是排成一行的一组下标变量,用一个统一的数组名来标识,用下标来标明其在数组中的位置,下标从 0 开始。一维数组通常和一重循环配合使用,以实现对数组元素的处理。

1. 一维数组的声明

要使用一个数组,必须首先声明数组。通用的一维数组的声明格式如下:

数组元素类型　数组名[];

或

数组元素类型[] 数组名;

例如:

```
int   a[];                              //声明一个整型数组,名称是 a
float[]  b;                             //声明一个实型数组,名称是 b
```

说明:

(1) 数组名的命名原则遵循标识符的命名规则。本例中 a 就是数组名。

(2) 上面第二种数组声明格式中的方括号紧跟在类型标识符的后面,而不是跟在数组变量名的后面,两者在用法上没有区别。例如,下面的两个定义是等价的。

```
int   x[];
int[]   x;
```

2. 一维数组的创建

和其他语言不同,在 Java 语言中,尽管在上面声明了 x 是一个整型数组,但实际上并没有数组对象存在。为了使 x 数组成为物理上存在的整型数组,还必须用运算符 new 来分配地址并且把它赋给 x。运算符 new 是专门用来分配内存的运算符,这个过程称为数组创建。

数组创建的一般形式如下:

数组名=new 数组元素类型 [size];

数组元素类型指定被分配的数据类型,size 指定数组中元素的个数,即数组的长度,数组名是被引用到数组的数组变量。也就是说,使用运算符 new 来分配数组,必须指定数组元素的类型和数组元素的个数。用运算符 new 分配数组后,数组中的元素将会被自动初始化为所声明数据类型的默认值。另外,数组中的元素个数 size(长度)是不能改变的,这和后面要介绍的集合是有区别的。

例如:

```
a=new int[10];
```

通过上面这个语句的执行,数组 a 将会指向 10 个整数,而且数组中的所有元素将被初始化为 0。

这里创建了一个一维数组 a(见图 3-1),该数组由 10 个数组元素构成,其中每一个数组元素都属于整型数据类型,在内存中分配 10 个占整型单元的连续存储空间,并将数组的首地址送给 a。数组 a 的各个数据元素依次是 a[0],a[1],a[2],…,a[9](注意,下标从 0 至 9)。每个数组元素将被初始化为 0。

在实际应用中,经常将数组声明和数组创建的两条语句合并为一个语句。例如:

```
int  a[];
a=new int[10];
```

这两条语句合并成下面的一个语句：

```
int  a[]=new int[10];
```

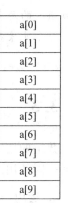

图 3-1　一维数组

3．一维数组的初始化

上面介绍了使用运算符 new 来为数组所要存储的数据分配内存，并把它们分配给数组变量。这时数组中的元素将会被自动初始化为默认值。各种数据类型数组元素的默认初始值如下：

- 整型、短整型、字节型默认值为 0。
- 长整型默认值为 0L。
- 实型默认值为 0.0f 或 0.0d。
- 字符型默认值为'\0'，也可写成'\u0000'。
- 布尔型默认值为 false。
- 类对象默认值为 null。

数组的初始化工作非常重要，不能使用任何未初始化的数组。一旦分配了一个数组，就可以在方括号内通过指定它的下标来访问数组中特定的元素，或者为它们赋值。所有的数组下标都从 0 开始。

数组的初始化可以直接使用大括号"{ }"完成，不需要运算符 new，也不用指定元素个数，Java 会自动计算数组的长度，这个过程称为数组的静态初始化。

例如：

```
int a[]={1,2,3,4,5};
```

表示 a[0]=1,a[1]=2,a[2]=3,a[3]=4,a[4]=5。

再如下面的语句将值 2 赋给数组 a 的第二个元素。

```
a[1]=2;
```

4．一维数组的引用

数组在定义之后，可以在程序中引用其数组元素。数组元素的引用形式如下：

数组名[下标]

说明：引用数组元素时，下标可以是整型常数、已经赋值的整型变量或整型表达式。

例如：i=1;j=5;，则 a[i+j]相当于 a[6]。

注意：引用数组元素时，下标不能越界。Java 的运行系统会检查以确保所有的数组下标都在正确的范围以内。如果企图访问数组边界以外（负数或比数组边界大）的元素，则将引起运行错误。

若有定义：

```
int  a[5];
```

则数组 a 的元素分别为 a[0]、a[1]、a[2]、a[3]、a[4];但 a[5]不是。

每个元素都可作为一个整型变量来使用,例如:

a[0]=5;a[3]=a[1]+4;a['D'-'B']=3

3.3 一维数组的应用

数组的应用非常广泛。使用数组通常依据数组下标和边界的概念,结合前面讲过的 for 循环一同使用。下面介绍几个数组应用的例子。

1. 运用一维数组来计算一组数字的和

【例 3-1】 数组的使用:求一组数的累加和。

```
/*源文件名:ArrayTest.java*/
package sample;
public class ArrayTest {
    public static void main(String args[]){
        int nums[]={ 1, 2, 3, 4, 5, 6, 7, 8, 9, 10};    //数组的定义与初始化
        int result=0;                                    //累加和变量初值设为 0
        for(int i=0; i<nums.length; i++)
            result=result+nums[i];                       //对数组中的数依次累加
        System.out.println("Total is "+result);          //输出累加和
    }
}
```

程序运行结果:

```
Total is 55
```

注意:在 JDK5.0 以后的版本中,使用增强型 for-each 循环遍历一维数组将更加容易。
参看下面的程序:

```
/*源文件名:ArrayTest.java*/
package sample;
public class ArrayTest {
    public static void main(String args[]){
        int nums[]={ 1, 2, 3, 4, 5, 6, 7, 8, 9, 10};
        int result=0;
        for(int e:nums)                                  //使用增强型 for-each 循环语句
            result+=e;
        System.out.println("Total is "+result);
    }
}
```

程序运行结果:

Total is 55

【例 3-2】 从键盘上输入 N 个学生的成绩,计算平均成绩。

算法分析:

(1) 定义变量和数组。

N 个学生数未知,由用户在运行程序时输入。一维数组 score 用来存放学生的成绩,N 记录学生人数。

(2) 将成绩输入到数组 score 中,同时进行累加,最后计算平均成绩。

程序如下:

```java
/*源文件名:Ave.java*/
package sample;
import java.io.*;
public class Ave {
    public static void main(String args[]){
        String num, number;
        int total=0,N=5;
    InputStreamReader isr=new InputStreamReader(System.in);
    BufferedReader br=new BufferedReader(isr);
    try{
    System.out.println("请输入共有多少个学生:");
        number=br.readLine();
        N=Integer.parseInt(number);
    int score[]=new int[N];
    for(int i=0; i<N; ++i)
    {
        System.out.println("请输入第 "+(i+1)+" 个学生的成绩:");
        num=br.readLine();
        score[i]=Integer.parseInt(num);
        total=total+score[i];
    }
    System.out.println("average="+total/N);
    }
 catch(IOException e){  }
 }
 }
```

程序运行结果:

请输入共有多少个学生:
3
请输入第 1 个学生的成绩:
90
请输入第 2 个学生的成绩:

```
80
请输入第 3 个学生的成绩:
85
Average=85
```

2. 利用数组求 Fibonacci 数列的前 n 项

【例 3-3】 求 Fibonacci 数列前 20 个数。

这是由一个古老的数学问题产生的序列:1,1,2,3,5,8,13,…,可以归结为下列数学公式:

$$F_1 = 1 \qquad (n = 1)$$
$$F_2 = 1 \qquad (n = 2)$$
$$F_n = F_{n-1} + F_{n-2} \quad (n \geqslant 3)$$

从公式中可以看出,数列的组成是有规律的,数列的前两项都是 1,从第三项开始,每个数据项的值为前两个数据项的和,采用递推方法来实现。可以用一个一维整型数组 f[20] 来保存这个数列的前 20 项。

程序如下:

```java
/*源文件名:Fib_Array*/
package sample;
public class Fib_Array {
    public static void main(String args[])
    {
        int fib[]=new int[20];              //定义数组
        int i;
        fib[0]=1; fib[1]=1;                 //前两项作为初值
        for(i=2; i<fib.length; i++)         //从第三项开始将前两项之和作为下一项的值
            fib[i]=fib[i-2]+fib[i-1];
        for(i=0; i<fib.length; i++)         //输出生成的序列
            System.out.print(" "+fib[i]);
    }
}
```

程序运行结果:

```
1  1  2  3  5  8  13  21  34  55  89  144  233  377  610  987  1597  2584  4181
```

3. 利用数组实现数据排序

在实际应用中,数据的排序是一种常用的数据组织方法。这里重点介绍两种典型的数据排序方法——冒泡排序和选择排序。

【例 3-4】 采用"冒泡排序法"对任意输入的 10 个整数按由小到大的顺序排序。

算法分析:

冒泡法排序思路:将相邻的两个数比较,将小的调到前头。

任意几个数排序过程:

(1) 比较第 1 个数与第 2 个数,若为逆序 a[1]>a[2],则交换;然后比较第 2 个数与第 3 个数;以此类推,直至第 n-1 个数和第 n 个数比较完为止。第一趟冒泡排序后,结果最大的数被安置在最后一个元素位置上。

(2) 对前 n-1 个数进行第二趟冒泡排序后,结果使次大的数被安置在第 n-1 个元素位置上。

(3) 重复上述过程,共经过 n-1 趟冒泡排序后,排序结束。

排序过程示例如下,以 5 个数为例。

起始状态：　　[5　2　3　1　4]
第 1 趟排序后：[2　3　1　4]　5
第 2 趟排序后：[2　1　3]　4　5
第 3 趟排序后：[1　2]　3　4　5
第 4 趟排序后：[1]　2　3　4　5

从这里可以看出,5 个数经过 4 趟排序就将数据排好序了。

程序如下：

```java
/*源文件名:Sort.java*/
/*输入 10 个数按由小到大的顺序排好序并输出*/
package sample;
import java.io.*;
public class Sort{
public static void main(String args[]){
    String num;
    int N=10,t;
    int a[] =new int[N];
    InputStreamReader isr=new InputStreamReader(System.in);
    BufferedReader br=new BufferedReader(isr);
    try{
    System.out.println("Input 10 numbers:\n");
    for(int i=0; i <N; ++i)                    //输入数据到数组中
    {  System.out.println("请输入第 "+i+1+" 个数:\n");
       num=br.readLine();
       a[i]=Integer.parseInt(num);

    }
    for(int j=1;j<=9;j++)                       //控制比较的趟数
      {
            for(int i=0;i<10-j;i++)             //每一趟中相邻两个元素两两比较
                if(a[i]>a[i+1])
                    {t=a[i]; a[i]=a[i+1]; a[i+1]=t;}    //元素互换

      }
    System.out.println("The sorted numbers:\n");
    for(int i=0;i<10;i++)                       //输出已排好序的数组
```

```
            System.out.print(a[i]+" ");
        }
        catch(IOException e){  }
    }
}
```

根据提示输入 10 个数,例如输入 1、0、2、3 、9、4、8、5、6、7 这 10 个数字。
程序运行结果:

```
The sorted numbers:
0 1 2 3 4 5 6 7 8 9
```

3.4　二维数组与多维数组

1. 二维数组的声明

二维数组的声明格式如下:

数组元素类型　数组名[][];

或

数组元素类型[][]　数组名;

```
float   arrayName[][];                   //声明一个二维数组,名称是 arrayName
```

或

```
float[][] arrayName;
```

2. 二维数组的创建和初始化

1) 静态创建和初始化

```
int intArray[ ][ ]={{1,2},{2,3},{3,4,5}};
```

在 Java 语言中,由于把二维数组看作是数组的数组,数组空间不是连续分配的,所以不要求二维数组每一维的大小相同。

2) 动态创建和初始化

(1) 直接为每一维分配空间,格式如下:

```
float   b[ ][ ]=new float[2][3];
```

这个二维数组可以视为一个矩阵,如图 3-2 所示。

b[0][0]	b[0][1]	b[0][2]
b[1][0]	b[1][1]	b[1][2]

图 3-2　二维数组

二维数组的数组元素可以看作是排列为行列的形式(矩阵)。二维数组元素也用统一的数组名和下标来标识,第一个下标表示行,第二个下标表示列。每一维下标从 0 开始。

上面的例子定义了一个二维数组 b,该数组由 6 个元素构成,其中每一个数组元素都属于浮点(实数)数据类型。数组 b 的各个数据元素依次是:

b[0][0],b[0][1],b[0][2],b[1][0],b[1][1],b[1][2]

说明:

- 二维数组中的每个数组元素都有两个下标,且必须分别放在单独的方括号[]内。
- 二维数组定义的第 1 个下标表示该数组具有的行数,第 2 个下标表示该数组具有的列数,两个下标之积是该数组具有的数组元素的个数。
- 二维数组中的每个数组元素的数据类型均相同。二维数组的存放规律是"按行排列"。
- 二维数组可以看作是数组元素为一维数组的数组。如上面例子中的 b 可以看作是特殊的一维数组,其中的元素 b[0] 和 b[1] 又各是一个一维数组。

(2) 从最高维开始,分别为每一维分配空间。

示例:二维基本数据类型数组的动态初始化。

```
int a[][]=new int[2][];
a[0]=new int[3];
a[1]=new int[5];
```

当给二维数组分配内存时,只需指定第一个(最左边)维数的大小即可。接下来可以单独地给余下的维数分配内存。例如,下面的程序在数组 twoDArray 被定义时给它的第一个维数分配内存,对第二个维数则是手工分配空间。

```
int twoDArray[][]=new int[4][];
twoDArray [0]=new int[3];
twoDArray [1]=new int[3];
twoDArray [2]=new int[3];
twoDArray [3]=new int[3];
```

尽管在这种情形下单独地给第二维分配内存没有什么优点,但在其他情形下就不同了。例如,当手工分配内存时,不需要给每个维数分配相同数量的元素。正如前面所说,既然二维数组实际上是数组的数组,那么每个数组的维数均在人们的控制之下。

例如,下列程序定义了一个二维数组,它的第二维的大小是不相等的。

```
int twoDArray[][]=new int[4][];
twoDArray [0]=new int[1];
twoDArray [1]=new int[2];
twoDArray [2]=new int[3];
twoDArray [3]=new int[4];
```

对于大多数应用程序,不推荐使用不规则二维数组。但是,不规则二维数组在某些情况下使用效率较高。例如,如果需要一个很大的二维数组,而它仅仅被不规则地占用(即其中一维的元素不是全被使用),这时不规则数组可能是一个完美的解决方案。

对二维复合数据类型的数组，必须首先为最高维分配引用空间，然后再顺序为低维分配空间，而且必须为每个数组元素单独分配空间。

例如：

```
String s[][]=new String[2][];
s[0]=new String[2];                    //为最高维分配引用空间
s[1]=new String[2];                    //为最高维分配引用空间
s[0][0]=new String("Good");            //为每个数组元素单独分配空间
s[0][1]=new String("Luck");            //为每个数组元素单独分配空间
s[1][0]=new String("to");              //为每个数组元素单独分配空间
s[1][1]=new String("You");             //为每个数组元素单独分配空间
```

3．多维数组

当数组元素的下标在两个或两个以上时，该数组称为多维数组。其中，以二维数组最常用。

多维数组定义：

类型说明 数组名[整型常数1] [整型常数2]… [整型常数k];

例如：

```
int a[2][2][3];
```

定义了一个三维数组a，其中每个数组元素为整型，总共有 $2 \times 2 \times 3 = 12$ 个元素，如图3-3所示。

【相关知识】 对于三维数组，整型常数1、整型常数2、整型常数3可以分别看作"深"维（或"页"维）、"行"维、"列"维。也可以将三维数组看作一个元素为二维数组的一维数组。三维数组在内存中先按页、再按行、最后按列存放。

四维及四维以上数组在三维空间中不能用形象的图形表示。多维数组在内存中排列顺序的规律是：第一维的下标变化最慢，最右边的下标变化最快。

多维数组的数组元素的引用的形式如下：

数组名[下标1] [下标2]…[下标k]

在数组定义时，多维数组的维从左到右第一个方括号称第一维，第二个方括号称为第二维，以此类推。多维数组元素的顺序仍由下标决定。下标的变化是先变最右边的下标，再依次变化左边的下标。

| a[0][0][0] |
| a[0][0][1] |
| a[0][0][2] |
| a[0][1][0] |
| a[0][1][1] |
| a[0][1][2] |
| a[1][0][0] |
| a[1][0][1] |
| a[1][0][2] |
| a[1][1][0] |
| a[1][1][1] |
| a[1][1][2] |

图3-3 多维数组

三维数组a的12个元素是：

```
a[0][0][0]    a[0][0][1]    a[0][0][2]
a[0][1][0]    a[0][1][1]    a[0][1][2]
a[1][0][0]    a[1][0][1]    a[1][0][2]
a[1][1][0]    a[1][1][1]    a[1][1][2]
```

多维数组的数组元素可以被同类型变量引用,同样注意不要越界。

多维数组在实际使用时,更多的在于数组的设计包括设计数组的大小,并规定数组中存储值的含义,以及在代码中按照值的规定使用数组。

所以在实际使用多维数组以前,需要考虑清楚以下几个问题:

(1) 需要几维数组?
(2) 每一维的长度是多少?
(3) 按照怎样的规则存储值?
(4) 数组值的意义是什么?

3.5 二维数组的应用

二维数组的操作一般由二重 for 循环(行循环和列循环)来完成。

【例 3-5】 求二维数组中的最小值。

```java
/*源文件名:MultiArrayTest.java*/

package sample;
class MultiArrayTest {
  public static void main(String args[]){
    int[][] mXnArray={                             //二维数组初始化
      {16, 7, 12},
      {9, 20, 18},
      {14, 11, 5},
      {8, 5, 10}
    };
    int min=mXnArray[0][0];                        //将第一个数默认为最小
    for(int i=0; i<mXnArray.length; ++i)           //将后面的数按行优先依次进行比较
      for(int j=0; j<mXnArray[i].length; ++j)
        min=Math.min(min, mXnArray[i][j]);         //求最小值
    System.out.println("Minimum value: "+min);
  }
}
```

程序运行结果:

```
Minimum value: 5
```

【例 3-6】 求一个 3×3 矩阵对角线元素之和。

```java
/*源文件名:Lianxi29.java*/

import java.util.*;
public class Lianxi29 {
  public static void main(String[] args){
```

```java
Scanner s=new Scanner(System.in);
int[][] a=new int[3][3];
System.out.println("请输入9个整数:");            //二维数组输入
for(int i=0; i<3; i++){
  for(int j=0; j<3; j++){
   a[i][j]=s.nextInt();
  }
}
System.out.println("输入的3*3矩阵是:");          //二维数组输出
for(int i=0; i<3; i++){
  for(int j=0; j<3; j++){
   System.out.print(a[i][j]+" ");
  }
  System.out.println();
}
int sum=0;
for(int i=0; i<3; i++){                          //求二维数组对角线元素的和
  for(int j=0; j<3; j++){
   if(i==j){                                     //满足对角线条件
    sum+=a[i][j];
   }
  }
}
System.out.println("对角线之和是:"+sum);
}
}
```

程序运行结果：

请输入9个整数:1 2 3 4 5 6 7 8 9
输入的3*3矩阵是:1 2 3
　　　　　　　　4 5 6
　　　　　　　　7 8 9
对角线之和是:15

编程技巧：对二维数组的输入输出多使用二层循环结构来实现。外层循环处理各行，循环控制变量i作为数组元素的第一维下标；内层循环处理一行的各列元素，循环控制变量j作为元素的第二维下标。

【例 3-7】 矩阵填数，生成下列矩阵并输出。

```
1 1 1 1 1 0 0 0 0 0
1 1 1 1 1 0 0 0 0 0
1 1 1 1 1 0 0 0 0 0
1 1 1 1 1 0 0 0 0 0
```

```
1 1 1 1 1 0 0 0 0 0
0 0 0 0 0 2 2 2 2 2
0 0 0 0 0 2 2 2 2 2
0 0 0 0 0 2 2 2 2 2
0 0 0 0 0 2 2 2 2 2
0 0 0 0 0 2 2 2 2 2
```

算法分析：

观察上面的矩阵,可以分为 4 个部分,左上角元素全为 1,右下角元素全为 2,其余元素均为 0。假设 i 和 j 分别表示数组的行和列下标,则左上角元素满足条件：i＜5&&j＜5；右下角元素满足条件：i＞=5&&j＞=5。按照这种规律,可以用一个二维数组存储生成的数据,再将其输出。

程序如下：

```java
/*源文件名:Matrix.java*/

package sample;
public class Matrix {
    public static void main(String args[]){
        int i,j;
        int[][]  a;
        a=new int[10][10];
        for(i=0;i<10;i++)                        /*生成数组*/
          for(j=0;j<10;j++)
            if(i<5&&j<5)                         //左上角元素
                a[i][j]=1;
            else if(i>=5&&j>=5)                  //右下角元素
                a[i][j]=2;
            else a[i][j]=0;
        for(i=0;i<10;i++){                       /*输出数组*/
          for(j=0;j<10;j++)
            System.out.print("  "+a[i][j]);
          System.out.println();
        }
    }
}
```

注意： 数组中的数据为生成的数据,无须输入。

【例 3-8】 数组应用——打印杨辉三角形的前 10 行。

杨辉三角形是数学上的一个数字序列,该数字序列如图 3-4 所示。

算法分析：

该数字序列的规律为,数组中第一列的数字值都是 1,主对角线元素是 1,其他每个元素的值等于该行上一行对应元素和上一行对应前一个元素的值之和。例如,第 5 行第 2 列的数字 4 的值,等于

```
1
1 1
1 2 1
1 3 3 1
1 4 6 4 1
```

图 3-4 杨辉三角形(一)

上一行对应元素 3 和 3 前面元素 1 的和。

实现思路：杨辉三角形第几行就有几个数字，使用行号控制循环次数，内部的数值第一行赋值为 1，主对角线元素是 1，其他的数值依据规则计算。假设需要计算的数组元素下标为(row,col)，则上一个元素的下标为(row-1,col)，正上方前一个元素的下标是(row-1,col-1)。

程序如下：

```java
public static void yanghuiSanjiao(){          //打印杨辉三角形的前 10 行
    int [][] a=new int[10][10];
    //先初始化为 1
    for(int i=0; i<a.length; i++){            //将第 1 列和主对角线元素赋值为 1
        a[i][i]=1;
        a[i][0]=1;
    }
    //从第 3 行开始满足以下规律
    for(int i=2; i<a.length; i++)
        for(int j=1; j<i;j++)
            a[i][j]=a[i-1][j-1]+a[i-1][j];
    //输出杨辉三角形
    for(int i=0; i<a.length; i++){
        for(int j=0; j <=i; j++)              //注意每列的输出个数
            System.out.print(a[i][j]+"\t");
        System.out.println();
    }
}
```

请自行编写 main 方法测试程序的运行结果。

课后思考：如何打印出如图 3-5 所示的杨辉三角形(要求打印出 10 行)。

该题目中数字之间的规律比较简单，主要是理解数组下标基本的处理方法，加深对数组下标的认识，控制好数组元素的值。

在解决实际问题时，观察数字规律，并且把该规律用程序进行表达，也是每个程序设计人员必备的基本技能。

此外，在实际应用中有时需要存储如姓名、地址等信息，会用到字符串数组，字符串数组的使用和上面数值数组的使用是一样的，只不过数组定义的是字符串类型。

```
        1
       1 1
      1 2 1
     1 3 3 1
    1 4 6 4 1
   1 5 10 10 5 1
   ......
```

图 3-5 杨辉三角形(二)

3.6 项目案例

3.6.1 学习目标

(1) 学习数组的创建。
(2) 掌握数组元素分别为基本数据类型和引用类型的数组的使用。

(3) 掌握数组元素的调用和赋值。

3.6.2 案例描述

本案例是输入学生各科考试成绩并输出打印。

首先创建数组指定科目的数量和名称，其次创建数组指定学生的人数和姓名信息，然后从键盘输入每个学生的信息和每科的成绩信息，最后在屏幕输出打印所有学生的考试科目成绩。

3.6.3 案例要点

数组的声明和创建数组对象，从键盘输入信息即 Scanner 的使用，for 循环语句为数组里的每个数组元素赋值，for 循环语句输出打印数组中的所有数组元素。

3.6.4 案例实施

```java
/*源文件名:ArrayTest.java*/
import java.util.*;                    //导入 util 包,包中包括下面程序需要调用的 Scanner 方法
 class ArrayTest {                     //主类
    public static void main(String[] args){        //主函数
        //System.out.print("学生");
        Scanner a=new Scanner(System.in);           //声明对象 a 为键盘输入载体
        System.out.println("请输入科目个数");         //输出文字提示
        int courseNum=a.nextInt();  //定义整数变量为科目数量,用于承接键盘输入科目数
        //System.out.println(courseNum);
        String[] course=new String[courseNum];
                                //声明字符串类型数组 course,数量为 courseNum 数量
        for(int i=0;i<courseNum;i++){
                                //循环用于输入字符串数组科目名称,数量等于科目数
           System.out.println("请输入第"+(i+1)+"个科目名称");   //输入科目名称提示
           course[i]=a.next();              //键盘输入科目名称
           //System.out.print(course[i]);
        }
        System.out.println("请输入学生人数");   //提示输入学生人数
        int renshu=a.nextInt();                  //声明 int 整形变量接收键盘输入学生人数
        int[][] number=new int[renshu][courseNum];
                            //声明二维数组 number,竖向数量是人数,横向数量是科目数
        String[] name=new String[renshu];       //声明字符串型数组 name,个数为学生人数
        for(int i=0;i<renshu;i++){               //for 循环用于输入学生姓名
           System.out.println("请输入第"+(i+1)+"个学生的姓名");
                                              //提示输入第几个学生姓名
           name[i]=a.next();                   //字符串型 name 数组接收键盘输入姓名
           for(int j=0;j<courseNum;j++){       //用于输入每个人的成绩
              System.out.println("请输入"+name[i]+"的"+course[j]+"成绩");
                                              //提示输入谁的什么科目成绩
```

```java
            number[i][j]=a.nextInt();           //输入成绩
        }
    }
    //总分部分
    int[] sum=new int[renshu];                  //定义整形数组 sum 用于存储每个学生总分
    for(int i=0;i<renshu;i++){                  //for 循环用于存储每个学生总分
        int S=0;                                //用于存储每个学生总分
        for(int j=0;j<courseNum;j++){           //用于计算学生各科和为总分
            S=S+number[i][j];                   //计算各科成绩和
        }
        sum[i]=S;                               //总分存入数组
    }

    //平均分部分
    int[] avg=new int[renshu];                  //声明整形数组 avg 用于存放平均分
    for(int i=0;i<renshu;i++){                  //循环存放平均分
        avg[i]=sum[i]/courseNum;                //存放平均分
    }
    //排行榜部分
    //System.out.println();
    String[] strNum=new String[renshu];         //声明字符串数组 strNum 用于存放姓名成绩
                                                //总分等一系列总和,为后面比较作准备
    for(int i=0;i<renshu;i++){                  //循环用于存放整条字符串
        String str="";                          //定义一个空字符串存放成绩总和字符串
        for(int j=0;j<courseNum;j++){           //循环用于成绩字符串相加
            str=number[i][j]+"\t"+str;          //各科成绩字符串相加
        }
        strNum[i]=str;                          //存入成绩字符串数组
        //System.out.println(strNum[i]);
    }
    String[] str=new String[renshu];
                                                //声明字符串数组 str 用于存放整个个人信息字符串
    for(int i=0;i<renshu;i++){                  //循环用于个人整个信息字符串相加
        str[i]=name[i]+"\t"+strNum[i]+sum[i]+"\t"+avg[i];
                                                //个人信息字符串相加
        //System.out.println(str[i]);
    }

    //排行榜比较部分
    for(int i=0;i<renshu-1;i++){                //以总分为依据进行排行榜比较并排序
        if(sum[i+1]>sum[i]){
            String t="";
            t=str[i];
            str[i]=str[i+1];
            str[i+1]=t;
```

```
        }
        //System.out.println(str[i]);
    }
    //输出部分
    System.out.print("学生\t");              //输出结果抬头
    for(int i=0;i<courseNum;i++){            //循环用于输出科目名称
        System.out.print(course[i]+"\t");    //输出科目名称加制表符
    }
    System.out.print("总分\t平均分");         //输出总分等抬头
    System.out.println();                    //换行
    for(int i=0;i<renshu;i++){               //for循环用于输出姓名
        System.out.print(name[i]);           //输出姓名
        for(int j=0;j<courseNum;j++){        //输出姓名后的成绩
            System.out.print("\t"+number[i][j]);  //输出成绩
        }
        System.out.print("\t"+sum[i]);       //输出总分
        System.out.print("\t"+avg[i]);       //输出平均分
        System.out.println();                //换行
    }
  }
}
```

程序运行结果如图 3-6 所示。

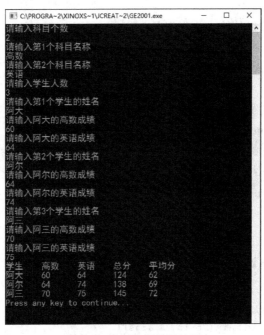

图 3-6 案例程序运行结果

3.6.5 特别提示

数组类型是基本数据类型时,数组元素存放的是基本数据类型的值;数组类型是复合数据类型时,数组元素存放的是复合数据类型对象实例的引用地址。

3.6.6 拓展与提高

可以尝试在上述代码中,加入学生的排名,按照成绩的高低进行排序,输出排名信息。

本 章 总 结

本章重点介绍了Java一维数组和二维数组的定义及典型应用。数组对于每一门编程语言来说都是重要的数据结构,是程序设计中经常用到的部分。

通过本章的学习,可以在实际应用中进行成批数据的处理。

习 题

一、思考题

1. 什么时候需要用到数组?
2. 使用数组时是否必须先定义?

二、选择题

1. 下面可以访问数组的第一个元素是(   )。
   A) arr[0]   B) arr[1]   C) arr(0)   D) arr(1)
2. 若int []a={5,6,3,8,9},则a[2]是(   )。
   A) 5   B) 9   C) 6   D) 3
3. 下列二维数组定义中错误的是(   )。
   A) int a[][]=new int[][];
   B) int []a[]=new int[10][10];
   C) int a[][]=new int[10][10];
   D) int [][]a=new int[10][10];
4. 若int a[3][2]={{1,2},{3,4},{5,6}},则a[2][1]是(   )。
   A) 2   B) 3   C) 4   D) 6

三、阅读下列程序,说明其完成的功能

```
import java.util.*;
public class Lianxi31 {
    public static void main(String[] args){
        Scanner s=new Scanner(System.in);
        int a[]=new int[20];
        System.out.println("请输入多个正整数(输入-1表示结束):");
```

```
int i=0,j;
do{
   a[i]=s.nextInt();
   i++;
} while((a[i-1]!=-1)&&(i<20));

System.out.println("你输入的数组为:");
for(j=0; j<i-1; j++){
   System.out.print(a[j]+"   ");
}
  System.out.println("\n数组输出为:");
   for(j=i-2; j>=0; j=j-1){
        System.out.print(a[j]+"   ");
   }
}
```

四、编程题

1. 编写程序,实现对数组{10,6,101,8,25,90,56}按升序排序。
2. 编写一个程序,求出一个一维数组中最大值和最小值的差值。
3. 编写一个程序判定用户输入的正数是否为"回文数"。所谓回文数,是指该数正读反读都相同(如 12321)。
4. 编写程序,求出二维数组中其最大值的位置,即输出该值及其所在的行号和列号。
5. 编写程序,实现数组的转置,即将一个 m 行 n 列的矩阵转换为 n 行 m 列。

第 4 章　面向对象程序设计基础
——类和对象

本章重点
- 了解什么是面向对象。
- 熟悉 Java 中的类并能进行类的操作。
- 掌握成员变量和局部变量的区别。
- 掌握 Java 程序中的方法的创建和使用。

本章将介绍类的定义、类成员变量的定义和方法的定义、方法的参数等知识。了解如何用对象的观念来设计 Java 程序，能够很快地熟悉 Java 面向对象的程序设计。

4.1　面向对象的基本概念

4.1.1　面向对象程序设计思想

面向对象(Object-Oriented,OO)是当今计算机界关心的重点,它是 20 世纪 90 年代以来软件开发方法的主流。用结构化方法开发的软件,其稳定性、可修改性和可重用性都比较差,这是因为结构化方法的本质是功能分解,从代表目标系统整体功能的单个处理着手,自顶向下不断地把复杂的处理分解为子处理,这样一层一层地分解下去,直到仅剩下若干个容易实现的子处理功能为止,然后用相应的工具来描述各个最底层的处理。因此,结构化方法是围绕实现处理功能的"过程"来构造系统的。然而,用户需求的变化大部分是针对功能的,因此,这种变化对于基于过程的设计来说是灾难性的。用这种方法设计出来的系统结构常常是不稳定的,用户需求的变化往往造成系统结构的较大变化,从而需要花费很大代价才能实现这种变化。所谓面向对象的程序设计(Object-Oriented Program,OOP),就是把面向对象的思想应用到软件工程中,并指导软件的开发和维护。

面向对象的概念和应用已经扩展到如数据库系统、交互式界面、应用平台、分布式系统、网络管理结构、人工智能等领域。

早期的"面向对象"是专指在程序设计中采用的封装、继承、抽象等设计方法。可是,这个定义显然不能适应现在的情况。面向对象的思想已经涉及软件开发的各个方面,包括：

- 面向对象的分析(Object-Oriented Analysis,OOA)。
- 面向对象的设计(Object-Oriented Design,OOD)。
- 面向对象的程序设计(Object-Oriented Program,OOP)。

面向对象的程序设计具有结构化程序设计特点；将客观事物看作具有属性和行为的对

象;不再将问题分解为过程,而是将问题分解为对象,一个复杂对象由若干个简单对象构成;通过抽象找出同一类对象的共同属性和行为,形成类;通过消息实现对象之间的联系,构造复杂系统;通过类的继承与多态实现代码重用。

面向对象程序设计的优点是使程序能够比较直接地反映问题域的本来面目,软件开发人员能够利用人类认识事物所采用的一般思维方法来进行软件开发。

4.1.2 面向对象程序设计方法特点

1. 与人类习惯的思维方法一致

面向对象的程序设计方法使用现实世界的概念思考问题,从而自然地解决问题。它强调模拟现实世界中的概念,而不强调算法。

2. 稳定性好

现实世界中的实体是相对稳定的,因此以对象为中心构造的软件系统也是比较稳定的。面向对象软件系统的结构是根据问题领域的模型建立起来的,而不是根据系统应该完成的功能的分解建立的。因此,当系统功能需求变化时,不会引起软件结构的整体变化。

3. 可重用性好

软件重用是指在不同的软件开发过程中重复使用相同或相似的软件元素的过程。传统软件重用技术是利用标准函数库,但难以适应不同场合的不同需要,通常绝大多数函数都是新编制的;而面向对象的程序设计软件重用性好。

4. 易于开发大型软件产品

面向对象程序设计使软件成本降低,整体质量提高,易于开发大型的软件产品。

5. 可维护性好

面向对象程序设计开发的软件容易理解,稳定性好,容易修改,自然可维护性好。

下面首先介绍对象和类的基本概念。

4.2 对象与类

在本节中,先来看看日常生活中对象的一些特性,了解对象的基本概念。

4.2.1 日常生活中看对象与类的关系

对象这个名词对我们来说一点不陌生,随处可见的都是对象,小到尘埃、大到地球,人类本身也是个对象,那么平时怎么称呼这些随处可见的对象呢?例如,教室、计算机、空中的鸟和水里的鱼等,这里的教室、计算机、鸟和鱼都是一种对对象的分类而已,而这些分类我们习惯称为"类"。

"对象"和"类"之间有什么关系呢?对象就是符合某种类定义所产生出来的实例。虽然我们是用类的名称来称呼这些对象,但是实际上看到的还是对象本身的实例,而不是一个类。例如,你要去买一台计算机,这里的"计算机"只是个类的名称,最后你买回家的是一台计算机的实例对象,而不是一个类。再比如,我家冰箱坏了,冰箱也只是个类名称,可是真正坏掉的是一台冰箱的实例。所以类和对象简单的区分就是,类只是个抽象的称呼,而对象是看得到、摸得着、听得见的实例。

4.2.2 成员

有时候我们不用类的名称来称呼一个对象,而是直接使用对象的名称。例如,我家有一只哈士奇狗,它的名字叫安豆,这里的哈士奇是类名称,而安豆就是对象名称。这只狗的毛发、眼睛颜色等都是用来描述这只狗的,把它们称为"属性"。属性是用来形容一个实例对象用的,也因为有了这些属性,世界上的每个对象都不相同,两个实例不会合并成一个,至少它们在地球上所占用的空间不一样。

每个对象有它们自己的行为或者使用它们的方法。例如商店中的很多计算机,每一台都不一样,显示器大小不一样、颜色不一样、款式不一样等,这些都是它的属性部分;而每台计算机都有关机、鼠标、键盘等操作计算机的方法。属性和方法称为这个对象的"成员",因为它们是构成一个对象的主要部分,没有了它们,那么对象的存在也没什么意义了。

类可以说是对象的蓝图,可以按照这个蓝图创建许多该类的对象,这时就需具备一些属性与方法,就像我们在盖房子之前首先要设计一个建筑图纸,清楚地描述房子的布局结构和尺寸数据,然后根据图纸盖房子。

具有相同或相似性质的对象的抽象就是类。忽略事物的非本质特征,只注意那些与当前目标有关的本质特征,从而找出事物的共性,把具有共同性质的事物划分为一类,得出一个抽象的概念。因此,对象的抽象是类,类的具体化就是对象,也可以说类的实例是对象。类和对象的关系如图 4-1 所示。

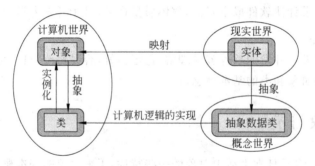

图 4-1 类和对象

类具有属性,它是对象的状态的抽象,用数据结构来描述类的属性。

类具有操作,它是对象的行为的抽象,用操作名和实现该操作的方法来描述。

类的结构:在客观世界中有若干类,这些类之间有一定的结构关系。类之间的关系如下。

(1)一般与特殊:某个类实例同时是另一个类的对象。例如,动物类与人类,鸟类与丹顶鹤类。

(2)整体与局部:一个实体的物理构成,空间上的包容及组织机构等。

4.3 面向对象的4个基本特征

面向对象程序设计具有继承性、抽象性、封装性和多态性4个共同特征。

4.3.1 继承性

类有一个重要的特性就是继承性。继承最主要的目的是为了扩展原本类的功能,加强或改进原本类所没有定义的属性及方法。举个简单的例子,比如狗这个类,它的种类很多,如金毛、泰迪、灵提犬等,如果只用狗一个类来定义所有种类的狗的属性和方法,那么用这个类所产生出来的对象一定会多出许多冗余的属性和方法。例如,金毛可以有导盲的方法,灵提犬可以有猎物的方法,可是泰迪就不需要去导盲或猎物,所以在泰迪的对象中就不需要这个方法。

因此,在狗这个类之下,再去定义一些子类,这些子类会继承狗类中所有开放出来可以继承的属性和方法,然后再加上一些自身所特有的属性及方法,或是修改原本不适用于这个子类的方法。习惯地将被继承的类称为"父类"(或基类、超类),而继承别人的类称为"子类"(或派生类)。

4.3.2 抽象性

抽象是人们认识事物的常用方法,也是软件开发的基础,软件开发离不开现实环境,但需要对信息细节进行提炼和抽象,找到事物的本质和重要属性。

抽象包括过程抽象和数据抽象。过程抽象是指把一个系统按功能划分成若干个子系统,进行"自上而下、逐步求精"的程序设计。数据抽象是指以数据为中心,把数据类型和施加在该类型对象上的操作视为一个整体(对象)来进行扫描,形成抽象数据类型(Abstract Date Type,ADT)。

面向对象的程序设计允许人们根据问题而不是根据方案来描述问题。与现实世界的"对象"或者"物体"相比,编程"对象"与它们也存在共同的地方,它们都有自己的特征和行为。

4.3.3 封装性

封装是面向对象程序的特征之一,也是类和对象的主要特征。封装是将数据以及施加在这些数据上的操作组织在一起,成为有独立意义的构件。封装是一种信息隐藏技术,外部无法直接访问这些封装了的数据,从而保证了这些数据的安全性。如果外部需要访问类里面的数据,就必须通过有限的访问接口。对外暴露的接口规定了可对一个特定的对象发出哪些请求,即对象对外开放的行为特征是什么,具体体现为类的公共方法定义。

如果任何人都能使用一个类的所有成员,那么就可对这个类做任何事情,没有办法强制他们遵守任何约束,因此所有东西都会暴露无遗。

有两方面的原因促使一个类的编制者控制对成员的访问。第一个原因是防止程序员接触他们不该接触的东西。若只是为了解决特定的问题,用户只需操作接口即可,无须明白这些信息。

进行访问控制的第二个原因是允许类库设计人员修改内部结构,不用担心它会对客户程序员造成什么影响。例如,编制者最开始可能设计了一个形式简单的类,以便简化开发。随后又决定进行改写,使其更快地运行。由于方法声明未变,客户代码无须任何改动。

封装考虑的是内部实现,抽象侧重于外部行为,均符合模块化的设计原则,使得软件的可维护性、扩充性大为改观。

4.3.4 多态性

多态性是指允许不同类的对象对同一消息做出反应。简单地说,就是一个类有其他表示方法,但是彼此之间必须是继承的关系。例如,同样的加法,把两个时间加在一起和把两个整数加在一起肯定完全不同。多态性包括参数化多态性和运行时多态性,多态性语言具有灵活、抽象、行为共享和代码共享的优势,很好地解决了应用程序函数同名的问题。在 Java 中,多态指的是运行时多态,又称为动态绑定(dynamic binding),具体体现为方法重写(Override)和运行时类型识别(RunTime Type Identification,RTTI)。

4.4 Java 实现面向对象程序设计

类是一种抽象的东西,描述的是一个物品的完整信息,我们已经了解了日常生活中的类和对象,例如图纸和房子的关系。在 Java 中,图纸就是类,定义了房子的各种信息,而房子是类的实例对象。接下来介绍如何用 Java 语言来定义一个类,以及如何在程序中产生和使用对象。

4.4.1 类的定义与对象的创建

类是通过关键字 class 来定义的,在 class 关键字后面加上类的名称,这样就创建了一个类。类是对象的抽象,类定义的内容主要包括成员变量定义和成员方法定义两部分,成员变量的定义体现了对这类对象的属性的抽象,而成员方法的定义则体现了对这类对象的行为的抽象,所有成员变量和方法的定义都包含在一对大括号内。类定义的一般格式如下:

```
[<修饰符>] class <类名>{
    [<成员变量定义>…]
    [<构造方法>…]
    [<静态初始化块>…]
    [<方法定义>…]}
```

例如,一个简单的类声明如下:

```
public class Human
{ }
```

基本上只要两行(也可合并成一行)就算是一个完整的类定义了。其中,class 是关键字,用于定义类;Human 是类的名字,它必须遵循用户标识符的定义规则。

同时，在类声明中还可以包含类的父类（基类、超类）、类所实现的接口以及访问权限修饰符、abstract 或 final，所以更一般的声明如下：

[<修饰符>] class <类名> [extends 父类名] [implements 接口名列表] { }

(1) class、extends 和 implements 都是关键字。类名、父类名、接口名都是用户标识符。

(2) 父类。新类必须在已有类的基础上构造，原有类即为父类，新类即为子类。Java 中的每个类都有父类，如果不含父类名，则默认其父类为 Object 类。

(3) 接口。接口也是一种复合数据类型，它是在没有指定方法实现的情况下声明的一组方法和常量的手段，也是多态性的体现。

(4) 修饰符。规定了本类的一些特殊属性，它可以是下面这些关键字之一。

- final：最终类，final 类不能被扩展，不会有子类。final 类中的所有方法都隐含为 final 的，如果没有此修饰符，则可以被子类所继承。
- abstract：抽象类，类中的某些方法没有实现，必须由其子类来实现。所以这种类不能被实例化，如果没有此修饰符，则类中所有的方法都必须实现。
- public：公共类，public 表明本类可以被任何包中的任何类访问。如果没有此修饰符，则禁止这种外部访问，只能被同一包中的其他类所访问。

注意：final 和 abstract 是互斥的，一个类不能同时用 final 和 abstract 修饰，其他关键词可以组合使用。当一个类用多个修饰符说明时，这些修饰符的次序无关紧要。例如，public final 和 final public 的作用完全相同。

下面声明了一个公共最终类，它同时还是 Human 的子类，并实现了 Professor 接口：

```
public final class Teacher extends Human implements Professor{}
```

一旦定义好了一个类，就可以使用实例创建表达式来创建这个类的实例。实例创建表达式的一般格式如下：

new <类名>([<实参表>])

实例创建表达式用于创建指定类的一个实例，其具体功能包括：
(1) 为实例分配内存空间。
(2) 初始化实例变量。
(3) 返回对该实例的一个引用。

上面给出了类定义和实例创建表达式的一般格式，并进行了简单说明，其中涉及一些新的概念和语法成分。例如，实例变量和类变量、包、抽象类、构造方法、静态初始化块等。

4.4.2 命名的规则

全世界的 Java 程序员都遵守一套为类、属性、方法命名的规则，虽然没有硬性规定一定要遵守，不过为了使自己的程序更容易让别人看懂且更容易使用，还是应该遵守下面的规则。

(1) 包：作为包名称的英文单词全部要小写，如 java.lang.demo 等。
(2) 类：每个英文单词的第一个字母大写，如 Animal、HelloWorld 等。

（3）接口：规则和类一样，每个英文单词的第一个字母大写。

（4）属性：第一个英文单词的首字母小写，其他单词的第一个英文字母大写，如 legs、numberOfLegs 等。

（5）方法：方法和属性一样，不过后面有小括号，如 eat()、eatMeat() 等。

（6）常量：英文单词全部大写，而且每两个英文单词之间用下画线隔开，如 COUNT、MAX_LEGS 等。

4.5 类的成员——变量

4.5.1 变量属性的修饰符

在 Java 语言中，变量分为局部变量和成员变量两大类。

局部变量是指在方法体内声明的变量，其作用域是从声明处开始至它所在的语句块结束。另外，方法中的形参、for 语句中定义的循环变量也都属于局部变量。

成员变量是指在类体中但在方法体外定义的变量。其作用域是整个类。

所有变量在使用之前都要明确进行定义。变量定义的格式如下：

[<修饰符>…]<类型名><变量名>[=<初始化表达式>][,<变量名>[=<初始化表达式>]]…;

常用于说明变量属性的修饰符包括 static、final、public、private、protected。这些修饰符都可用于修饰类的成员变量，但只有 final 可用于修饰局部变量。

（1）static：被 static 修饰的成员变量称为类变量（或静态变量），而没有被 static 修饰的成员变量称为实例变量。类变量可以使用类名访问，也可以使用实例访问，实例变量只能通过实例访问。

【例 4-1】 实例变量与类变量（或静态变量）的示例。

/*源文件名:Example0401.java */

```
1    class Example0401 {
2        int x=1;                              //实例变量 x,属于实例,每个实例都有自己的 x 值
3        static int y=2;                       //类变量 y,属于类,所有的实例都共享一个 y 值
4        public static void main(String args[]){
5            System.out.println("y="+Example0401.y);    //访问并输出类变量 y
6            Example0401.y *=2;
7            Example0401 o1=new Example0401();          //创建实例 o1
8            o1.x=10;
9            System.out.println("o1.x="+o1.x);          //访问实例 o1 的实例变量 x
10           System.out.println("y="+o1.y);             //通过实例 o1 访问类变量 y
11           Example0401 o2=new Example0401();          //创建实例 o2
12           System.out.println("o2.x="+o2.x);          //访问实例 o2 的实例变量 x
13           System.out.println("y="+o2.y);             //通过实例 o2 访问类变量 y
14       }
15   }
```

在例 4-1 中,第 10 行和第 13 行分别通过实例 o1 和 o2 访问类变量 y,但它们访问的是同一个变量。

程序的运行结果:

```
y=2
o1.x=10
y=4
o2.x=1
y=4
```

(2) final:用 final 修饰的变量(局部变量或成员变量)通常称为有名常量。与普通变量不同,有名常量必须赋值且只能赋值一次。之后,有名常量的值就不能再被修改。通常,可以在定义有名常量时包含一个初始化表达式。表达式的值在变量初始化时被计算并赋给有名常量。

【例 4-2】 有名常量举例。

/*源文件名:Example0402.java*/

```
1    class Example0402 {
2        static int x=1;                              //声明一个类变量 x
3        final int CONS=x * 100;                      //声明一个常量 CONS
4        public static void main(String args[]){
5            Example0402 o1=new Example0402();        //创建实例 o1
6            System.out.println("o1.CONS="+o1.CONS);  //访问实例 o1 的常量 CONS
7            x++;
8            Example0402 o2=new Example0402();        //创建实例 o2
9            System.out.println("o2.CONS="+o2.CONS);  //访问实例 o2 的常量 CONS
10       }
11   }
```

在例 4-2 中,第 5 行和第 8 行,分别创建了实例 o1 和实例 o2,同时建立并初始化了属于每个实例的有名常量 CONS,以后就不能再修改了。

程序运行结果:

```
o1.CONS=100
o2.CONS=200
```

修饰符 final 既可以修饰实例变量,也可以修饰类变量;既可以修饰成员变量,也可以修饰局部变量。

final 最常见的是用于修饰一个公共的类变量。例如,在 java.lang.Math 类中就定义了这样一个有名常量:

```
public static final double PI=3.141592653589793;
```

这样的有名常量如果是定义在一个公共类中,那么就可以在任何代码中通过类名访问它,如 Math.PI。有名常量的名字一般用大写来表示。

有关访问修饰符(private、protected 和 public)将在第 5 章进行详细介绍。

4.5.2 变量的初始化

实例变量属于实例。当创建类的一个实例时,系统就会在内存建立和初始化属于该实例的实例变量。

类变量属于类。在需要时,系统会自动装入类并建立和初始化类变量。

无论是实例变量还是类变量,在建立时,系统都会首先自动赋以一个默认的初始值。不同类型的成员变量会有不同的默认初始值。

如果一个变量在定义时包含有初始化表达式,那么系统会随后计算该表达式并给变量重新赋值。这种情况也称为显式初始化变量。

局部变量在方法体内定义,在方法每次被调用时建立,在方法执行完后释放。更确切地说,局部变量作用域是从定义处开始至它所在的语句块结束。与类的成员变量不同,局部变量在建立时,系统不会赋予一个默认的初始值,所以在引用局部变量的值之前,一定要对局部变量进行显式初始化或赋值。

此外,实例变量或者类变量在定义初始化前,都不能超前引用。例如,下面两段代码中,变量 i 引用了在其后定义的变量 j,将导致编译时错误。

代码 1:

```
int i=j+4;
int j=2;
```

代码 2:

```
static int i=j+4;
static int j=2;
```

然而,实例变量在定义初始化时却可以超前引用类变量,因为在生成实例、建立实例变量之前,相应的类一定被预先装入,类变量一定已经建立。

```
class Example{
    int i=j+4;
    static int j=2;
    public static void main(String[] args){
        Example ex=new Example();
        System.out.println("i="+ex.i);
    }
}
```

该应用程序被执行时将输出:

```
i=6
```

反之,类变量在定义初始化时则不能够引用实例变量,不管是在其之后还是在其之前定义的实例变量。

类变量的初始化也可以通过静态初始化块来进行。静态初始化块是一个块语句,代码放置在一对大括号内,大括号前用关键字 static 修饰:

```
static {…}
```

一个类中可以定义一个或多个静态初始化块。静态初始化块在类装入时自动执行一次。静态初始化块不是方法,它的作用只是用来初始化类变量。静态初始化块内不能出现 return 语句,也不能以任何方式引用 this 和 super,否则将导致编译错误。

【例 4-3】 静态初始化块。

```
/*源文件名:Example0403.java*/
class Example0403  {
    static int i=5;                                //声明静态变量 i
    static int j=6;                                //声明静态变量 j
    static int k;                                  //声明静态变量 k
    static void aprint(){                          //定义静态方法 aprint()
        System.out.println("k="+k);
    }
    static  {                                      //静态初始化块
       if(i*5>=j*4) k=9;
    }
    public static void main(String args[]){
       Example0403.aprint();                       //类方法可以通过类名 Exampl0403 调用
    }
}
```

程序运行结果:

```
k=9
```

4.5.3 对成员变量的访问

用 static 修饰的成员变量称为静态变量(类变量),若无 static 修饰则是实例变量。

1. 对实例变量的访问

实例变量是类的实例的属性,每个实例都会有自己的一份实例变量。实例变量依赖于类的实例,即具体的对象,每创建一个对象,就为该对象的实例变量分配一次内存,各个对象的实例变量占用不同的内存空间,互不干扰,对象对各自实例变量的修改不会影响到其他对象的实例变量。

在类体外访问实例变量的格式:

<引用类型变量名>.<实例变量名>

其中,引用类型变量指向类的某个实例,实例变量应该在这个类中定义。

在类体内也可能存在某个实例方法的代码要访问类中的某个实例变量,或者某个实例变量的初始化要引用另一个实例变量的值,这时只需简单地通过变量名来访问即可。

<实例变量名>

在类体内访问实例变量,也可以采用以下格式,其中关键字 this 就是当前实例或当前调用方法所属的实例:

this.<实例变量名>

关于特殊变量 this 的几点说明如下:
(1) this 变量代表对象本身。
(2) 当类中有两个同名变量,一个属于类(类的成员变量),而另一个属于某个特定的方法(方法中的局部变量)时,使用 this 区分成员变量和局部变量。
(3) 使用 this()可以简化构造函数的调用。

【例 4-4】 成员变量与局部变量同名。

```java
/*源文件名:Example0404.java*/
class Example0404  {
    int x;                              //定义了类 Example0404 的成员变量 x
    void method(int x){                 //定义了 method()方法中的局部变量 x
      x=x+this.x;                       //变量 x 指局部变量 x,this.x 指成员变量 x
      this.x= (int)(x>=0 ?Math.sqrt(x): Math.abs(x));
      System.out.println("x="+this.x); //访问成员变量 x
    }
    public static void main(String args[]){
      Example0404 eee=new Example0404(); //创建实例 eee
      eee.method(25);                   //调用实例 eee 的实例方法 method(),传递实参 25
      eee.method(-1);                   //调用实例 eee 的实例方法 method(),传递实参-1
    }
}
```

程序中的 sqrt 与 abs 都是 Math 类的类方法,分别表示开平方和取绝对值。
程序运行结果:

x=5
x=2

2. 对类变量的访问

静态变量或类变量是一种全局变量,它属于某个类,不属于某个对象实例,在各对象实例间共享。如果想访问静态变量可以直接通过类名来访问,可以不通过实例化访问它们。

<类名>.<类变量名>

如果在类体内,则可简单地用变量名加以引用:

<类变量名>

静态变量与实例变量的区别:JVM 只给静态变量分配一次内存,静态变量在内存中只有一个拷贝,任何类的实例对静态变量的修改都有效。

4.6 类的成员——方法

对象具有状态和行为。变量用来描述对象的状态,而方法则用来描述对象的行为。通过调用对象方法,可以返回对象的状态,改变对象的状态,或者与其他对象发生相互作用。

4.6.1 方法定义

方法定义的格式如下:

[<修饰符>…] <返回类型> <方法名>([<形参表>])<方法体>

1. 修饰符

用于说明方法属性的修饰符包括 static、final、abstract、native、synchronized、public、private 和 protected。

上述修饰符分别说明如下:

(1) 被 static 修饰的方法称为类方法(或静态方法),而没有被 static 修饰的方法称为实例方法。

(2) 用 final 修饰的方法称为最终方法。

(3) 用 abstract 修饰的方法称为抽象方法。

(4) 用 native 修饰的方法称为本地方法。

(5) 用 synchronized 修饰的方法称为同步方法,用于保证多线程之间的同步。

2. 返回类型

方法定义既可以指明方法返回值的数据类型,也可以用关键字 void 指明该方法没有返回值。如果返回类型不是 void,则方法体中应该包含 return 语句且每个 return 语句都必须带表达式;反之,如果返回类型是 void,则方法体中不需要包含 return 语句,也可以包含 return 语句但每个 return 语句都不能带表达式。

return 语句的实际返回类型要与方法定义中的指定返回类型赋值相容。

(1) 对基本类型,实际返回类型要与指定返回类型相同,或者能够赋值转换成指定返回类型。

(2) 对引用类型(类),实际返回类型要与指定返回类型相同(同一个类),或者指定返回类型的一个子类。

3. 形式参数表

形式参数表简称形参表,它可有可无。若包含形参,每个参数包括类型和名字,各参数之间用逗号分隔。方法形参被看作是局部变量,其作用域是整个方法体。

方法调用时,实参的数目与形参的数目要相同,实参值的类型与形参的类型要赋值相容。但需要注意,这里不包括 int 型常量的缩窄型自动赋值转换。例如:

```
class Test {
    static void method(byte i){…}
```

```
    public static void main(String[] args){
        method(10);
    }
}
```

4. 方法体

对于抽象方法和本地方法,其方法体是分号;其他情况下,方法体是块语句,也就是所有的方法代码放置在一对大括号里。方法代码决定了方法的具体行为。

4.6.2 方法的调用及参数传递

方法调用的格式与成员变量访问的格式基本相似。在类体内,可直接用方法名调用:

<方法名>.([<实参表>])

在类体外,则应该通过实例调用。如果是类方法,则可通过类名调用:

<对象引用>.<方法名>([<实参表>])
<类名>.<方法名>([<实参表>])

对返回类型为非 void 的方法调用,其返回值由方法体内带表达式的 return 语句决定;其类型为方法定义中指定的返回类型。

方法分为有参数的方法和无参数的方法。参数传递方式是通过值来传递的,也称为"值传递"。对于这种值传递要区分如下两种情况。

(1) 当方法的参数为简单数据类型时,则将实参的值传递给形参。

【例 4-5】 方法参数为简单数据类型。

```
/*源文件名:Example0405.java*/
class Example0405
{
    public static void main(String[] args)
    {
        int x=5;                        //main()方法中的局部变量 x
        change(x);                      //调用类方法 change(),传递整型变量 x 的值
        System.out.println(x);          //输出局部变量 x 的值
    }
    public static void change(int x)    //定义类方法 change(),方法参数为 int 型
    {
        x=3;                            //变量 x 为 change()方法参数中定义的局部变量 x
    }
}
```

程序运行结果:

5

(2) 当方法的参数为复合数据类型(对象)时,则将实参的地址传给形参。这里的"值"

实际指的是实参对象的引用地址,所以又称为引用传递。注意,引用本身虽然无法改变,但在方法的执行过程中,却可以改变引用指向对象的内容。

【例 4-6】 方法的参数为复合数据类型。

```
/*源文件名:Example0406.java*/
class Example0406{
    int x;                                    //定义成员变量 x
    public static void main(String[] args)
    {
        Example0406 o1=new Example0406();     //创建实例 o1
        o1.x=5;                               //给实例 o1 的成员变量 x 赋值为 5
        change(o1);                           //调用类方法,传递方法参数实例 o1 的值
        System.out.println(o1.x);             //输出实例 o1 的成员变量 x 的值
    }
    public static void change(Example0406 o1)  //类方法,参数为复合数据类型
    {
        o1.x=3;            //变量 o1 为 change()方法参数中定义的复合数据类型的局部变量
    }
}
```

程序运行结果:

3

4.6.3 Java 新特性——可变参数(Varargs)

Java 到 J2SE 1.4 为止,一直无法在 Java 程序里定义实参个数可变的方法。因为 Java 要求实参(Arguments)和形参(Parameters)的数量和类型都必须逐一匹配,而形参的数目是在定义方法时就已经固定下来了。尽管可以通过重载机制,为同一个方法提供带有不同数量的形参的版本,但是这仍然不能达到让实参数量可任意变化的目的。

然而,有些方法的语义要求它们必须能接受个数可变的实参。例如,著名的 main 方法就需要能接受所有的命令行参数为实参,而命令行参数的数目,事先根本无法确定下来。

对于这个问题,传统上一般是采用"利用一个数组来包裹要传递的实参"的做法来解决。

1. 用数组包裹实参

"用数组包裹实参"的做法可以分成三步:首先,为这个方法定义一个数组型的参数;然后在调用时,生成一个包含了所有要传递的实参的数组;最后,把这个数组作为一个实参传递过去。

这种做法可以有效地达到"让方法可以接受个数可变的参数"的目的,只是调用时的形式不够简单。

J2SE 1.5 中提供了 Varargs 机制,允许直接定义能和多个实参相匹配的形参,从而可以用一种更简单的方式来传递个数可变的实参。

2. 定义实参个数可变的方法

只要在一个形参的"类型"与"参数名"之间加上三个连续的英文句点（即"…"，英文里的句中省略号），就可以让它和不确定个数的实参相匹配。而一个带有这样的形参的方法，就是一个实参个数可变的方法。

声明可变长参数方式如下：

```
public void mymethod(String arg1,Object…args)
```

也就是使用…将参数声明成可变长参数。显然，可变长参数必须是最后一个参数。只有最后一个形参才能被定义成"能和不确定个数的实参相匹配"的。因此，一个方法里只能有一个这样的形参。另外，如果这个方法还有其他的形参，要把它们放到前面的位置上。编译器会将这最后一个形参转化为一个数组形参，并在编译出的 class 文件里做一个记号，表明这是一个实参个数可变的方法，但仅仅是参数的个数可变，并不是参数的类型可变。

下面是可变长参数的例子：

```
public class Varargs1
{
    public void speak(String name,Object... arguments)
    {
        for(Object object : arguments)
        {
            System.out.println(object);
        }
    }
    public static void main(String[] args)
    {
        Varargs1 va=new Varargs1();
        va.speak("大庆","大庆石油学院,");
        va.speak("大庆","东北石油大学,","秦皇岛分校。");
    }
}
```

4.6.4 构造方法

Java 中的每个类都有构造方法，用来初始化该类的一个新对象。Java 编译器会提供一个默认的构造方法，也就是不带参数的构造方法。构造方法是一种特殊的方法，构造方法的名称必须和类名相同，访问级别不限，但一般定义为公有类型，无返回值，用来在创建类实例时初始化此类的私有变量。

当创建对象时，构造方法由 new 运算符自动调用。但是特别要注意的是，如果程序中已经定义了构造方法，Java 就不会再生成默认的无参构造方法了。

该默认构造方法有以下特性：
- 没有形参。

- 功能仅仅是调用直接超类中不带形参的构造方法(super())。
- 访问级别取决于类的访问级别。如果类的访问级别为public,则默认构造方法的访问级别也是public;如果类的访问级别是默认的,则默认构造方法的访问级别也是默认的。

【例 4-7】 构造方法的示例。

```java
/*源文件名:Example0407.java*/
class Example0407
{
    public static void main(String[] args)
    {
        Manager m=new Manager("李力",6000,"学生院");   //初始化赋值
        System.out.println(m.getSalary());
    }
}
class Employee                                         //超类
{   private String name;                               //名字
    private int salary;                                //薪水
    Employee(String _name, int _salary)                //构造方法
    {
        name=_name;
        salary=_salary;
    }
    public String getSalary()
    {
        String str;
        str="名字: "+name+"\nSalary: "+salary;
        return str;
    }
}
class Manager extends Employee                         //子类
{
    private String department;
    Manager(String _name, int _salary, String _department)  //构造方法
    {
        super(_name,_salary);
        department=_department;
    }
    public String getSalary()
    {
        return super.getSalary()+"\nDepartment: "+department;
    }
}
```

程序输出结果:

```
名字:李力
Salary:6000
Department:学生院
```

构造方法与实例方法有着本质的区别:
- 构造方法主要用于初始化实例的状态。构造方法只有在创建实例时被隐含调用;反过来,一个实例在创建时也必然会隐含调用某个构造方法。
- 实例方法用于定义对象的行为。在对象的生存期内,程序代码可以根据需要通过对象调用其实例方法。
- 构造方法只有访问修饰符(public、protected、private),不能使用其他修饰符。
- 构造方法没有返回类型,而普通方法则一定有(包括 void)。构造方法的返回类型可以被认为是类型本身。
- 构造方法的方法名只能是类名,而普通方法的方法名则一般不采用类名。

构造方法丰富了实例的初始化手段。在创建实例时,实例变量的初始化按照以下步骤进行:

(1) 创建所有的实例变量并赋以默认的初始值。

(2) 按照在程序正文中出现的先后次序,计算实例变量定义语句中的初始化表达式并赋值,或者执行实例初始化块中的语句。

(3) 执行构造方法中的代码。

在定义类时,各种元素的次序无关紧要,但一般惯例,还是按照变量、构造方法和普通方法的顺序来定义。

4.6.5 方法的重载

1. 方法的重载

一个类内可以定义几个方法名相同而形参不同的几个方法,这种情况称为方法重载(overload)。

2. 方法重载构成的条件

方法的名称相同,但参数类型或参数个数不同,这样才能构成方法的重载。在方法调用时到底哪个方法被调用,则应该由方法名、参数的数目和各个实参的类型来共同决定。

定义一个方法的格式如下:

```
返回值类型　方法名(参数类型　形式参数 1,参数类型　形式参数 2,…)
{
    程序代码
    return 返回值;
}
```

例如,一个类中有以下 4 个方法:

(1) int method(int i) {…}。

(2) int method(int i, int j) {…}。
(3) double method(int i, double x) {…}。
(4) double method(double x, int i) {…}。

以上 4 个方法就属于方法重载的情况。

【例 4-8】 方法重载举例。

/*源文件名:Example0408.java*/

```
1   class Example0408{
2       int square(int x){ return x*x; }
3       double square(double x){ return Math.PI*x*x; }
4   }
5
6   class Example0408Demo {
7     public static void main(String args[]){
8       Example0408 o=new Example0408();
9       System.out.println("square of integer 6 is: "+o.square(6));
10      System.out.println("square of double 6.5 is: "+o.square(6.5));
11    }
12  }
```

程序运行结果:

square of integer 6 is: 36
square of double 6.5 is: 132.732

例 4-8 中的第 2 行和第 3 行分别定义了两个重载的成员方法 square()方法,在第 9 行和第 10 行分别用不同类型的实参调用成员方法 square()方法。

成员方法可以重载,构造方法同样也能够重载,所以一个类也可以定义多个具有不同参数的构造方法,在有多个构造方法的情况下,一个构造方法可以调用类中的另一个构造方法。格式如下:

this([<实参表>]);

this()方法与前面讲的 this 关键字不同,this()方法代表的是一个构造方法对其他构造方法的调用。这里要特别注意的是,this() 必须放在构造方法的第一行,而且只能出现一次。

【例 4-9】 多个重载构造方法之间的调用——this()语句的示例。

/*源文件名:Example0409.java*/

```
1   class Example0409 {
2       private String name;
3       private int salary;
4       public Example0409(String n, int s){      //两个参数的构造方法
5           name=n;
```

```
6          salary=s;
7      }
8    Example0409(String n){              //一个参数的构造方法
9        this(n, 0);                     //调用带两个参数的构造方法
10   }
11   Example0409(){                      //没有参数的构造方法
12       //int a=0;                      //错误!this()必须放在构造方法的第一行
13       this(" Unknown ");
14   }
15 }
```

在例 4-9 中,第 4 行、第 8 行和第 11 行分别定义了三个重载的构造方法,this()方法可以在一个构造方法中调用另一个构造方法,例如第 9 行 this(n, 0)就可以调用第 4 行的构造方法,第 13 行 this(" Unknown ")可以调用第 8 行的构造方法,特别注意的是 this()调用必须放在构造方法第一行,如果 12 行去掉注释,那么在编译的时候就会出现错误。

4.7 对象资源的回收

4.7.1 垃圾对象

许多程序设计语言都允许在程序运行期动态地分配内存空间。在 C/C++或其他程序设计语言中,无论是对象还是动态配置的资源或内存,都必须由程序员自行声明产生和回收,否则其中的资源将消耗,造成资源的浪费甚至死机。但是,手工回收内存往往是一项复杂而艰巨的工作。因为要预先确定占用的内存空间是否应该被回收是非常困难的,如果一段程序不能回收内存空间,而且在程序运行时系统中又没有了可以分配的内存空间时,这段程序就只能崩溃。通常把分配出去后却无法回收的内存空间称为内存渗漏体(memory leaks)。

以上这种程序设计的潜在危险在以严谨、安全著称的 Java 语言中是不允许的。但是,Java 语言既不能限制程序员编写程序的自由,又不能把声明对象的部分去除,于是 Java 技术提供了一个系统级的线程(thread),即垃圾收集器(garbage collection,GC)线程,来跟踪每一块分配出去的内存空间,当 Java 虚拟机(Java virtual machine,JVM)空闲时,垃圾收集器线程会自动检查每一块分配出去的内存空间,然后自动回收每一块可以回收的无用的内存块,有效地防止了内存渗漏体的出现,并极大地节省了宝贵的内存资源。程序员也不用考虑对象的释放问题,也减轻了程序员的负担,提高了程序的安全性。

Java 平台允许创建任意个对象,而且当对象不再使用时会被自动清除,这个过程就是所谓的"垃圾收集"。

什么样的对象可能成为垃圾对象?一个对象失去变量的引用,通常有下面几种情况:

(1) 一个变量由引用某个对象变成引用另一个对象,这样原来那个对象就有可能成为垃圾对象。

(2) 一个引用某个对象的变量被显式设置为引用型文字 null。

(3) 引用某个对象的变量超出了其作用域范围而被释放。

(4) 只是产生对象,但是并不被指向任何变量。

4.7.2 finalize()方法

在对对象进行垃圾收集前,Java 运行时系统会自动调用对象的 finalize()方法来释放对象所持有的系统资源。该方法必须按如下方式声明:

```
protected void finalize()throws throwable
{…}
```

finalize()方法:在 java.lang.Object 中实现,在用户自定义的类中它可以被覆盖,但一般在最后要调用父类的 finalize()方法来确保清除父类代码所使用的所有资源。

```
protected void finalize()throws throwable
{
    …                                          //释放本类中使用的资源
    super.finalize();
}
```

System.gc()方法:手动调用 GC。但该方法只是建议系统应该去启动 GC,并不强迫系统一定立即启动 GC。

【例 4-10】 对象回收示例。

/*源文件名:Example0410.java*/
```
1    class Example0410
2    {
3        int index;
4        static int count;
5        Example0410()                                    //构造方法
6        {
7            count++;
8            System.out.println("object "+count+" construct");
9            setID(count);
10       }
11       void setID(int id)
12       {
13           index=id;
14       }
15       protected void finalize()        //在对象收集之前系统自动调用的 finalize()方法
16       {
17           System.out.println("object "+index+" is reclaimed");
18       }
19       public static void main(String[] args)
20       {
21           new Example0410();                           //创建垃圾对象
22           new Example0410();                           //创建垃圾对象
```

```
23            new Example0410();                      //创建垃圾对象
24            Example0410 pu=new new Example0410();   //创建对象 pu
25            pu=null;                                //置空 pu 变量
26            new Example0410();                      //创建垃圾对象
27            System.gc();                            //调用 gc()方法,建议系统启动对象回收机制
28        }
29   }
```

程序运行结果:

```
object 1 construct
object 2 construct
object 3 construct
object 4 construct
object 5 construct
object 5 is reclaimed
object 4 is reclaimed
object 3 is reclaimed
object 2 is reclaimed
object 1 is reclaimed
Press any key to continue…
```

在例 4-10 中,第 21~26 行产生了 5 个垃圾对象,第 27 行调用 System.gc()方法启动对象回收机制,系统自动调用 finalize()方法。

4.8 项目案例

4.8.1 学习目标

(1) 对象的创建。
(2) this 调用该类的成员。
(3) 静态变量和成员方法。

4.8.2 案例描述

(1) 定义学生类和老师类,并组合到学校类中,主函数所在类中生成之前三个类的对象。
(2) 定义一个学生类,其中包含静态成员,再定义一个包含主函数的 Test 类,调用学生类的静态变量和方法。
(3) 定义一个学生类,用 this 调用该类的成员变量和成员方法。

4.8.3 案例要点

(1) 定义类成员时,要注意修饰符的设定。
(2) 区分静态成员和实例成员,掌握引用的方式。

(3) this 调用类中定义的成员变量和方法。

4.8.4 案例实施

(1) 定义学生类和老师类,并组合到学校类中,主函数所在类中生成之前三个类的对象。

程序如下:

```java
/*源文件名:Example.java*/
class Student
{
    String name;
    int number;
    int age;
    public void setName(String name)
    {
        this.name=name;
    }
    public String getName()
    {
        return name;
    }
    public void setNumber(int number)
    {
        this.number=number;
    }
    public int getNumber()
    {
        return number;
    }
    public void setAge(int age)
    {
        this.age=age;
    }
    public int getAge()
    {
        return age;
    }
}
class Teacher
{
    String name;
    int age;
    public void setName(String name)
```

```java
    {
        this.name=name;
    }
    public String getName()
    {
        return name;
    }
    public void setAge(int age)
    {
        this.age=age;
    }
    public int getAge()
    {
        return age;
    }
}
class School
{
    Student student;
    Teacher teacher;
    School(Student student,Teacher teacher)
    {
        this.student=student;
        this.teacher=teacher;
    }
    public void setStudentName(String name)
    {
        student.setName(name);
    }
    public void setStudentNumber(int number)
    {
        student.setNumber(number);
    }
    public void setStudentAge(int age)
    {
        student.setAge(age);
    }
    public void setTeacherName(String name)
    {
        teacher.setName(name);
    }
    public void setTeacherAge(int age)
    {
        teacher.setAge(age);
```

```
    }
    public void showState()
    {
        System.out.println("这个学校的学生的名字是:"+student.name);
        System.out.println("这个学校的学生的学号是:"+student.number);
        System.out.println("这个学校的学生的年龄是:"+student.age);
        System.out.println("这个学校的老师的名字是:"+teacher.name);
        System.out.println("这个学校的老师的年龄是:"+teacher.age);
    }
}
public class Example
{
    public static void main(String args[])
    {
        Student student=new Student();
        Teacher teacher=new Teacher();
        School school=new School(student,teacher);
        school.setStudentName("张宇");
        school.setStudentNumber(5);
        school.setStudentAge(23);
        school.setTeacherName("杨帆");
        school.setTeacherAge(35);
        school.showState();
    }
}
```

程序运行结果如图 4-2 所示。

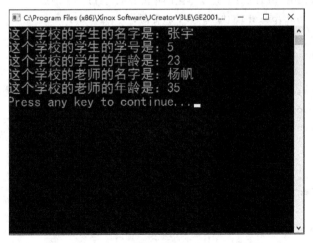

图 4-2　定义学生类和老师类案例程序运行结果

（2）定义一个学生类，其中包含静态成员，再定义一个包含主函数的 Test 类，调用学生类的静态变量和方法。

程序如下：

```java
/*源文件名:Test.java*/
class Student
{
    static int age,height;                          //静态成员,可以用类名直接调用
    String name,sex;
    void setSex(String sex)
    {
        this.sex=sex;
    }
    String getSex()
    {
        return sex;
    }
    void setName(String name)
    {
        this.name=name;
    }
    String getName()
    {
        return name;
    }
    static void showState()
    {
        System.out.println("这个学生的年龄:"+age);
        System.out.println("这个学生的身高:"+height);
    }
    void bcd()
    {
        showState();                                //实例成员方法可以调用静态成员方法,反之却不行
        System.out.println("这个学生的姓名:"+name);
        System.out.println("这个学生的性别:"+sex);
    }
}
public class Test
{
    public static void main(String args[])
    {
        Student.age=22;
        Student.height=167;                         //类名直接给静态成员变量赋值
        Student stu=new Student();
```

```
            stu.name="张宇";
            stu.sex="男";
            stu.showState();
            stu.bcd();
        }
    }
```

程序运行结果如图 4-3 所示。

图 4-3 调用学生类静态变量和方法案例程序运行结果

(3) 定义一个学生类,用 this 调用该类的成员变量和成员方法。
程序如下:

```
/*源文件名:Student.java*/
class Student
{
    String name;
    static int age;
    Student(String name)
    {
        this.name=name;
        this.showState();                              //等同于直接调用 showState()方法
    }
    void showState()
    {
        System.out.println("学生"+name+"的年龄为:"+age);
    }
    public static void main(String args[])
    {
        Student.age=23;
        Student stu=new Student("张宇");
    }
```

}

程序运行结果如图 4-4 所示。

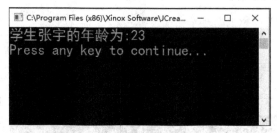

图 4-4 用 this 调用学生类成员变量和成员方法案例程序运行结果

4.8.5 特别提示

静态成员的定义和引用：用修饰符 static 修饰的成员称为静态成员，静态成员属于整个类而不属于某个实例对象，所以引用静态成员，只需要使用类名就可以。

this 关键字的作用：this 表示某个对象实例，可以用 this 调用类成员，也可以用 this 区分同一个类中定义的同名的成员变量和局部变量，还可以在构造方法中用 this()调用其他重载的构造方法。

4.8.6 拓展与提高

创建一个学生类和一个测试类，测试类的主函数访问学生类，要求：测试类和学生类不在一个包中。那么在访问之前，测试类第一句必须先导入学生类，并且学生类一定要被修饰成 public 的公共类。

Test1.java 的源代码如下：

```
import zhangyu.stu.Student3;
public class Test1
{
    public static void main(String args[])
    {
        Student3 stu=new Student3("张宇");
        stu.showState();
    }
}
```

Student3 源文件的源代码如下：

```
package zhangyu.stu;
public class Student3
{
    public String name;
    public Student3(String a)
    {
```

```
        name=a;
    }
    public void showState()
    {
        System.out.println("my name is"+name);
    }
}
```

Test1.java 的运行效果如图 4-5 所示。

图 4-5　Test1 源文件的运行效果

本 章 总 结

本章主要讲解了面向对象的核心概念,包括以下主要内容:
- 类和对象概念。
- 方法、属性和构造函数。
- 方法的重载条件:一个类内可以定义几个方法名相同而形参不同(数目不同、类型不同或次序不同)的几个方法,这种情形称为方法重载。
- 成员方法和构造方法的区别:成员方法用于定义对象的行为,构造方法用于初始化实例变量。每当创建类的一个实例时,系统就会隐含地调用类中的某个构造方法。
- 函数的参数传递:对基本类型,参数之间按值传递;对引用类型,参数之间按引用传递。
- 静态变量、静态方法:在 Java 中,成员变量分为实例变量和类变量(静态变量);方法分为实例方法和类方法(静态方法)。
- 静态成员和实例成员的区别:类变量和类方法不依赖于实例而属于类。对类变量的访问或对类方法的调用一般通过类名进行。实例变量和实例方法属于实例。对实例变量的访问或对实例方法的调用一定是通过某个实例进行的。
- 特殊变量 this:this 变量代表对象本身,使用 this 区分同名的成员变量和局部变量。使用 this()方法可以简化构造函数的调用。
- 垃圾回收(finalize()方法、system.gc()方法):垃圾对象的收集由垃圾收集器的线程来完成。

习　题

一、简答题

1. 面向对象编程有哪 4 个基本概念？
2. 什么是类？什么是对象？类和对象有什么关系？
3. 类变量和实例变量有什么区别？

二、选择题

1. 假设有以下类：

```
public class Test1{
   public  float aMethod(float a, float b){ }
}
```

以下哪些方法可以合理地加入在第 3 行之前（多选）？（　　）

　　A) public int aMethod(int a, int b){ }

　　B) public float aMethod(float a，float b){ }

　　C) public float aMethod(float a，float b，int c) throws Exception{ }

　　D) public float aMethod(float c，float d){ }

　　E) private float aMethod(int a, int b, int c) { }

2. 下面应用程序的运行结果是（　　）。

```
public class MyTest{
    int x=30;
    public static void main(String args[]){
        int x=20;
        MyTest ta=new MyTest();
        ta.Method(x);
        System.out.println("The x value is"+x);
    }
    void Method(int y){
        int x=y*y;
    }
}
```

　　A) The x value is 20　　　　　　　　B) The x value is 30

　　C) The x value is 400　　　　　　　 D) The x value is 600

三、程序阅读题

阅读下列程序，写出程序的运行结果。

```
public class Test extends TT{
    public void main(String args[]){
        Test t=new Test("Tom");
```

```
    }
    public Test(String s){
        super(s);
        System.out.println("How do you do?");
    }
    public Test(){
        this("I am Tom");
    }
}
class TT{
    public TT(){
        System.out.println("What a pleasure!");
    }
    public TT(String s){
        this();
        System.out.println("I am "+s);
    }
}
```

四、编程题

编写 Track 类、Duration 类和 Driver 类。其中,Duration 类包含三个属性:时、分和秒,以及两个重载的构造方法;Track 类包含两个属性:名称和长度(它是 Duration 对象类型),以及 get/set 方法;Driver 类包含一个主方法,用来设定 Track 的长度和名称,然后把它们的值打印出来。

第 5 章 面向对象程序设计高级特性

本章重点
- 了解面向对象的继承、抽象类、接口和包的概念。
- 熟悉在创建类的实例时对象初始化的一般过程。
- 掌握类的访问控制符和方法的访问控制符。
- 认识内部类及其应用。

通过第4章的学习,对Java面向对象程序设计有了初步的认识,本章将更深入地讨论Java面向对象程序设计的一些特性和使用的方式。

5.1 继承和多态

5.1.1 继承的概念

继承性是面向对象程序设计语言的一个基本特性,是不同于其他语言的一个重要特性,类的继承性使所建立的软件具有开放性、可扩充性,它简化了创建类的工作量,增加了代码的可重用性,提供了类的规范的等级结构。通过类的继承关系,使公共的特性能够共享,提高了软件的重用性,是面向对象技术能够提高软件开发效率的重要原因之一。运用继承,能够创建一个通用类,用来定义一系列相似对象的一般特性,通用类可以被更具体的类继承,每个具体的类都增加一些自己特有的东西。

所谓继承,就是保持已有类的特性而构造新类的过程。继承后,子类能够利用父类中定义的变量和方法,就像它们属于子类本身一样。特殊类的对象拥有其一般类的全部属性与服务,称为特殊类对一般类的继承。例如,汽车与小轿车,教师与小学教师。当一个类拥有另一个类的所有数据和操作时,就称这两个类之间存在着继承关系。

下面介绍有关继承的概念。
- 父类:被继承的已有类称为父类,也称为基类或超类。
- 子类:通过继承而得到的类称为子类,子类继承了父类的所有数据和操作,也称为派生类。
- 单继承:在类层次中,子类只继承一个父类的数据结构和方法,一个类只有一个父类。
- 多继承:在类层次中,子类继承了多个父类的数据结构和方法,一个类允许有多个继承。

注意:Java不支持类之间的多重继承(但支持接口之间的多重继承),即不允许一个子类继承多个父类。这是因为类的多重继承会带来许多必须处理的问题,多重继承只对编程人员有益,却增加了编译器和运行环境的负担。

Java 支持多层继承。也就是说,可以建立包含任意多层继承的类层次。前面提到,用一个子类作为另一个类的超类是完全可以接受的。例如,给定三个类 A、B 和 C,其中 C 是 B 的一个子类,而 B 又是 A 的一个子类。当这种情况发生时,每个子类继承它的所有超类的属性,即 C 继承 B 和 A 的所有属性。

5.1.2 继承的实现

可以通过在类的声明中加入 extends 子句来创建一个类的子类:

class SubClass extends SuperClass
{…}

如果缺少 extends 子句,则默认该类为 java.lang.Object 的子类。子类可以继承父类中访问权限设定为 public、protected、default 的成员变量和方法,但是不能继承访问权限为 private 的成员变量和方法。

请看下面一个示例。

【例 5-1】 类的单继承的实现。

```
/*源文件名:Example0501*/
1    public class Example0501 extends Employee              //子类
2    {
3        public static void main(String[] args)
4        {
5            System.out.println("覆盖的方法调用:"+getSalary("王一",500));
6            System.out.println("继承的方法调用:"+getSalary2("王一",500));
7            System.out.println("覆盖的方法调用:"+getSalary("王飞",10000));
8            System.out.println("继承的方法调用:"+getSalary2("王飞",10000));
9        }
10       public static String getSalary(String name, int salary)
11       {
12         String str;
13         if(salary>5000)
14           str="名字: "+name+"\tSalary:高于 5000";
15         else
16           str="名字: "+name+"\tSalary: 低于 5000";
17         return str;
18       }
19   }
20   class Employee                                          //父类
21   {
22       public String name;                                 //名字
23       public int salary;                                  //薪水
24       public static String getSalary(String name, int salary)
25       {
```

```
26        String str;
27        str="名字: "+name+"\tSalary: "+salary;
28        return str;
29    }
30    public static String getSalary2(String name, int salary)
31    {
32        String str;
33        str="名字: "+name+"\tSalary: "+salary;
34     return str;
35    }
36 }
```

程序运行结果：

覆盖的方法调用:名字:王一   Salary:低于 5000
继承的方法调用:名字:王一   Salary: 500
覆盖的方法调用:名字:王飞   Salary:高于 5000
继承的方法调用:名字:王飞   Salary:10000

例 5-1 中，第 20 行定义了父类 Employee 类，它有两个方法 getSalary 和 getSalary2，方法体的实现是一致的，都是输出名字和薪水的值。在子类 Example0501 中覆盖了 getSalary 方法，方法体重新定义为判断薪水是否高于 5000，用于和父类的 getSalary 方法进行比较。由上面的例题结果可以看出覆盖的方法按照子类中重定义的方法调用，而继承的方法直接调用父类中的方法。

再看下面的示例。

【例 5-2】 私有数据与继承。

/*源文件名:Example0502Test.java*/

```
1  class Example0502 {                                    //父类 Example0502
2    int i;                                               //成员变量 i
3    private int j;                                       //私有成员变量 j
4    void setij(int x, int y){                            //成员方法 setij()
5      i=x;
6      j=y;
7    }
8  }
9  //Example0502_1 不能获取 Example0502 中的私有变量
10 class Example0502_1 extends Example0502 {              //子类 Example0502_1
11    int total;                                          //成员变量 total
12    void sum(){                                         //成员方法 sum()
13      total=i+j;                                        //错误,j 不能被获取
14    }
15 }
16 class Example0502Test {
17    public static void main(String args[]){
```

```
18      Example0502_1 ex=new Example0502_1();
19      ex.setij(10, 12);
20      ex.sum();
21      System.out.println("Total is "+ex.total);
22    }
23  }
```

上述程序不会被编译,因为 Example0502_1 中 sum()方法内部对 j 的引用是不合法的。既然父类的成员变量 j 被声明成 private,那么它只能被它自己类中的其他成员访问,而子类无权访问它。

5.1.3 成员变量隐藏

成员变量的隐藏是指在子类中定义了一个与直接超类中的某个成员变量同名的成员变量,从而使直接超类中的那个成员变量不能被子类继承。

当出现成员变量隐藏时,在超类类体代码中用简单变量名访问的一定是超类中的成员变量,而在子类类体代码中用简单变量名访问的则一定是定义在子类中的成员变量。

可以用下列格式访问超类中被隐藏的成员变量:

- super.<变量名>   //在子类类体内,访问直接超类中被隐藏的成员变量
- ((<超类名>)<子类实例引用>).<变量名> //访问指定超类中被隐藏的成员变量
- <超类名>.<变量名>   //访问指定超类中被隐藏的类变量

运行期间,关键字 super 和 this 都表示当前对象的引用,不同的是:this 的编译期类型为方法体所在的类,而 super 的编译期类型则为当前类的直接超类。

【例 5-3】 成员变量隐藏示例。

```
/*源文件名:Example0503Test.java*/
1   class Example0503 {                          //超类 Example0503
2       int x;                                    //父类中定义的成员变量 x
3       void set(int a){                          //父类中定义的实例方法 set()
4           x=a;
5       }
6       void print(){                             //父类中定义的实例方法 print()
7           System.out.println("x="+x);
8       }
9   }
10  class Example0503_1 extends Example0503 {    //子类 Example0503_1
11      int x;                                    //子类中定义的成员变量 x
12      void newset(int a){                       //子类中定义的实例方法 newset()
13          x=a;
14      }
15      void newprint(){                          //子类中定义的实例方法 newprint()
16          System.out.println("x="+x+"\t"+super.x);
```

```
17          }
18     }
19     class Example0503Test
20     {
21          public static void main(String[] args)
22          {
23              Example0503_1 o=new Example0503_1();
24              o.set(10);
25              o.newset(100);
26              o.print();
27              o.newprint();
28              System.out.println("x="+o.x+"\t"+((Example0503)o).x);
29          }
30     }
```

程序运行结果：

x=10
x=100   10
x=100   10

在例 5-3 中，第 11 行定义的子类 Example0503_1 中的成员变量 x，隐藏了第 2 行定义从父类 Example0503 中继承的成员变量 x。第 16 行首先访问的变量 x 是子类中定义的成员变量 x，而 super.x 是指父类中定义的成员变量 x。

5.1.4　方法覆盖

在子类中定义一个与父类同名、返回类型、参数类型均相同的一个方法，称为方法的覆盖（Override），也称为方法重写。覆盖发生在子类与父类之间。

方法覆盖在使用上要遵守以下规定：
- 方法名称一定要一样。
- 返回值的数据类型要一样。
- 所使用的参数列表要一样，参数列表包括参数个数及每个参数的数据类型，其中不包括参数的变量名。
- 访问修饰符的使用权限只能越来越开放，不能越来越封闭。

当出现方法覆盖时，如果要在子类中访问直接超类中被覆盖的方法，可以使用包含关键字 super 的方法访问表达式：

super.<方法名>([<实参表>])

不能通过提升实例引用的类型来访问超类中被覆盖的方法。这是方法覆盖和成员变量隐藏的区别所在。当采用下面格式调用方法时：

((<超类名>)<子类实例引用>).<方法名>([<实参表>])

系统首先会在编译时检查被调用的方法是否为指定超类的成员，然而在运行时系统仍然会调用子类中相应的成员方法。

【例 5-4】 方法覆盖示例。

```
/*源文件名:Example0504Test.java*/
1   class Example0504{                              //父类 Example0504
2       void print(){                               //实例方法 print()
3         System.out.println("This is the superclass");
4       }
5   }
6   class Example0504_1 extends Example0504{        //子类 Example0504_1
7       void print(){                               //实例方法 print()
8         System.out.println("This is the subclass");
9       }
10      void method(){                              //实例方法 method()
11        print();                                  //调用所在类实例方法
12        super.print();                            //调用直接超类中的被覆盖方法
13      }
14  }
15  class Example0504Test {
16      public static void main(String args[]){
17        Example0504_1 o1=new Example0504_1();//创建子类实例 o1
18        o1.method();
19        Example0504 o2=o1;                        //赋值给 Example0504 类型的变量 o2
20        o2.print();                               //运行时仍然会调用子类中定义实例方法 print()
21      }
22  }
```

程序运行结果：

```
This is the subclass
This is the superclass
This is the subclass
```

在例 5-4 中，第 8 行定了子类的实例方法 print()覆盖了第 2 行父类中定义的实例方法 print()，第 12 行中 super.print()调用直接超类中的 print()方法，第 19 行和 20 行提升实例 o1 引用的类型来访问超类中被覆盖的方法 print()，系统首先会在编译时检查被调用的 print()方法是否为指定超类的成员，而在运行时系统则调用子类中重写的 print()方法。

5.1.5 继承中的构造方法调用

构造方法不同于成员方法，它主要用于初始化正在创建的实例对象，只能在创建实例时由系统隐含调用。

构造方法体中的第一条语句可以是对直接超类中的一个构造方法的显示调用，格式如下：

```
super([<实参表>]);
```

构造方法体中的第一条语句也可以是对所在类的另一个构造方法的显示调用,格式如下:

```
this([<实参表>]);
```

如果当前类不是 Object 类,而某个构造方法体的第一条语句不是上述对本类或其直接超类的另一个构造方法的显示调用,那么系统会隐含地加上 super()。也就是说,在调用该构造方法时,系统首先会自动调用直接超类中不带形参的构造方法。

(1) 对 super() 说明如下:
- 特殊变量 super(),提供了对父类的访问。
- 可以使用 super() 访问父类被子类隐藏的变量或覆盖的方法。
- 每个子类构造方法的第一条语句,都是隐含地调用 super(),如果父类没有这种形式的构造函数,那么在编译的时候就会报错。

(2) super() 和 this() 在使用上有以下需要注意的地方:
- super() 和 this() 只能使用在构造方法程序码中的第一行。
- super() 和 this() 同时只能使用一种。
- super() 和 this() 的调用只能使用在构造方法中。
- 如果构造函数中没有使用 super() 或 this(),那么 Java 会自动加上 super() 调用。

【例 5-5】 构造方法调用。

```
/*源文件名:Example0505Test.java */

class Example0505                              //直接超类 Example0505
{
    int i;
    Example0505()                              //超类的构造方法
    {
        i=10;
    }
}
class Example0505_1 extends Example0505        //直接子类 Example0505_1
{
    int j,k;
    Example0505_1()                            //子类的构造方法
    {   /*系统会在构造方法第一行加一个 super()调用,调用父类中不带参数的构造方法 */
        j=20;
    }
    Example0505_1(int a)                       //子类的构造方法
    {
        this();                                //显示的 this()调用,调用重载的不带参数的构造方法
        k=a;
    }
```

```
}
class Example0505Test
{
    public static void main(String[] args)
    {
    Example0505_1 o1=new Example0505_1(30);       //创建子类实例o1
    System.out.println("i="+o1.i+"   j="+o1.j+"   k="+o1.k);
                                    /*访问实例o1的实例变量i,j,k的值*/
    }
}
```

程序运行结果：

```
i=10   j=20   k=30
Press any key to continue…
```

在例 5-5 中,第 26 行创建了子类实例 o1,调用 16 行带有一个参数的构造方法,第 18 行的 this()调用子类中第 12 行重载的不带参数的构造方法,此构造方法的首行没有 this()和 super()语句,所以系统会默认地加上 super(),调用其父类中第 4 行不带参数的构造方法。

(3) 子类对象的实例化过程如下:

① 创建所有的实例变量(包括超类中定义的)并设置为默认的初值。

② 选择构造方法,创建参数变量并赋值。

③ 如果该构造方法以对同类中另一个构造方法的显式调用开始,则重复第②步~第⑥步递归处理该构造方法调用。之后继续第⑥步。

④ 如果该构造方法不是 Object 类的构造方法,则以对直接超类的一个构造方法的调用开始,此时重复第②步~第⑥步递归处理超类中的那个构造方法调用。之后继续第⑤步。

⑤ 按照在程序正文中出现的先后次序,计算实例变量定义语句中的初始化表达式并赋值,或者执行实例初始化块中的语句。

⑥ 执行构造方法体的其余部分。

【例 5-6】 实例初始化示例。

```
/*源文件名:Example0506Test.java*/
1    class Example0506                              //父类
2    {
3        int i=10;
4        Example0506(int a)                         //构造方法
5        {
6            j=a;
7        }
8        int j=20;
9    }
10   class Example0506_1 extends Example0506        //子类
11   {
```

```
12       int k=j+10,l;
13       Example0506_1()                          //构造方法
14       {
15           super(5);                            //调用父类的构造方法
16           l=k+5;
17       }
18   }
19   class Example0506Test
20   {
21       public static void main(String[] args)
22       {
23           Example0506_1 o1=new Example0506_1();    //创建子类实例o1
24           System.out.print("i="+o1.i+"   j="+o1.j);
25             System.out.println("   k="+o1.k+"   l="+o1.l);
26       }
27   }
```

程序运行结果：

i=10　j=5　k=15　l=20

在例 5-6 中，第 23 行创建子类实例 o1 会创建所有的实例变量(包括超类中定义的)，并设置为默认的初值，int 类型初值为 0。调用第 13 行的构造方法，执行 super(5)会调用第 4 行父类中的构造方法。父类构造方法执行时会先计算第 3、8 行语句中的初始化表达式并赋值给变量，再执行构造方法其余部分。父类构造方法执行完毕，会计算子类第 12 行语句中的表达式并给实例变量赋值。最后执行子类构造方法的剩余部分。

5.1.6　多态性

面向对象编程有三个特征，即封装、继承和多态。

封装隐藏了类的内部实现机制，从而可以在不影响使用者的前提下改变类的内部结构，同时保护了数据。

继承是为了重用父类代码，同时为实现多态性作准备。那么什么是多态呢？

方法的重写、重载与动态连接构成多态性。Java 之所以引入多态的概念，原因之一是它在类的继承问题上和 C++ 不同，后者允许多继承，这确实给其带来了非常强大的功能，但是复杂的继承关系也给 C++ 开发者带来了更大的麻烦；为了规避风险，Java 只允许单继承，派生类与基类间有 IS-A 的关系(即"猫"is a "动物")。这样做虽然保证了继承关系的简单明了，但是势必在功能上有很大的限制，所以，Java 引入了多态性的概念以弥补这点的不足，此外，抽象类和接口也是解决单继承规定限制的重要手段。同时，多态也是面向对象编程的精髓所在。

要理解多态性，首先要知道什么是"向上转型"。

定义了一个子类 Cat，它继承了 Animal 类，那么后者就是前者、是父类。可以通过

```
Cat c=new Cat();
```

实例化一个 Cat 的对象,这个不难理解。如果如下定义时:

```
Animal a=new Cat();
```

代表什么意思呢?很简单,它表示定义了一个 Animal 类型的引用,指向新建的 Cat 类型的对象。由于 Cat 是继承自它的父类 Animal,所以 Animal 类型的引用是可以指向 Cat 类型的对象的。那么这样做有什么意义呢?因为子类是对父类的一个改进和扩充,所以一般子类在功能上较父类更强大,属性较父类更独特,定义一个父类类型的引用指向一个子类的对象既可以使用子类强大的功能,又可以抽取父类的共性。

所以,父类类型的引用可以调用父类中定义的所有属性和方法,而对于子类中定义而父类中没有的方法,它是无可奈何的;同时,父类中的一个方法只有在父类中定义而在子类中没有重写的情况下,才可以被父类类型的引用调用;对于父类中定义的方法,如果子类中重写了该方法,那么父类类型的引用将会调用子类中的这个方法,这就是动态连接。

看下面这段程序:

```java
class Father{
    public void func1(){
        func2();
    }
    //这是父类中的 func2()方法,因为下面的子类中重写了该方法
    //所以在父类类型的引用中调用时,这个方法将不再有效
    //取而代之的是将调用子类中重写的 func2()方法
    public void func2(){
        System.out.println("AAA");
    }
}
class Child extends Father{
    //func1(int i)是对 func1()方法的一个重载
    //由于在父类中没有定义这个方法,所以它不能被父类类型的引用调用
    //所以在下面的 main 方法中 child.func1(68)是不对的
    public void func1(int i){
        System.out.println("BBB");
    }
    //func2()重写了父类 Father 中的 func2()方法
    //如果父类类型的引用中调用了 func2()方法,那么必然是子类中重写的这个方法
    public void func2(){
        System.out.println("CCC");
    }
}
public class PolymorphismTest {
    public static void main(String[] args){
        Father child=new Child();
        child.func1();                          //打印结果将会是什么?
    }
}
```

打印结果：CCC。

上面的程序是一个很典型的多态的例子。子类 Child 继承了父类 Father，并重载了父类的 func1()方法，重写了父类的 func2()方法。重载后的 func1(int i)和 func1()不再是同一个方法，由于父类中没有 func1(int i)，那么，父类类型的引用 child 就不能调用 func1(int i)方法。而子类重写了 func2()方法，那么父类类型的引用 child 在调用该方法时将会调用子类中重写的 func2()。

对于多态，可以总结如下：

(1) 使用父类类型的引用指向子类的对象。

(2) 该引用只能调用父类中定义的方法和变量。

(3) 如果子类中重写了父类中的一个方法，那么在调用这个方法的时候，将会调用子类中的这个方法(动态连接、动态调用)。

(4) 变量不能被重写(覆盖)，"重写"的概念只针对方法，如果在子类中"重写"了父类中的变量，那么在编译时会报错。

5.2 抽象方法与抽象类

Java 中可以定义一些不含方法体的方法，方法体的实现交给该类的子类根据自己的情况去实现，这样的方法就是用 abstract 修饰符修饰的抽象方法，包含抽象方法的类就称为抽象类，也要用 abstract 修饰符修饰。

5.2.1 抽象方法

用 abstract 来修饰一个方法时，该方法就称为抽象方法，其形式如下：

[修饰符] abstract <返回类型>　方法名称([参数表]);

抽象方法并不提供实现，即方法名称后面只有小括号而没有大括号的方法实现。包含抽象方法的类必须声明为抽象类。抽象超类的具体子类必须为超类的所有抽象方法提供具体实现。

5.2.2 抽象类

使用关键字 abstract 声明抽象类，其形式如下：

[public] abstract class 类名

抽象类通常包含一个或多个抽象方法(静态方法不能成为抽象方法)。

- 抽象类必须被继承，抽象方法必须被重写。
- 抽象类不能被直接实例化。因此，它一般作为其他类的超类，使用抽象超类来声明变量，用以保存派生抽象类的任何具体类的对象引用。程序通常使用这种变量来多态地操作子类对象。abstract 类与 final 类正好相反。
- 抽象方法只须声明，而无须实现。定义了抽象方法的类必须使用 abstract 修饰。

如果声明一个如下类：

```
class Shape{
    abstract double getArea();
    void showArea(){
      System.out.println("Area="+getArea());
    }
}
```

那么在编译的时候就会报错,因为在 Shape 类中定义了两个方法,其中 getArea()方法是用 abstract 修饰的抽象方法,showArea()方法是成员方法。只要在类定义中出现了抽象方法,那么该类也必须要定义成抽象类,所以要把 Shape 类也声明成抽象的,即修改为:

```
abstract class Shape{…}
```

5.2.3 扩展抽象类

抽象类不能被直接实例化,其目的是提供一个合适的超类,以派生其他类。

用于实例化对象的类称为具体类。这种类实现它们声明的所有方法,其中就包括继承自抽象超类的方法。抽象超类是一般类,可以看成是对其所有子类的共同行为的描述,并不创建出真实的对象。在创建对象之前,需要更为专业化的类,即抽象超类的具体子类(非抽象子类),具体类中必须提供该抽象类中所有抽象方法的实现。

【例 5-7】 扩展抽象类的使用。

```
abstract class Example0507                          //抽象类 Example0507
{
    int x;
    abstract int m1();
    abstract int m2();
}
abstract Example0507_1 extends Example0507          //抽象类 Example0507_1
{
    int y;
    int m1()                                        //实现了抽象方法 m1()
    {
        return x+y;
    }
}
class Example0507_2 extends Example0507_1           //类 Example0507_2,
{
    int z;
    int m2()                                        //实现了抽象方法 m2()
    {
        return x+y+z;
    }
}
```

在例 5-7 中,类 Example0507_1 和 Example0507_2 会继承其父类 Example0507 中的所有方法(包括成员方法和抽象方法)。子类只有覆盖实现其父类中的所有抽象方法才能被定义成非抽象类(如子类 Example0507_2),否则也只能被定义成抽象类(如子类 Example0507_1)。

5.3 接口

与类一样,接口也是一种引用类型。从本质上讲,接口是一种特殊的抽象类,这种抽象类中只包含常量和方法的定义,而没有方法的实现。那么,为什么要使用接口呢?这是由于
- 通过接口可以实现不相关类的相同行为,而无须考虑这些类之间的层次关系。
- 通过接口可以指明多个类需要实现的共同方法。
- 通过接口可以了解对象的交互界面,而无须了解对象所对应的类。

5.3.1 接口的定义

在 Java 中,接口是由一些常量和抽象方法所组成,接口中也只能包含这两种元素。一个接口的声明跟类的声明是一样的,只不过把 class 关键字换成了 interface,接口定义的一般格式如下:

```
[public] interface <接口名>[extends <直接超接口名表>]{
    <类型><有名常量名>=<初始化表达式>;…
    <返回类型><方法名>(<形参表>);…
}
```

有 public 修饰的接口能被任何包中的接口或类访问;没有 public 修饰的接口只能在所在包内被访问。

接口中的方法默认为抽象方法,不提供具体的实现,其方法体用分号代替。其中,接口中的变量必须是 public static final 修饰的,接口中的方法必须是 public abstract 的。如果不使用这些修饰符,Java 编译器会自动加上。

【例 5-8】 接口定义。

```
interface A{
    void method1(int i);
    void method2(int j);
}
```

在上面的接口 A 中,定义了两个方法,这两个方法虽然只有返回类型,但是系统会自动为这两个方法加上 public abstract 进行修饰。

5.3.2 接口的实现

有了接口之后,任何类想要拥有接口所定义的方法,就必须去实现这个接口。继承类使用 extends 关键字,而实现接口则使用 implements 关键字。在实现类中可以使用接口中定义的常量,而且必须实现接口中定义的所有方法,否则子类就变为抽象类了。

一个实现例 5-8 中接口 A 的实现类如下:

```
class B implements A{
    public void method1(int i){ … }
    public void method2(int j){ … }
}
```

虽然类只允许单继承,但是利用接口可以实现多重继承,即一个类可以实现多个接口,在 implements 子句中用逗号分隔。

【例 5-9】 一个类在继承同时实现多个接口。

```
/*源文件名:Chair.java*/
interface Sittable{
    void sit();
}
interface Lie{
    void sleep();
}
interface HealthCare{
    void massage();
}
class Chair implements Sittable{
    public void sit(){}
}
/* interface Sofa extends Sittable,Lie          //接口可以实现多重继承,用逗号相隔
{
}*/
class Sofa extends Chair implements Lie,HealthCare
                                    /*一个类既可从父类中继承,同时又可实现多个接口*/
{
    public void sleep(){}
    public void massage(){}
}
```

在例 5-9 中,定义了三个接口 Sittable、Lie 和 HealthCare。定义了 Chair 类实现 Sittable 接口,Sofa 类继承自 Chair 类,又实现了 Lie 和 HealthCare 接口。

接口最主要的一个功能是让不同的实现类拥有相同的访问方式,用户不需要知道用什么类实现的,只要知道这个接口提供了哪些方法即可。

5.3.3 引用类型的转换

介绍完继承和接口,再来看引用类型的转换,其实第 4 章说到对象多态的概念时,已经见过引用类型转换的运算了,即父类和子类之间的转换,下面讨论这些类型转换运算使用上的一些限制。

类和类之间的类型转换只能用在父子类之间,不能用在兄弟类之间,更不用说是根本不相关的两个类之间。所谓引用类型转换,就是指对象引用值的类型转换处理。当把一个对象引用值赋给一个不同类型的引用变量时,系统将进行如下的引用类型赋值转换处理:

```
<旧类型> obj1;
...
<新类型> obj2=obj1;                          //引用赋值转换
```

说明:

(1) 子类向父类转换时,属于自动类型转换。引用类型赋值转换必须遵循一些规则,这些规则将在编译时由编译系统进行检验,违反这些规则将产生编译期错误。引用类型赋值转换的一般规则如下:

- 如果旧类型是类,那么新类型可以是类也可以是接口。若新类型是类,则该类必须是旧类型类的超类(或相同);若新类型是接口,则旧类型类必须实现该接口。
- 如果旧类型是接口,那么新类型必须是接口或者是 Object 类。若新类型是接口,则新类型必须是旧类型的超接口(或相同)。

在方法调用中,如果方法的形参是引用类型,那么实参的引用值必须能够赋值转换成形参的引用类型。参数传递时,将自动进行引用赋值转换。

(2) 父类要类型转换成子类时,必须使用强制类型转换。强制类型转换的语法同一般基本的数据类型转换的语法一样,用小括号操作符配合要类型转换的类来完成。

引用类型强制转换的一般格式如下:

```
<旧类型> obj1;
<新类型> obj2;
...
obj2=(<新类型>)obj1;                        //引用强制类型转换
```

引用类型强制转换不但有编译期规则,而且有运行期规则。编译期规则在编译时检验,运行期规则在运行时检验。

如果一个引用类型强制转换违反运行期规则,将抛出如下异常:

```
java.lang.ClassCastException
```

下面是引用类型转换的几个例子(子类 Rectangle 继承自父类 Shapes):

```
Rectangle r=new Rectangle();         //创建 Rectangle 类型实例 r
Shapes s=r;                          //将 Rectangle 型引用自动转换成 Shapes 型
Object o=s;                          //将 Shapes 型引用自动转换成 Object 型
s=(Shapes)o;                         //将 Object 型引用强制转换成 Shapes 型
r=(Rectangle)s;                      //将 Shapes 型引用强制转换成 Rectangle 型
```

注意: Java 8 新特性中,接口中可以使用 default 关键字定义默认方法,包含实现代码;接口可以声明静态方法。

5.4 包

为了便于管理大型软件系统中数目众多的类,解决类命名冲突的问题,Java 引入了包(package)。在 Java 语言中,包是一种用于组织类、创建类名空间和控制类访问的机制,包是类的集合,也是一种封装工具。

5.4.1 包及其使用

包是类的容器,一个包可以包含许多类,而一个类总是属于某个包,Java 系统将包对应于文件系统的目录,下面介绍声明包的语句以及导入包的语句。

1. package 语句

一个 Java 源文件至多只能有一个 package 语句,package 语句必须是文件中的第一条语句。也就是说,在 package 语句之前,除了空白和注释之外不能有任何语句。package 语句用于指明源文件中定义的类和接口属于哪个包。如果不加 package 语句,则指定为默认包或无名包。

包对应着文件系统的目录层次结构。在 package 语句中,用句点"."来指明包(目录)的层次。

例如,假设 App 是包 test.graph.shape 中的一个类,那么其完整的类名为:

test.graph.shape.App

Java 解释系统通过这种完整的类名来定位类。

2. import 语句

Java 提供 import 语句以简化指定完整类名的编码方式。import 语句有下面两种格式。

(1) 引入包中的类。

import <包名>.<类名>;

例如:

import java.io.File;

(2) 引入整个包。

import <包名>.*;

例如:

import java.io.*;

在同一包中的类可以互相引用,无须 import 语句。若不在同一个包中,引用类前必须先用 import 导入包中的类,例如下面的代码:

程序 1:

```
package com.wang;                    //声明 com.wang 包
public class Test2{}                 //com.wang 包中定义的 Test2 类
```

程序 2:

```
package cn.mybole;                   //声明 cn.mybole 包
import com.wang.Test2;               //导入 com.wang.Test2 类
```

```
class Test {}                              //cn.mybole包中定义的 Test 类
```
Java 源文件的一般格式如下：

```
[<package 语句>]
[<import 语句>…]
[<类或接口定义>…]
```

其中,package 语句、import 语句和类型(类或接口)定义都是可选的,如果有,则必须按上述顺序出现。

3. JDK 中常用的包

JDK 常用的包如下。
- java.lang：语言包。
- java.util：实用工具包。
- java.awt：抽象窗口工具包。
- java.swing：轻量级的窗口工具包,这是目前使用最广泛的 GUI 程序设计包。
- java.io：输入输出包。
- java.net：网络函数包。
- java.applet：编制 applet 须用到的包。

5.4.2 访问控制

伴随 package 机制所派生出的最后一个问题,就是访问权限修饰符的使用问题。类、包和访问修饰符共同构建了 Java 访问控制机制。Java 访问权限的修饰符共有三个：public、protected、private。public 既可以修饰类,也可以修饰成员变量和方法,而 protected 和 private 只能修饰成员变量和方法。

1. 类的说明符

(1) 类的访问级别有以下两种。

public 修饰的类：既可在类所在的包中被访问,也可以在其他包中被访问。

default(不加访问说明符修饰的类)：只能在该类所在的包内被访问。

(2) 类的其他修饰符如下。

final 修饰的类：表示该类为最终类,是不能派生出子类的。

abstract 修饰的类：表示该类为抽象类,应至少包含一个抽象方法。语法上允许不包含抽象方法的抽象类存在,但没有实际意义。

2. 类成员的修饰符

(1) 类成员的访问修饰符如表 5-1 所示,其访问权限从大到小顺序如下。

① public：可以在任何位置被访问。

② protected：既可以在它所在包中的类内被访问,也可以在其他包中的子类内被访问。

③ default(不加访问说明符时)：只能在所在的包中的类内被访问。

④ private：只能在所在的类内被访问。

表 5-1 类成员的访问修饰符

修 饰 符	作 用
public	说明公共成员,可以在类外被使用
protected	说明保护成员,在同一包中或子类中被使用
default(默认值)	说明包作用域成员,该成员只能在同一包中被使用
private	说明私有成员,该成员只能在类中访问

(2) 类成员的其他修饰符如下。
① static:静态成员。
② final:最终方法和有名常量。
③ abstract:抽象方法。
④ native:本地方法,本地方法不能被修饰成 abstract。
⑤ synchronized:同步方法,用于保证多线程之间的同步。

5.5 内部类

简单地说,嵌套在另一个类中定义的类就是内部类(Inner Classes)。包含内部类的类就称为外部类(Outer Classes)。

5.5.1 认识内部类

内部类经常用于对图形用户界面程序中的事件处理(将在后面详细讲解,对于某些类型的事件内部类如何被用来简化代码)。内部类的存在主要有两个目的:

(1) 可以让程序设计中逻辑上相关的类结合在一起。有些类必须要伴随另一个类存在才有意义,如果两者分开,可能在类的管理上比较麻烦,所以可以把这样的类写成一个 Inner Class。

(2) Inner Class 可以直接访问外部类的成员。包括声明为 private 的成员。

下面的程序定义了一个内部类。

【例 5-10】 内部类的声明。

```
class Outer                              //这是一个外部类
{
  int outer_x=100;                       //外部类成员
  class Inner                            //这是一个内部类
  {
     void display()                      //内部类成员
     {
       System.out.println("display: outer_x="+outer_x);
     }
  }
}
```

在本程序中,类 Inner 嵌套在另一个 Outer 类中定义,类 Inner 就是内部类(Inner Class)。包含内部类的 Outer 类称为外部类。

按照 Inner Class 声明的位置,可以把它分成两种:一种是成员式的类,就像属性、方法一样,把一个类声明为另一个类的成员;另一种是区域式的类,也就是把类声明在一个方法之中。由这两种方式所派生出来的内部类,按其存在范围又分成 4 种级别,一是对象级别的,二是类级别的,三是区域变量级别,四是匿名级别。前两种级别是属于成员式的内部类,后两种级别是属于区域式的内部类,下面介绍这 4 种级别的内部类。

5.5.2 成员式内部类——对象成员内部类

1. 创建对象成员内部类(非静态内部类)

创建对象成员内部类(即非静态内部类)很容易,只需要定义一个类让该类作为其他类的非静态成员。该非静态内部类和成员变量或成员方法没有区别,同样可以在非静态内部类前面加可以修饰成员的修饰符。例 5-10 就声明了一个非静态的内部类 Inner 类,还可以在 Inner 内部类前面加上修饰成员的修饰符 private。这对于一个正常的类是不可能做到的,但是作为对象成员的内部类是可以的。

2. 在内部类中访问外部类

在内部类中访问外部类,就像同一个类中成员互相访问一样,是没有限制的,包括声明为 private 的成员。

【例 5-11】 在内部类中访问外部类成员。

```java
/*源文件名:InnerTest1.java*/
class Outer{
  int i=100;
    class Inner
    {
      public void method()   {
        System.out.println("外部类中的成员变量:"+i);
      }
    }
  }
public class InnerTest1{
    public static void main(String[] args)    {
        Outer ot=new Outer();
        Outer.Inner in=ot.new Inner();
        in.method();
    }
}
```

程序运行结果:

外部类中的成员变量:100

在例 5-11 中,程序的第 5 行在内部类中定义了一个 method 方法,可以在该方法内访问外部类中的成员变量 i,就像成员方法之间的调用一样。

3. 在外部类中访问内部类

在外部类中访问内部类是比较容易的,只要把内部类看成是一个类,然后创建该类的对象,使用对象来调用内部类中的成员即可。

【例 5-12】 在外部类中访问内部类成员。

```
/*源文件名:InnerTest2.java*/
class Outer{
  class Inner{
    int i=50;
  }
  public void method(){
    Inner n=new Inner();
    int j=n.i;
    System.out.println("内部类的变量值为"+j);
  }
}
public class InnerTest2{
  public static void main(String[] args){
    Outer ot=new Outer();
    ot.method();
  }
}
```

程序运行结果:

内部类的变量值为 50

在例 5-12 中,内部类本身仍然是一个类,所以在它内部第 3 行定义了变量 i。如果想要访问变量 i,就要先产生一个内部类的对象 n,通过对象来访问成员变量 i,具体代码见外部类中定义成员方法 method 方法。运行时,还需要创建外部类对象 ot 来调用 method 方法。

4. 在外部类外访问内部类

在外部类外访问内部类的基本语法如下:

```
Outer.Inner in=new Outer().new Inner();
```

或者拆分成如下两条语句:

```
Outer ot=new Outer();
Outer.Inner in=ot.new Inner();
```

上面语句是先创建一个外部类的对象,然后让该外部类对象调用创建一个内部类对象。

【例 5-13】 在外部类外访问内部类成员。

```
/*源文件名:InnerTest3.java*/
class Outer{
    class Inner{
        int i=50;
        int j=100;
    }
}
public class InnerTest3{
    public static void main(String[] args)    {
        Outer.Inner in1=new Outer().new Inner();
        Outer ot=new Outer();
        Outer.Inner in2=ot.new Inner();
        System.out.println("内部类中的变量 i 的值为:"+in1.i);
        System.out.println("内部类中的变量 j 的值为:"+in2.j);
    }
}
```

程序运行结果:

内部类中的变量 i 的值为:50
内部类中的变量 j 的值为:100

在外部类外访问内部类时,是不能够直接创建内部类对象的,因为内部类只是外部类的一个成员。所以,要想创建内部类对象,首先要创建外部类对象,然后以外部类对象为标识来创建内部类对象。

如果内部类被修饰成 private,成为私有的成员,那么就不能在外部类外来访问私有的内部类了。还需要注意的是,凡是内部类,其名字都不能和封装它的类名字相同。

5.5.3 成员式内部类——静态内部类

1. 创建静态内部类

创建静态(static)内部类的形式和创建非静态内部类的形式相似,只是使用 static 修饰符来声明一个内部类。

```
class Outer{
  static class Inner                    //静态内部类
  {
        //内部类成员
  }
  //外部类成员
}
```

对于静态内部类来说,它只能访问其封装类中的静态成员(包括方法和变量)。

2. 在外部类中访问静态内部类

在外部类中访问静态内部类和在外部类中访问非静态内部是一样的,类似成员间的访问。

【例 5-14】 在外部类中访问静态内部类成员。

```
/*源文件名:InnerTest4.java*/
class Outer{
  static class Inner{
    int i=50;
    static int k=100;
    }
  public void method(){
    Inner n=new Inner();
    int j=n.i;
    System.out.println("静态内部类的实例变量值为"+j);
    System.out.println("静态内部类的静态变量值为"+Inner.k);
    }
}
public class InnerTest4 {
    public static void main(String[] args){
        Outer ot=new Outer();
        ot.method();
    }
}
```

程序运行结果：

静态内部类的实例变量值为 50
静态内部类的静态变量值为 100

3. 在外部类外访问静态内部类

静态内部类是外部类的静态成员，所以是不需要依附外部类对象而存在的，在外部类外对静态内部类进行访问时不需要创建外部类对象。

【例 5-15】 在外部类外访问静态内部类成员。

```
/*源文件名:InnerTest5.java*/
class Outer
{
    static class Inner
    {
      int i=50;
      static int j=100;
    }
}
public class InnerTest5
{
```

```java
    public static void main(String[] args)
    {
        Outer.Inner in=new Outer.Inner();              //创建内部类对象
        System.out.println("静态内部类中实例变量 i 的值为:"+in.i);
        System.out.println("静态内部类中静态变量 j 的值为:"+Outer.Inner.j);
    }
}
```

程序运行结果：

静态内部类中实例变量 i 的值为:50
静态内部类中静态变量 j 的值为:100

比较例 5-14 和例 5-15 可以看出，在访问静态内部类的静态成员时是不需要创建内部类对象的，但是在访问静态内部类的非静态成员时仍需创建内部类对象。

另外，在对象成员内部类中，是不能定义静态成员的，包括变量、方法和语句块，除非是一个用 final 修饰的静态常量。

5.5.4 局部内部类

1. 创建局部内部类

局部(local)内部类是定义在方法体或更小的语句块中的类。它的使用如同方法体中的局部变量，所以不能为它声明访问控制修饰符。与对象成员内部类相同，局部内部类也不能含有 static 成员，除非是一个用 final 修饰的静态常量。这里需要注意的是，在局部内部类和后面将要介绍的匿名内部类中可以引用方法中声明的变量，但这些变量必须是个常量，也就是说，在声明时该变量前应加上 final 这个关键字。原因很简单，成员变量和局部变量之间的一个比较大的差别是成员变量会自动指定初始值，而局部变量则必须手动指定初始值，如果局部变量还没有指定初始值就使用的话，程序在编译时就会产生错误，因此为了确保局部内部类中不会访问到未被指定初始值的局部变量，只能限制读取常量，因为常量在声明时就必须要设置其数值，如果没有设置，程序在编译时一样会产生错误消息。

【例 5-16】 创建和访问局部内部类。

```java
/*源文件名:InnerTest6.java*/
class Outer{
    public void method(){
        class Inner                              //定义一个局部内部类
        {
            int i=50;                            //局部内部类的成员变量
        }
        Inner n=new Inner();
        System.out.println("局部内部类的成员变量为:"+n.i);
                                                 /*通过内部类对象 n 来调用变量 i*/
    }
}
```

```
public class InnerTest6{
    public static void main(String[] args){
        Outer ot=new Outer();              //创建外部类对象
        ot.method();                        //调用内部类中成员
    }
}
```

程序运行结果：

局部内部类的成员变量为:50

2. 在局部内部类中访问外部类成员变量

在局部内部类中可以直接调用外部类的成员变量。

【例 5-17】 在局部内部类中访问外部类成员变量。

```
/*源文件名:InnerTest7.java*/
class Outer{
    int i=30;
    public void method()    {
      class Inner                           //定义一个局部内部类
      {   public void innerMethod(){
          System.out.println("外部类的成员变量值为:"+i);
        }
      }
      Inner n=new Inner();
      n.innerMethod();
    }
}
public class InnerTest7{
    public static void main(String[] args){
        Outer ot=new Outer();              //创建外部类对象
        ot.method();                        //调用内部类中成员
    }
}
```

程序运行结果：

外部类的成员变量值为:30

从运行结果可以看出，在内部类中可以成功访问外部类的成员变量。

5.5.5 匿名内部类

匿名（anonymous）内部类顾名思义就是没有类名的内部类，所以既没有构造方法，也没有任何修饰符来声明它。一般来说，匿名内部类经常用于 AWT 和 Swing 中的事件处理。匿名内部类总是用来扩展一个现有的类，或者实现一个接口。

匿名内部类是没有名字的,在创建匿名内部类时要同时创建匿名内部类的对象,语法格式如下:

```
new InnerFather()
//InnerFather 是匿名内部类继承的父类的类名或实现的接口名,用 new 来创建匿名内部类的对象
{
    //匿名内部类
};
```

【例 5-18】 创建匿名内部类的程序。

```
/*源文件名:InnerTest8.java*/
class InnerFather
{
    public void method()                    //父类中的方法
    {
      System.out.println("这是内部类父类的方法");
    }
}
public class InnerTest8
{
    public static void main(String[] args)
    {
      InnerFather nf=new InnerFather()
                          //创建匿名内部类,实例化的对象其实是 InnerFather 的子类对象
      {
        public void method()              //重写父类中的方法
        {
          System.out.println("这是匿名内部类的方法");
        }
      };
      nf.method();                        //调用匿名内部类中的方法
    }
}
```

程序运行结果:

这是匿名内部类的方法

注意:在创建匿名内部类的同时必须创建匿名内部类对象,否则以后将不能创建匿名内部类对象。

5.6 项目案例

5.6.1 学习目标

(1)掌握类的继承和包的机制。

(2) 熟悉类中成员变量和方法的访问控制。
(3) 掌握方法的重写。
(4) 理解类的继承和多态。

5.6.2 案例描述

设计一个类 Shape(图形)，包含求面积和周长的 getArea() 方法和 getPerimeter() 方法以及颜色的 set/get 方法，并利用 Java 多态技术设计其子类 Circle(圆形)类、Rectangle(矩形)类和 Triangle(三角形)类，分别实现相应的求面积和求周长的方法。每个类都要覆盖 toString 方法。

5.6.3 案例要点

本案例主要在于 Java 继承和多态性。Java 继承机制只支持单一继承，即子类只能继承一个超类。掌握子类定义的形式和子类的类成员继承情况，以及在子类中重写父类中成员方法的规则。加强对多态性的理解，明确实现多态的几个要点：继承、方法重写、子类对象声明超类类型和运行时类型识别(RunTime Type Identification，RTTI)。

5.6.4 案例实施

案例代码如下：

```java
/*源文件名:Shape.java*/

//Class 包
//package Class;
import java.util.Scanner;
class Shape {
    private String color="white";
    public Shape(String color){
        this.color=color;
    }
    public void setColor(String color){
        this.color=color;
    }
    public String getColor(){
        return color;
    }
    public double getArea(){
        return 0;
    }
    public double getPerimeter(){
        return 0;
    }
    public String toString(){
```

```java
        return "color:"+color;
    }
}

/*源文件名:Circle.java*/

//package Class;
class Circle extends Shape {
    private double radius;
    public Circle(String color,double radius){
        super(color);
        this.radius=radius;
    }
    public void setRadius(double radius){
        this.radius=radius;
    }
    public double getRadius(){
        return radius;
    }
    public double getArea(){
        return 3.14 * radius * radius;
    }
    public double getPerimeter(){
        return 3.14 * 2 * radius;
    }
    public String toString(){
        return "The Area is:"+getArea()
                +"\nThe Perimeter is:"+getPerimeter();
    }
}

/*源文件名:Rectangle.java*/

//package Class;
class Rectangle extends Shape{
    private double width;
    private double height;
    public Rectangle(String color,double width,double height){
        super(color);
        this.width=width;
        this.height=height;
    }
    public void setWidth(double width){
        this.width=width;
    }
    public double getWidth(){
```

```java
        return width;
    }
    public void setHeight(double height){
        this.height=height;
    }
    public double getHeight(){
        return height;
    }
    public double getArea(){
        return width * height;
    }
    public double getPerimeter(){
        return 2 * (width+height);
    }
    public String toString(){
        return "The Area is:"+getArea()
                +"\nThe Perimeter is:"+getPerimeter();
    }
}

/*源文件名:Triangle.java*/
//package Class;
 class Triangle extends Shape{
    private double a;
    private double b;
    private double c;
    private double s;
    public Triangle(String color,double a,double b,double c){
        super(color);
        this.a=a;
        this.b=b;
        this.c=c;
        this.s=getPerimeter()/2;
    }
    public void setA(double a){
        this.a=a;
    }
    public double getA(){
        return a;
    }
    public void setB(double b){
        this.b=b;
    }
    public double getB(){
```

```java
        return b;
    }
    public void setC(double c){
        this.c=c;
    }
    public double getC(){
        return c;
    }
    public double getArea(){
        return Math.sqrt(s * (s-a) * (s-b) * (s-c));
    }
    public double getPerimeter(){
        return a+b+c;
    }
    public String toString(){
        return "The Area is:"+getArea()
                +"\nThe Perimeter is:"+getPerimeter();
    }
}

/*源文件名:Test.java*/

//package Main;
/*import Class.Shape;
import Class.Circle;
import Class.Rectangle;
import Class.Triangle;
import java.util.Scanner;
*/
public class Test {
    public static void main(String[] args){
        Scanner input=new Scanner(System.in);
        System.out.print("请输入圆的半径：");
        double radius=input.nextDouble();
        Shape shape=new Circle(null, radius);
        System.out.println(shape.toString());
        System.out.print("\n请输入矩形的宽：");
        double width=input.nextDouble();
        System.out.print("请输入矩形的高：");
        double height=input.nextDouble();
        shape=new Rectangle(null, width, height);
        System.out.println(shape.toString());
        System.out.print("\n请输入三角形的第一条边 a：");
        double a=input.nextDouble();
        System.out.print("请输入三角形的第二条边 b：");
```

```
            double b=input.nextDouble();
            System.out.print("请输入三角形的第三条边 c：");
            double c=input.nextDouble();
            shape=new Triangle(null, a, b, c);
            System.out.println(shape.toString());
        }
    }
```

运行结果如图 5-1 所示。

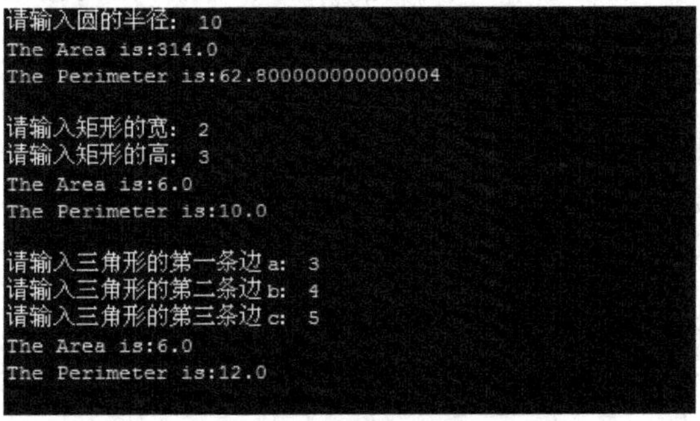

图 5-1　案例运行结果

5.6.5　特别提示

海伦公式：三角形的面积＝s(s－a)(s－b)(s－c)的开方，其中 s＝(a＋b＋c)/2。
圆形的面积＝πr^2，其中 π 是 Math 类中定义的常量，定义的形式如下：

```
public static final double PI
```

因为是 static 修饰的，所以用类名 Math 直接调用该常量，Math.PI 即可。

5.6.6　拓展与提升

在上面的代码中，定义包的代码已被注释了，如果想练习包的使用，可以去掉注释。分别把类定义在不同的包中，然后相互引用，需要在每个源文件的开始分别加上 package 包的定义和 import 导入语句。

本 章 总 结

本章深入介绍了 Java 面向对象程序设计的概念，详细介绍了 Java 语言的高级特性。

- 继承为软件的可重用和可扩充提供了重要的手段。通过继承机制，可以扩展已有超类产生子类。继承是实现客观世界中"一般"—"特殊"关系的一种机制。介绍了成员变量隐藏和方法覆盖。
- 接口的定义和类定义很像，就是用 interface 代替 class 来定义一个接口，接口定义的内容主要是两部分：一部分是有名常量，默认用 public static final 修饰；另一部分是抽象方法，默认用 public abstract 修饰。
- 包是一种类名空间机制。同一个包中的类（包括接口）不能重名，不同包中的类可以重名。包也是一种封装机制。包、类和访问修饰符共同形成了 Java 的访问控制机制。
- 嵌套在另一个类中定义的类称为内部类（Inner Class）。包含内部类的类称为外部类。内部类按它的存在范围又分成 4 种级别：第一级是对象级别的，第二级是类级别的，第三级是区域变量级别，第四级是匿名级别。前两种级别是属于成员式的，后两种级别是属于区域式的。
- 匿名内部类可以访问类成员和对象成员，若要访问方法的变量，则该变量必须为 final 变量。
- 成员式内部类扩展说明如下：
  - ◆ 可以是一个抽象类（abstract）。
  - ◆ 可以是一个接口（interface）。
  - ◆ 可以使用任一个访问权限修饰符。
  - ◆ 可以使用 static 修饰符（类成员）。
  - ◆ 成员式内部类中的成员若要使用 static 修饰符，则该 Inner class 也必须使用 static 修饰符。

习　　题

一、选择题

1. 选择访问下面程序中 B 类的正确方法（　　）。

```
public class A{
    public static class B{
        public static void myvoid(){}
    }
}
```

　　A) A.B a=new A.B();　　　　　　　B) A.B a=new B();
　　C) B a=new B();　　　　　　　　　D) A a=new A.B();

2. 选择下面程序的运行结果（　　）。

```
class A{
    A()    {
        System.out.print("A");
    }
    class B {
        B(){
            System.out.print("B");
        }
        public void myVoid1(){
            System.out.println("C");
```

```
        }
      }
      public static void main(String args[]){
        A a=new A();
        a.myVoid2();
      }
      public void myVoid2(){
        B b=new B();
        b.myVoid1();
      }
}
```

  A) ABC   B) AB   C) AC   D) B

3. 下面的程序输出的结果是（   ）。

```
public class A implements B {
  public static void main(String args[]){
    int i;
    A c1=new A();
    i=c1.k;
    System.out.println("i="+i);
  }
}
interface B {
  int k=10;
}
```

  A) i=0   B) i=10

  C) 程序有编译错误   D) i=true

4. 下列说法正确的是（   ）。

  A) Java 语言只允许单一继承

  B) Java 语言只允许实现一个接口

  C) Java 语言不允许同时继承一个类并实现一个接口

  D) Java 语言的单一继承使得代码更加可靠

二、填空题

内部类可以分为_____、_____、_____和_____。

三、简答题

1. 类及类成员的访问控制符有哪些？

2. 关键字 static 可以修饰哪些类的组成部分？

3. 阅读下面的程序，说明程序的输出结果。

```
public class UseRef{
    public static void main(String args[]){
```

```
            MyClass1 myobj,myref;
            myobj=new MyClass1(-1);
            myref=myobj;
            System.out.println("the original data is:"+myobj.getData());
            myref.setData(10);
            System.out.println("now the data is:"+myobj.getData());
        }
    }
    class MyClass1{
        int data;
        MyClass1(int d){
            data=d;
        }
        int getData(){
            return data;
        }
        void setData(int d){
            data=d;
        }
    }
```

4. 抽象方法有什么特点？抽象方法的方法体在何处定义？定义抽象方法有什么好处？

5. final 修饰符可以用来修饰什么？被 final 修饰符修饰后有何特点？

6. 接口中包括什么？接口中的各成员的访问控制符是一样的吗？各是什么？

7. 创建接口使用什么关键字？接口可以有父接口吗？试书写语句创建一个名为 MyInterface 的接口，它是继承了 MySuperInterface1 和 MySuperInterface2 两个接口的子接口。

8. 实现接口的类是否必须覆盖该接口的所有抽象方法？

9. 实现接口的抽象方法时，方法头应该与接口中定义的方法头完全一致，但是有时需要增加一个 public 修饰符，为什么？

四、编程题

1. 编写 Shape 类、Rectangle 类和 Circle 类。其中，Shape 类是父类，其他两个类是子类。Shape 类包含两个属性：x 和 y，以及一个方法 draw()；Rectangle 类增加了两个属性：长度和宽度；Circle 类增加了一个属性：半径。使用一个主方法来测试 Shape 中的数据和方法可以被子类继承，然后分别在两个子类中重写 draw()方法并实现多态。

2. 编写一个类实现复数的运算。要求至少实现复数相加、复数相减、复数相乘等功能。

3. 编程创建一个 Box 类，其中定义三个变量表示一个立方体的长、宽和高，定义一个构造方法对这三个变量进行初始化，然后定义一个方法求立方体的体积。创建一个对象，求给定尺寸的立方体的体积。

4. 定义一个学生类(Student)，属性包括：学号，班号，姓名，性别，年龄，班级总人数；方法包括：获得学号，获得班号，获得姓名，获得性别，获得年龄，获得班级总人数，修改学号，修改班号,修改姓名,修改性别,修改年龄,以及一个 toString()方法将 Student 类中的所有属性组合成一个字符串。定义一个学生数组对象。设计程序进行测试。

5. 设计一个人员类(Person),其中包含一个方法 pay,代表人员的工资支出。再从 Person 类派生出教师类(Teacher)和大学生类(CollegeStudent),

教师：工资支出＝基本工资＋授课时数×30

大学生：奖学金支出

将人员类定义为抽象类,pay 为抽象方法,设计程序实现多态性。

五、简答题

1. 一般的类可以使用哪几个访问权限修饰符？
2. Inner class 可以使用哪几个访问权限修饰符？
3. 什么是继承？继承的特性可给面向对象编程带来什么好处？
4. Java 是否支持类之间的多重继承？

第 6 章　Java 实用类与接口

本章重点

- Object 类。
- 字符串类(String 类和 StringBuilder 类)。
- 封装类。
- System 与 Runtime 类。
- 集合(Collection)。
- 泛型(Generics)。
- 时间及日期处理类(Date 类、Calendar 类和 DateFormat 类)。
- 算术实用类(Math 类和 Random 类)。
- 枚举(Enumeration)。
- 注解(Annotation)。
- Lamda 表达式。

学习目的与要求：

本章学习 Java 实用类及接口，包括：Object 类，字符串处理类(String 类、StringBuilder 类)，各基本数据类型对应的封装类，System 与 Runtime 类，集合(Collection)，泛型(Generics)，时间及日期处理类，算术实用类，枚举(Enumeration)，注解(Annotation)，以及 Lamda 表达式。

6.1　Object 类

Java 中有一个特殊的类，它是所有类的最根本父类，位于类层次结构的最高点，这就是 Object 类。如果一个类没有明确使用 extends 关键字继承自某个类的话，那么这个类就默认继承了 Object 类。由于所有的类都是 Object 类的直接或间接子类，所以 Object 类中的方法适用于所有类。表 6-1 是 Object 类的方法摘要。

表 6-1　Object 类的方法摘要

方　　法	说　　明
protected Object clone()	创建并返回此对象的一个副本
boolean equals(Object obj)	指示某个其他对象是否与此对象"相等"
protected void finalize()	当垃圾回收器确定不存在对该对象的更多引用时，由对象的垃圾回收器调用此方法
Class<?> getClass()	返回一个对象的运行时类

续表

方　　　法	说　　　明
int hashCode()	返回该对象的哈希代码值
void notify()	唤醒在此对象监视器上等待的单个线程
void notifyAll()	唤醒在此对象监视器上等待的所有线程
String toString()	返回该对象的字符串表示
void wait()	导致当前的线程等待，直到其他线程调用此对象的 notify()方法或 notifyAll()方法
void wait(long timeout)	导致当前的线程等待，直到其他线程调用此对象的 notify() 方法 或 notifyAll() 方法，或者超过指定的时间量
void wait(long timeout, int nanos)	导致当前的线程等待，直到其他线程调用此对象的 notify() 方法 或 notifyAll() 方法，或者其他某个线程中断当前线程，或者已超过某个实际时间量

1. hashCode()方法

方法定义：

```
public int hashCode()
```

方法功能：返回该对象的哈希代码值。由 Object 类定义的 hashCode()方法确实会针对不同的对象返回不同的整数。

2. equals(Object obj)方法

方法定义：

```
public boolean equals(Object obj)
```

方法功能：指示某个其他对象是否与此对象"相等"。

Object 类中的 equals()方法只是简单地使用双等号"=="运算符测试两个引用值是否相等，即判断当前对象与参数对象 obj 是否为同一对象。例如，a.equals(b)，若 a 与 b 指向同一对象，则结果为 true，否则为 false。

但其他类中重写的 equals()方法应该具有如下的功能：

- String 类的 equals()方法可以判断两个 String 类实例是否表示相同的字符串。
- Boolean 类中的 equals() 可以判断两个 Boolean 类实例是否包装有相同的 boolean 值。

在 Java 中，除了 boolean、byte、short、int、long、char、float、double 这 8 种基本数据类型外，其余的都是引用类型。运算符==是比较两个基本类型变量的值是否相等，或两个引用类型变量是否指向同一个对象；而 equals()方法是比较两个对象变量所代表的对象的内容是否相等，只能用于引用类型的比较。

3. finalize()方法

方法定义：

```
protected void finalize() throws Throwable
```

方法功能：当垃圾回收器确定不存在对该对象的更多引用时，由对象的垃圾回收器调用此方法。

子类重写 finalize()方法，以释放系统资源或执行其他清除功能。在对对象进行垃圾收集前，垃圾收集线程会自动调用对象的 finalize 方法。

4．toString()方法

方法定义：

```
public String toString()
```

方法功能：返回该对象的字符串表示。

Object 类的 toString 方法返回一个字符串，该字符串由类名（对象是该类的一个实例）、标记符@和此对象哈希代码的无符号十六进制表示组成。它的值等于：

```
getClass().getName() + '@' + Integer.toHexString(hashCode())
```

Java 中，当需要将一个对象转换成字符串时，系统都会自动调用对象的 toString 方法。建议所有子类都重写此方法。

下面通过两个例子可以看出未覆写及覆写以后对象的输出结果。

【例6-1】 未覆写 toString()方法的对象输出。

```
/*源文件名:ToStringUnOverridden.java */
class Person extends Object {                //extends子句可以省略
    String name="张三";
    int age=20;
}

public class ToStringUnOverridden {
    public static void main(String[] args){
        Person person=new Person();
        System.out.println(person);
    }
}
```

程序运行结果：

```
Person@2a139a55
```

下面是覆写了 toString()方法后的对象输出示例。

【例6-2】 覆写了 toString()方法的对象输出。

```
/*源文件名:ToStringOverridden.java */
class Person {                               //默认派生自Object类
    String name="张三";
    int age=20;
```

```
    //覆写继承自 Object 类的 toString()方法
    public String toString(){
        return "I am "+this.name+", I'm "+this.age+" years old.";
    }
}
public class ToStringOverridden {
    public static void main(String[] args){
        Person person=new Person();
        System.out.println(person);
    }
}
```

程序运行结果：

```
I am 张三, I'm 20 years old.
```

当打印对象时，实际上是调用了对象的 toString()方法，所以在覆写后正确输出了属性值，而非无序的字符串。

```
System.out.println(person);
```

相当于

```
System.out.println(person.toString());
```

6.2 字符串处理

前面已经使用过 String 类相关的对象或方法，下面深入了解字符串的处理方法。字符串是对象，字符串对象可以用文字表示，而用来表示字符串对象的文字称为字符串的字面量。当程序正文中出现字符串文字时，运行系统会为其创建一个 String 实例。实例的内容即为字面量所表示的字符序列，而字面量则被当作对该实例的引用。例如：

```
String s="Hello";
```

另外，运算符"＋"除了可以执行算术加操作外，也可以执行字符串连接操作。只要有一个操作数的类型为 String 型，该运算符就执行字符串连接操作。例如：

```
"x="+10+20
```

输出的表达式结果就为字符串"x＝1020"。

java.lang 包中有两个处理字符串的类 String 和 StringBuilder。String 类描述固定长度的字符串，其内容是不变的，适用于字符串常量。StringBuilder 类描述长度可变且内容可变的字符串，适用于需要经常对字符串中的字符进行各种操作的字符串变量。

总之，String 类表示不变的字符串，StringBuilder 类表示变化的字符串。

6.2.1 String 类

1. 产生 String 对象

可以通过两种方式创建字符串对象：一种是用双引号输入字符串文字，一种是用 new

关键字调用构造方法。如下形式：

```
String str1="Java";
String str2=new String("Java");
```

上面两行代码产生的字符串对象内容虽然都是"Java"，但却是两个不同的字符串对象，第一行用字面量产生的字符串对象会放在一个称为字符串文字池的特殊内存空间里。这个空间中存放的都是字符串常量，所以也称为字符串常量池。字符串文字池的产生源于减少字符串对象重复创建的空间需要，因此，其中不会出现两个内容完全相同的 String 实例。当采用双引号产生字符串对象时，JVM 会先去字符串池中寻找是否存在相同内容的字符串对象，如果有就直接获取它的引用，否则就产生一个新的字符串放到字符串文字池中，再返回引用。

而使用 new 关键字创建的字符串对象将会出现在称为用户空间的堆栈内存中，每使用一次 new 关键字，就一定会有一个新的对象被创建出来。

接下来，数一数下面的代码段中有几个字符串对象被创建出来了。

```
String str1="Java";
String str2="Java";
String str3=new String("Java");
String str4=str3;
```

双等号"=="在应用于对象操作数时，比较的是两个对象的引用是否相同，换句话说，就是比较等号左右两边是否是同一个对象。如果使用比较操作符来判断：

str1==str2；结果为 true，都指向字符串文字池中的同一个对象。

str1==str3；结果为 false，str3 为用户空间中 new 出来的对象。

str3==str4；结果为 true，str4 经过引用赋值得到了 str3 对象的引用。

除了以上两种明确产生字符串对象的方法以外，对字符串的任何连接、裁剪、替换操作都会自动产生新的字符串对象，这些操作通常都有相对应的 String 类方法去实现，而前面提到的加号"+"是最为常见的字符串连接方法。例如：

```
String str5="Hello World!";
String str6="Hello"+" World!";
System.out.println(str5==str6);
```

那么，在字符串文字池中会首先创建一个字面量为"Hello World!"的字符串对象，它的引用赋给 str5。当执行到下一行时，JVM 先在字符串池中查找是否存在内容为"Hello"和"World!"的字符串对象，如果没有则创建，如果有就直接获取各自引用。接下来，计算得到字面量"Hello World!"，由于字符串池中已经存在具有该字面量的对象，那么 str6 也获得了该对象的引用。因此，str5 == str6 的比较结果最终为 true。

2. String 类的构造方法

可以通过构造方法来创建字符串对象。java.lang.String 类中提供了如下多个重载的构造方法：

```
String()
String(byte[] bytes)
String(byte[] bytes, int offset, int length)
String(char[] value)
String(char[] value, int offset, int count)
String(String original)
String(StringBuffer buffer)
String(StringBuilder builder)
```

【例 6-3】 利用构造方法创建字符串对象。

```java
/*源文件名:StringConstructor.java*/
public class StringConstructor {
    public static void main(String args[]){
        char charArray[]={ 'b', 'i', 'r', 't', 'h', ' ', 'd', 'a', 'y' };
        byte byteArray[]={(byte)'n',(byte)'e',(byte)'w',(byte)' ',(byte)'y',
        (byte)'e',(byte)'a',(byte)'r' };
        String s=new String("hello");
        //调用6个不同的构造函数来创建String对象
        String s1=new String();
        String s2=new String(s);
        String s3=new String(charArray);
        String s4=new String(charArray, 6, 3);
        String s5=new String(byteArray, 4, 4);
        String s6=new String(byteArray);
        System.out.println("s1="+s1+"\ns2="+s2+"\ns3="+s3+"\ns4="+s4+"\ns5="+
        s5+"\ns6="+s6);
    }
}
```

程序运行结果：

```
s1=
s2=hello
s3=birth day
s4=day
s5=year
s6=new year
```

3. String 类的常用方法

（1）valueOf()方法：该方法将其他数据类型转换成字符串对象，其参数可以是任何数据类型（byte 类型除外）。它们都是静态的，也就是说直接通过类名就可以调用该方法。

```
static String valueOf(boolean b)
static String valueOf(char c)
static String valueOf(char[] data)
```

```
static String valueOf(char[] data, int offset, int count)
static String valueOf(double d)
static String valueOf(float f)
static String valueOf(int i)
static String valueOf(long l)
static String valueOf(Object obj)
```

以上都是 valueOf()方法的各种重载形式。

【例 6-4】 valueOf()方法的应用。

```
/*源文件名:ValueOfTest.java*/
class MyObject {
    //覆写 Object 类中的 toString()方法
    public String toString(){
        return "example";
    }
}
public class ValueOfTest {
    public static void main(String[] args){
        char c=0x41;                            //大写字母 A 的 ASCII 码值
        int i=0x41;
        boolean b=i==c;
        MyObject obj=new MyObject();
        char[] chars={ 'a', '1', 'b', '2' };
        System.out.print(String.valueOf(b)+" ");
        System.out.print(String.valueOf(c)+" ");
        System.out.print(String.valueOf(i)+" ");
        System.out.print(String.valueOf(obj)+" ");
        System.out.println(String.valueOf(chars)+" ");
    }
}
```

程序运行结果：

true A 65 example a1b2

(2) 长度及定位方法如下。

- int length()方法：获取调用字符串的长度。
- char charAt(int index)方法：取得此调用字符串中指定参数位置的字符。
- boolean startsWith(String prefix)方法：判断参数子串 prefix 是不是某个调用字符串的前缀。
- boolean startsWith(String prefix，int toffset)方法：判断调用字符串在位置 toffset 开始是否以子串 prefix 开头。
- boolean endsWith(String suffix)方法：判断调用字符串是否以子串 suffix 结尾。

- void getChars(int srcBegin, int srcEnd, char[] dst, int dstBegin)方法: srcBegin 指定了子字符串开始的下标, srcEnd 指定了子字符串结束的下一个字符的下标。因此, 子字符串包含了从 srcBegin 到 srcEnd-1 的字符。获得字符的数组由 dst 指定。子字符串将被复制到目标数组 dst 中 dstBegin 指定的位置。必须确保数组 dst 足够大, 以保证能容纳指定子字符串中的字符。

【例 6-5】 length()、charAt()和 getChar()方法的应用。

```java
/*源文件名:StringMethodsUse*/
public class StringMethodsUse {
    public static void main(String args[]){
        String s1="hello there";
        char charArray[]=new char[5];
        System.out.println("s1: "+s1);
        System.out.println("Length of s1: "+s1.length());
                                                //调用 String 类的 length()方法
        System.out.print("The string reversed is: ");
        for(int count=s1.length()-1; count >=0; count--)
            System.out.print(s1.charAt(count)+" ");  //调用 String 类的 charAt()方法
        s1.getChars(0, 5, charArray, 0);        //调用 String 类的 getChars()方法
        System.out.print("\nThe character array is: ");
        for(int count=0; count<charArray.length; count++)
            System.out.print(charArray[count]);
        System.out.println();
    }
}
```

程序运行结果:

```
s1: hello there
Length of s1: 11
The string reversed is: e r e h t   o l l e h
The character array is: hello
```

(3) 字符串检索定位: indexOf()方法和 lastIndexOf()方法。

以下 4 个重载方法返回调用串对象中指定的字符或子串首次出现的位置,从串对象开始处或者从偏移量 fromIndex 处查找。若未找到,则返回-1。

```
int indexOf(int ch)
int indexOf(int ch, int fromIndex)
int indexOf(String str)
int indexOf(String str, int fromIndex)
```

以下 4 个重载方法返回串对象中指定的字符或子串最后一次出现的位置。

```
int lastIndexOf(int ch)
int lastIndexOf(int ch, int fromIndex)
```

```
int lastIndexOf(String str)
int lastIndexOf(String str, int fromIndex)
```

【例 6-6】 字符串检索。

```
class IndexOfExample{
    public static void main(String[] args)    {
        String letters="abcdefghabcdefgh";
        System.out.println("'c'is located at index "+letters.indexOf('c'));
        System.out.println("'a'is located at index "+letters.indexOf('a',1));
        System.out.println("last'a'is located at index "+letters.lastIndexOf('a',10));
    }
}
```

程序运行结果：

```
'c'is located at index 2
'a'is located at index 8
last'a'is located at index 8
```

（4）取子串方法：substring()方法。

```
String substring(int beginIndex)
String substring(int beginIndex, int endIndex)
```

上面是取子串的两个方法，第一个方法是取从 beginIndex 处开始到字符串串尾的子串，第二个方法是取从 beginIndex 开始到 endIndex－1 上的子串。

【例 6-7】 字符串截取和定位。

```
class SubStringExample{
    public static void main(String[] args)    {
        String s="hello Java 语言";
        int n1=s.indexOf('a');
        int n2=s.indexOf("a 语");
        System.out.println("n1="+n1+" n2="+n2);
        char c=s.charAt(2);
        String s1=s.substring(6,10);
        String s2=s.substring(4,7);
        System.out.println("c="+c+" s1="+s1+" s2="+s2);
    }
}
```

程序运行结果：

```
n1=7 n2=9
c=l s1=Java s2=o J
```

（5）字符串比较。

boolean equals(Object anotherObject):字符串相等性比较(区分大小写)。
boolean equalsIgnoreCase(String anotherString):字符串相等性比较(忽略大小写)。
int compareTo(String anotherString):字符串大小比较(区分大小写)。
int compareToIgnoreCase(String Str):字符串大小比较(忽略大小写)。

比较运算符"=="用于确定两个字符串引用是否指向同一个对象,而 equals()与 compareTo()方法则用于比较两个字符串的字面量值,它们都是对两个字符串序列从前到后逐位进行比较。与 equals()仅返回是否相等的布尔值结果不同,compareTo()方法会返回一个整数值。如果调用该方法的串对象大,返回正整数;反之,返回负整数;相等则返回 0。返回的值是两个字符串首次出现不同字符的 ASCII 码值的差值。

【例 6-8】 字符串比较方法的应用。

```java
/*源文件名:StringCompare.java*/
public class StringCompare {
    public static void main(String args[]){
        String s1=new String("hello");
        String s2="goodbye";
        String s3="Happy Birthday";
        String s4="happy birthday";
        System.out.println("s1="+s1+"\ns2="+s2+"\ns3="+s3+"\ns4="+s4);
        if(s1.equals("hello"))        //调用 String 类的 equals()方法判断字符串是否相等
            System.out.println("\ns1 equals \"hello\"");
        else
            System.out.println("\ns1 does not equal \"hello\"");
        //调用 String 类的 equalsIgnoreCase()方法
        //在不区分大小写的情况下判断两字符串是否相等
        if(s3.equalsIgnoreCase(s4))
            System.out.println("s3 equals s4 when ignoring case\n");
        else
            System.out.println("s3 does not equal s4 when ignoring case\n");
        //调用 String 类的 compareTo()方法进行两字符串的大小比较
        System.out.println("s1.compareTo(s2)is "+s1.compareTo(s2)+
            "\ns2.compareTo(s1)is "+s2.compareTo(s1)+"\ns1.compareTo(s1)is "+
            s1.compareTo(s1)+"\ns3.compareTo(s4)is "+s3.compareTo(s4)+"\ns4.compareTo(s3)is "+s4.compareTo(s3));
    }
}
```

程序运行结果:

```
s1=hello
s2=goodbye
s3=Happy Birthday
```

```
s4=happy birthday
s1 equals "hello"
s3 equals s4 when ignoring case
s1.compareTo(s2)is 1
s2.compareTo(s1)is -1
s1.compareTo(s1)is 0
s3.compareTo(s4)is -32
s4.compareTo(s3)is 32
```

(6) 修改字符串的常见方法。

① concat 方法：字符串连接方法。

```
String concat(String str)                //子串 str 连接到调用串对象的后面
```

应用代码如下：

```
"cares".concat("s")                      //返回"caress"
"to".concat("get").concat("her")         //返回"together"
```

② replace 方法：字符串替换方法。

```
String replace(char oldChar, char newChar)
                                         //将字符串对象中的 oldChar 字符替换为 newChar 字符
```

每次对字符串进行修改后,都会产生新的字符串对象。应用代码如下：

```
String s1="abcDEFabc";
s1.replace('c','a')                      //返回"abaDEFaba"
```

如果要替换的旧的字符在主串中找不到,那就不产生新字符串对象,返回原来的字符串对象。如下代码：

```
s1==s1.replace('x','y')                  //返回 true
```

③ String trim()：去掉字符串前后空白字符的方法。

④ String toLowerCase()：将字符串中的字母转换成小写的方法。应用代码如下：

```
"abcDEF".toLowerCase()                   //返回"abcdef"
```

⑤ String toUpperCase()：将字符串中的字母转换成大写的方法。应用代码如下：

```
"abcDEF".toUpperCase()                   //返回"ABCDEF"
```

注意：字符串表示了定长、不可变的字符序列,即字符串对象的内容是不可修改的,任何修改字符串对象内容的方法,都会产生一个新的字符串对象。

6.2.2 StringBuilder

虽然对于 String 对象内容的修改会产生新的 String 对象,进而影响系统的性能,但是有时候必须对字符串进行增减等运算,于是 Java 提供了另一个类让我们对字符串做修改处理却不会产生新的对象,这个类就是 StringBuilder。StringBuilder 类表示了可变长和可写的字符序列。可以向 StringBuilder 对象插入或追加字符及子字符串,StringBuilder 会针对这些操作自动地增加空间;同时,它还会预留比实际需要更多的字符,从而允许增加字符。

Java API 中还有一个类与 StringBuilder 类功能相同,类定义几乎一模一样,但内部实现不同,这就是 StringBuffer 类。二者的区别在于:StringBuilder 类未考虑线程安全问题,系统开销更小、速度更快;而 StringBuffer 类在设计时引入了线程同步,更适用于多线程环境。在绝大多数情况下,对于可变长字符串的处理是没必要考虑多线程问题的,因此,出于程序性能的优化考量,应尽量使用 StringBuilder 类。StringBuffer 类和 StringBuilder 类的方法定义都是相同的,只不过是适用于多线程编程的版本,本节仅介绍更常用的 StringBuilder 类的使用。多线程编程的相关知识将在后面章节深入讲解。

1. StringBuilder 构造方法

StringBuilder 定义了下面三个构造方法:

(1) StringBuilder()。

(2) StringBuilder(int capacity)。

(3) StringBuilder(String str)。

第一个默认构造方法(无参数)用来产生一个空的 StringBuilder 对象,预留了 16 个字符的空间,以后还可以通过方法的操作来增减 StringBuilder 对象中的字符串内容。如果存放的字符数超过原本设置的大小,Java 会自动增加容量。第二种形式接收一个整数参数,用这个数值来产生默认大小的 StringBuilder 对象。第三种构造函数是传入一个 String 对象,将它转换为 StringBuilder 对象,设置 StringBuilder 对象的初始内容,同时多预留了 16 个字符的空间。当没有指定缓冲区的大小时,StringBuilder 分配 16 个附加字符的空间,这是因为再分配在时间上代价很大,而且频繁地再分配会产生内存碎片。StringBuilder 通过预留一些额外的字符空间,减少了再分配操作发生的次数。

2. 长度 length()与容量 capacity()

StringBuilder 类对象的长度是指该对象所表示的字符串的长度,即当前字符串包含的字符个数,通过调用 length()方法可以得到当前 StringBuilder 的长度。

StringBuilder 类对象的容量是指该对象在当前所占存储空间状态下能够表示的最长字符串的长度,通过调用 capacity()方法可以得到总的分配容量。

【例 6-9】 length()和 capacity()方法的使用。

```
/*源文件名:StringBuilderExample.java*/
public class StringBuilderExample{
  public static void main(String args[]){
    StringBuilder sb=new StringBuilder("Hello");
    System.out.println("builder="+sb);
    System.out.println("length="+sb.length());
    System.out.println("capacity="+sb.capacity());
  }
}
```

程序运行结果：

```
builder=Hello
length=5
capacity=21
```

以上结果说明了 StringBuilder 如何为另外的处理预留额外的空间。由于 sb 在创建时用字符串"Hello"初始化，因此它的长度为 5。因为给 16 个附加的字符自动增加了存储空间，所以它的存储容量为 21。

3. setLength() 和 ensureCapacity()

用 setLength(int newlen) 方法可以改变一个 StringBuilder 类对象的长度，该方法将实例的长度设置为 newlen，这个值必须是非负的。

当增加 StringBuilder 对象的大小时，空字符将被加在现存字符的后面。如果用一个小于当前长度的值调用 setLength() 方法，那么在新长度之后存储的字符将丢失。

为了确保实例的容量总是大于等于实例的长度，在调整 StringBuilder 实例长度之前，可以使用 ensureCapacity() 方法设置缓冲区的大小。如果事先已知要在 StringBuilder 上追加大量的小字符串，那么这是很有用的。

ensureCapacity() 方法的一般形式如下：

```
void ensureCapacity(int minimumCapacity)
```

该方法可以改变一个 StringBuilder 类实例的容量。

4. charAt() 和 setCharAt()

使用 charAt() 方法可以从 StringBuilder 中得到单个字符的值。可以通过 setCharAt() 方法给 StringBuilder 中的字符置值。它们的一般形式如下：

```
char charAt(int index)
void setCharAt(int index, char ch)
```

对于 charAt() 方法，index 指定获得的字符的下标。对于 setCharAt() 方法，index 指定被置值的字符的下标，而 ch 指定了该字符的新值。对于这两种方法，index 必须是非负的，同时不能指定在缓冲区之外的位置。

【例 6-10】 charAt() 和 setCharAt() 方法的使用。

```java
/*源文件名:CharAtExample.java*/
public class CharAtExample {
  public static void main(String args[]){
    StringBuilder sb=new StringBuilder("Hello");
    System.out.println("builder before="+sb);
    System.out.println("charAt(1)before="+sb.charAt(1));
    sb.setCharAt(1, 'i');
    sb.setLength(2);
    System.out.println("builder after="+sb);
```

```
        System.out.println("charAt(1)after="+sb.charAt(1));
    }
}
```

程序运行结果：

```
builder before=Hello
charAt(1)before=e
builder after=Hi
charAt(1)after=i
```

5．getChars()

使用 getChars() 方法可以将 StringBuilder 的子字符串复制给数组。其一般形式如下：

```
void getChars(int srcBegin, int srcEnd, char[] dst, int dstBegin)
```

这里，srcBegin 指定了子字符串开始时的下标，而 srcEnd 指定了该子字符串结束时下一个字符的下标。这意味着子字符串包含了从 srcBegin 到 srcEnd－1 位置上的字符。接收字符的数组为 dst，子字符串的位置由 dstBegin 指定。

注意：必须确保 dst 数组足够大，以便能够保存指定的子字符串所包含的字符。

6．append() 和 insert()

这两个方法是 StringBuilder 中最常用的方法，用来在 StringBuilder 对象中灵活地添加字符。

append() 方法将任一其他类型数据的字符串形式连接到调用 StringBuilder 对象的后面。对所有内置的类型和 Object，它都有重载形式。形式如下：

```
StringBuilder append(boolean b)
StringBuilder append(char c)
StringBuilder append(char[] str)
StringBuilder append(char[] str, int offset, int len)
StringBuilder append(double d)
StringBuilder append(float f)
StringBuilder append(int i)
StringBuilder append(long l)
StringBuilder append(Object obj)
StringBuilder append(String str)
```

每个参数调用 String.valueOf() 方法获得其字符串表达式，运行结果追加在当前 StringBuilder 对象后面。对每一个 append() 方法的调用，均返回 StringBuilder 对象本身。因此，对 append() 方法的调用可以连成一串。

insert() 方法将一个字符串插入到 StringBuilder 的指定位置。和 append() 方法一样，它调用 String.valueOf() 方法得到插入值的字符串表达式，随后这个字符串被插入所调用的 StringBuilder 对象中。形式如下：

```
StringBuilder insert(int offset, boolean b)
```

```
StringBuilder insert(int offset, char c)
StringBuilder insert(int offset, char[] str)
StringBuilder insert(int offset, double d)
StringBuilder insert(int offset, float f)
StringBuilder insert(int offset, int i)
StringBuilder insert(int offset, long l)
StringBuilder insert(int offset, Object obj)
StringBuilder insert(int offset, String str)
```

这里，offset 指定插入点的下标。

【例 6-11】 append()和 insert()方法的使用。

```java
/*源文件名:AppendInsertExample.java*/
public class AppendInsertExample {
    public static void main(String[] args){
        Object o="Hello";
        String s="good bye";
        char charArray[]={ 'a', 'b', 'c', 'd', 'e', 'f' };
        boolean b=true;
        char c='A';
        int i=7;
        long l=10000000;
        float f=2.5f;
        double d=666.666;
        StringBuilder sb=new StringBuilder();
        sb.insert(0, o).insert(0, " ").insert(0, s);
        sb.insert(0, " ").insert(0, charArray);
        sb.insert(0, " ").insert(0, b);
        sb.append(" ").append(l).append(" ").append(f);
        sb.append(" ").append(d);
        System.out.println(sb.toString());
    }
}
```

程序运行结果：

true abcdef good bye Hello 10000000 2.5 666.666

7. delete()和 deleteCharAt()

```
StringBuilder delete(int start, int end)
```

从调用对象中删除一串字符。这里，start 指定了需删除的第一个字符的下标，而 end 指定了需删除的最后一个字符的下一个字符的下标。因此，要删除的子字符串从 start 到 end －1，返回结果的 StringBuilder 对象。

```
StringBuilder deleteCharAt(int index)
```

删除由 index 指定下标处的字符,返回结果的 StringBuilder 对象。

【例 6-12】 delete()和 deleteCharAt()方法的程序。

```
/*源文件名:DeleteExample.java*/
public class DeleteExample{
  public static void main(String args[]){
    StringBuilder sb=new StringBuilder("This is a test.");
    sb.delete(4, 7);
    System.out.println("After delete: "+sb);
    sb.deleteCharAt(0);
    System.out.println("After deleteCharAt: "+sb);
  }
}
```

程序运行结果:

```
After delete: This a test.
After deleteCharAt: his a test.
```

8. replace()

replace()完成在 StringBuilder 内部用一组字符代替另一组字符的功能。replace()方法的形式如下:

```
StringBuilder replace(int start, int end, String str)
```

被替换的子字符串由下标 start 和 end 指定,因此,从 start 到 end－1 的子字符串被替换。替代字符串在 str 中传递,返回结果的 StringBuilder 对象。

【例 6-13】 replace()方法的使用。

```
/*源文件名:ReplaceExample.java*/
public class ReplaceExample {
  public static void main(String args[]){
    StringBuilder sb=new StringBuilder("This is a test.");
    sb.replace(5, 7, "was");
    System.out.println("After replace: "+sb);
  }
}
```

程序运行结果:

```
After replace: This was a test.
```

9. reverse()

```
StringBuilder reverse()
```

这种方法返回被调用对象翻转后的对象。

【例 6-14】 reverse()方法的使用。

```
/*源文件名:ReverseExample.java*/
public class ReverseExample {
  public static void main(String args[]){
    StringBuilder s=new StringBuilder("abcdef");
    System.out.println(s);
    s.reverse();
    System.out.println(s);
  }
}
```

程序运行结果：

```
abcdef
fedcba
```

10. substring()

StringBuilder 也增加了与 String 类中功能相同的 substring()方法，它返回 StringBuilder 的一部分值。有如下的两种形式：

`String substring(int start)`

返回调用 StringBuilder 对象中从 start 下标开始直至结束的一个子字符串。

`String substring(int start, int end)`

返回从 start 开始到 end-1 结束的子字符串。

这些方法与前面在 String 中定义的那些方法具有相同的功能。

6.2.3 StringTokenizer（字符串标记）

有时候程序从外界读取数据时，往往读进来的数据可能是一长串包含某种分隔符的文本，所以在程序中需要把这一长串的数据分解开。比如，当用 Excel 来进行数据输入并存档时，我们可以保存为 Excel 专用的文件，也可以保存为其他格式的文件，如果保存为纯文本文件时，Excel 默认会使用 Tab 符号将每个字段的数据区分开来，假设有下面的数据：

```
专业    姓名    出生日期      性别
软件    张启    1989.1.12     男
应用    王璇    1988.12.3     女
```

在程序中从这个文本文件把数据读进来时，比较方便的方法是一次读取一整行的数据，可是如何把一行数据中的每个字段数据取出来呢？当然可以用前面介绍的 String 或 StringBuilder 类所提供的方法，一个字符一个字符地检查，如果读到一个 Tab 定位符号，就表示一个字段数据的结束。不过，这里要介绍 StringTokenizer 类，它可以更加方便地处理这个繁琐的事情。

StringTokenizer 类放在 java.util 包下，所以使用它之前要先 import 进来。

使用 StringTokenizer 类时,需要指定一个待分解字符串和一个包含了分隔符的字符串。分隔符(Delimiters)是用来分隔标记的字符。分隔符字符串中的每一个字符被当成一个有效的分隔符,例如",;:"建立逗号、分号和冒号分隔符。默认建立的5个分隔符有空格、制表、换行、回车和换页符分隔符字符串为"\t\n\r\f"。StringTokenizer 的构造方法如下:

```
StringTokenizer(String str)
StringTokenizer(String str, String delim)
StringTokenizer(String str, String delim, boolean returnDelims)
```

在上述三种形式中,str 都表示将被分解的字符串。在第一种形式中,使用默认的分隔符。在第二种和第三种形式中,delim 是用来指定分隔符的一个字符串。在第三种形式中,如果 returnDelims 为 true,当字符串被分析时,分隔符也被作为标记而返回;否则,不返回分隔符。在第一种和第二种形式中,分隔符不会作为标记而返回。

一旦创建了 StringTokenizer 对象之后,nextToken()方法将被用于抽取连续的标记。当有更多的标记被抽取时,hasMoreTokens()方法返回 true。因为 StringTokenizer 实现枚举(Enumeration),因此,hasMoreElements()和 nextElement()方法也被实现,同时它们的作用也分别与 hasMoreTokens()和 nextToken()方法相同。StringTokenizer 定义的方法列在表 6-2 中。

表 6-2　由 StringTokenizer 定义的方法

方　　法	描　　述
int countTokens()	使用当前分隔符集,该方法确定还没被分析的标记个数并返回结果
boolean hasMoreElements()	如果在字符串中包含一个或多个标记,则返回 true;如果在字符串中不包含标记,则返回 false
boolean hasMoreTokens()	如果在字符串中包含一个或多个标记,则返回 true;如果在字符串中不包含标记,则返回 false
Object nextElement()	将下一个标记作为 Object 返回
String nextToken()	将下一个标记作为 String 返回
String nextToken(String delim)	将下一个标记作为 String 返回,并且将分隔符字符串设为由 delim 指定的字符串

下面是一个创建用于分析"key=value"对的 StringTokenizer 的例子。连续的多组"key=value"对将用分号分开。

【例 6-15】 演示 StringTokenizer 的使用。

```
/*源文件名:StringTokenizerExample.java*/
package example6_15;
import java.util.StringTokenizer;
public class StringTokenizerExample {
    static String in="title=Thinking in Java;"+"author=Bruce Eckel;"+"publisher=Prentice Hall;"+"copyright=2006";
```

```
    public static void main(String args[]){
        StringTokenizer st=new StringTokenizer(in, "=;");
        while(st.hasMoreTokens()){
            String key=st.nextToken();
            String val=st.nextToken();
            System.out.println(key+"\t"+val);
        }
    }
}
```

程序运行结果：

```
title       Thinking in Java
author      Bruce Eckel
publisher   Prentice Hall
copyright   2006
```

6.3　基本类型的封装类

Java 对基本数据类型提供了相应的封装类（Wrapper），也就是简单类型对应的引用数据类型，也称为包装类。基本数据类型使用起来很简单，但是不具有对象的特性，无法满足一些特殊需求，因此产生了具有基本类型数值的封装类。

以 int 整型为例，它对应的封装类型是 Integer 类，由 Integer 类创建的对象只保存一个 int 型的值。封装类的构造方法接受一个基本类型的值，并在封装类的对象中保存它。例如：

```
Integer age=new Integer(30);
```

经过前面的学习，我们知道 Java 中共有 8 种基本数据类型，那么与之对应的封装类型也有 8 种，表 6-3 列出了它们的对应关系。

表 6-3　基本数据类型与对应的封装类

基本数据类型	封装类	基本数据类型	封装类
byte	Byte	float	Float
short	Short	double	Double
int	Integer	boolean	Boolean
long	Long	char	Character

除了 int 和 char 类型之外，其他基本数据类型所对应的封装类名只需要将首字母大写即可。

封装类提供了一些方法，可以在基本数据类型、封装类甚至字符串字面量间进行转换。下面以 Integer 类为例，列举常用的方法，其他封装类中有类似方法的定义。

- Integer(int value)：构造方法，创建新的 Integer 对象，用来保存 value 的值。

- Integer(String s)：构造方法，创建新的 Integer 对象，用来保存 s 表示的整型值，可能抛出 NumberFormatException 异常。
- byte byteValue()、double doubleValue()、float floatValue()、int intValue()、long longValue()：按对应的基本数据类型返回 Integer 对象的值。
- static int parseInt(String s)：按 int 类型返回存储在指定字符串 s 中的值，可能抛出 NumberFormatException 异常。

Java 的封装类中通常还定义了必要的常量，例如 Integer 类中的常量 MIN_VALUE 和 MAX_VALUE 就分别保存了整型的最小值和最大值。其他封装类中也有类似的常量定义。

从 Java 5 开始，基本数据类型和封装类型之间可以进行自动转换。也就是说，当执行赋值运算、参数传递和方法的返回值匹配时，程序员不用再编写基本类型与封装类型的转换代码。自动将基本数据类型转换为对应封装类的过程称为自动装箱（Autoboxing）。例如：

```
Integer obj1;
int num1=69;
obj1=num1;                            //自动创建 Integer 对象
```

逆向的转换过程称为拆箱（Unboxing），例如：

```
Integer obj2=new Integer(69);
int num2;
num2=obj2;                            //自动解析出 int 型
```

而以上代码在 Java 1.4 及之前的版本中编译时会报错，如果程序运行在旧的 Java 运行环境中，则需要在代码中明确进行类型转换。

6.4 System 与 Runtime 类

6.4.1 System 类

Java 不支持全局方法和变量，设计者将一些系统相关的重要方法和变量放置在一个统一的类中，这就是 System 类。System 类中的所有成员都是静态的，引用这些变量和方法时可直接使用 System 类名作为前缀。以前经常使用的 System.out 就是该类中定义的标准输出流对象，而标准输入流对象则是 System.in。

exit(int status)方法可以提前终止虚拟机的运行。若用户在正常操作下终止虚拟机，则传递 0 作为参数；若在发生异常时想终止虚拟机，则传递一个非 0 值作为参数。

CurrentTimeMillis()方法返回一个 long 型数，该数值为从 1970 年 1 月 1 日 0 点 0 时 0 分 0 秒开始到当前时刻的以毫秒为单位的时间长度。

getProperties()方法获得当前虚拟机的环境变量，每个环境变量都以键值对的形式出现。

gc()方法会建议 Java 虚拟机执行垃圾回收，但不保证垃圾收集线程的立即执行。

【例 6-16】 System 类的常用方法。

```java
/*源文件名:SystemDemo.java*/
import java.util.Enumeration;
import java.util.Properties;

public class SystemDemo {
    public static void main(String[] args){
        long beginTime=System.currentTimeMillis();          //程序执行的开始时间
        Properties properties=System.getProperties();       //获取系统属性
        Enumeration propertyNames=properties.propertyNames();
                                //获取所有系统属性的key,返回Enumeration对象
        while(propertyNames.hasMoreElements()){
            String key=(String)propertyNames.nextElement(); //获取系统属性的key
            String value=System.getProperty(key);           //获取当前键key对应的值value
            System.out.println(key+"="+value);
        }
        System.gc();                                        //建议JVM进行垃圾收集
        long endTime=System.currentTimeMillis();            //程序执行的结束时间
        System.out.println("程序运行的时长为:"+(endTime-beginTime)+"毫秒");
        System.exit(0);                                     //退出程序
    }
}
```

程序运行结果：

java.runtime.name=Java(TM) SE Runtime Environment
sun.boot.library.path=C:\Program Files\Java\jdk1.7.0_79\jre\bin
java.vm.version=24.79-b02
java.vm.vendor=Oracle Corporation
java.vendor.url=http://java.oracle.com/
...
java.vendor.url.bug=http://bugreport.sun.com/bugreport/
sun.cpu.endian=little
sun.io.unicode.encoding=UnicodeLittle
sun.desktop=windows
sun.cpu.isalist=amd64
程序运行的时长为:38毫秒

6.4.2 Runtime 类

Runtime类封装了Java命令本身的进程信息，其中的一些方法与System类重复，甚至直接为System类中的对应方法所调用。例如：

```java
package java.lang;
...
public final class System {
```

```
    ...
    public static void exit(int status){
        Runtime.getRuntime().exit(status);
    }
    ...
    public static void gc(){
        Runtime.getRuntime().gc();
    }
    ...
}
```

不能使用 new 直接创建 Runtime 类的实例,但可以通过静态方法 Runtime.getRuntime() 获得正在运行的 Runtime 对象的引用。Java 命令运行之后,自身也成为操作系统中的一个进程,在 Java 进程中可以调用 exec()方法启动另一个新的进程。

【例 6-17】 使用 Runtime 启动记事本进程。

```
/*源文件名:StartNotepad.java*/
public class StartNotepad {
    public static void main(String[] args)throws Exception {
        Runtime rt=Runtime.getRuntime();              //创建 Runtime 实例
        Process process=rt.exec("notepad.exe");       //调用 exec()方法,得到进程对象
        Thread.sleep(3000);                           //程序休眠 3s
        process.destroy();                            //杀掉进程
    }
}
```

运行程序之后,可以看到程序里打开的记事本窗口。

6.5 集合框架

先来看什么是集合(Collection)库。简单地说,集合库里面的类是用来存放数据的,不同的接口有不同的存放数据的特性和方式。在 Java 集合框架中,程序处理对象组的方法被标准化,我们可以更高效地操作对象集合。本节将介绍集合库和不同访问接口的使用。

Collection 是集中、收集的意思,简单地说,就是把一些数据收集在一起,由特定的方式来组织并访问这些数据。Collection 库是在 java.util 包下的一些接口和类,类用来产生对象存放数据,而接口规定了访问数据的方式。Collection 库跟数组最大的区别在于,数组有容量大小的限制,而 Collection 库没有这样的限制。不过 Collection 库只能用来存放对象,对于基本数据类型的数据,必须先转换为对应的封装类型。

在集合框架中,主要有以下接口:
- Collection 接口是一组允许重复的对象。
- Set 接口继承 Collection,但不允许重复,使用自己内部的元素排列机制。
- List 接口继承 Collection,允许重复,以元素安插的次序来放置元素,不会重新排列。

- Iterator 接口提供了标准化的集合迭代方法,称为迭代器。
- Map 接口定义了所持有的数据以键-值(key-value)对的形式存在。Map 中不能有重复的 key,拥有自己的内部排列机制。

6.5.1 Collection 接口

Collection 接口是构造集合框架的基础,它定义了一些最基本的核心方法,让我们能用统一的方式通过它或其子接口来访问数据。除了 Collection 接口外,常用的还有 Set、List 两大接口,每一接口下又有更多扩展的访问接口。先来看看 Collection 接口的特性和使用的方法。

1. Collection 接口的特性

存放在 Collection 库中的数据称为元素,而每个接口的特性就是依据这些元素存放的方式而有所不同。Collection 接口的特性是,其中的元素没有特定的顺序,元素可以重复。

2. Collection 接口的实现类

实现 Collection 接口的类是 AbstractCollection 类,这个类也是 Collection 库中其他类的父类,它有两个子类 AbstractSet 和 AbstractList,这些类都是抽象类,所以不能直接使用。

3. Collection 主要方法

(1) 单元素添加、删除操作。
- boolean add(Object o):将对象添加给集合。add 方法会返回一个 boolean 值,告诉是否成功把数据加进去。
- boolean remove(Object o):如果集合中有与 o 相匹配的对象,则删除对象 o。

(2) 查询操作。
- int size():返回当前集合中元素的数量。
- boolean isEmpty():判断集合中是否有元素存在。
- boolean contains(Object o):查找集合中是否含有对象 o。
- Iterator iterator():返回一个迭代器,用来访问集合中的各个元素。

(3) 组操作:作用于元素组或整个集合。
- boolean containsAll(Collection c):查找集合中是否含有集合 c 中的所有元素。
- boolean addAll(Collection c):将集合 c 中所有元素添加给该集合。
- void clear():删除集合中的所有元素。
- void removeAll(Collection c):从集合中删除集合 c 中的所有元素。
- void retainAll(Collection c):从集合中删除集合 c 中不包含的元素。

(4) Collection 转换为 Object 数组。

如果想把 Collection 对象中的数据转换成用对象数组的方式来访问,可以使用 toArray 方法,会返回一个对象数组,接下来就能够用数组的访问方式来使用里面的数据。不过 Collection 接口并没有提供从数组转换成 Collection 对象的方法,而是在 java.util.Arrays 类中提供了 asList()静态方法实现从数组向 List 的转换。

- Object[] toArray():返回一个内含集合所有元素的 array。

- Object[] toArray(Object[] a)：返回一个内含集合所有元素的 array。运行期返回的 array 和参数 a 的类型应该相同，需要转换为正确类型。

此外，还可以把集合转换成任何其他的对象数组。但是，不能直接把集合转换成基本数据类型的数组，因为集合只能存放对象。

Collection 不提供 get() 方法。如果要遍历 Collection 中的元素，就必须用 Iterator。另外，某些方法要求对象类型一致，如果在不同的对象上用错方法，那么有可能会产生 UnsupportedOperationException 异常。

6.5.2 Set 接口

Set 接口继承 Collection 接口，它的特性是存放在里面的元素没有特定顺序，元素不可以重复。

实现 Set 接口的一个常用类是 HashSet 类。其实使用 Collection 库时，我们在乎的是访问的接口，至于是用什么类对象来存放数据，影响的只是访问的效率，只要方法用对就可以了。

【例 6-18】 Set 接口的 HashSet 类的使用。

```java
/*源文件名:HashSetExample.java*/
import java.util.*;
public class HashSetExample {
    public static void main(String argv[]){
        Set set=new HashSet();
        set.add(new Integer(5));
        set.add("abc");
        set.add(new Double(1.2));
        set.add(5);
        set.add("abc");
        System.out.println(set);
    }
}
```

程序运行结果：

[abc, 5, 1.2]

程序中产生一个 HashSet 类对象 set，然后使用 Set 接口来访问它。接着分别添加了两个 Integer 对象（后一个是经过自动装箱产生的 Integer 封装类对象）、两个字符串和一个 Double 对象。最后把 set 对象使用 System.out.println 方法打印出来。

存放在 Set 中的数据是没有顺序的，并且数据不能重复，所以从程序的运行结果中可以看出打印的顺序和添加数据的顺序是不一样的，而且后面的 Integer 对象 5 和 "abc" 并没有重复添加到里面去。

Set 有一个子接口——SortedSet，放在 SortedSet 中的数据是有顺序的。实现 SortedSet 接口的类是 TreeSet 类，TreeSet 类对于数据的存放限制更为严格，除了不能有重复的数据外,连数据的类型也必须一样,也就是说只能添加同一类的对象,否则会产生 ClassCastException 异常。

下面进一步说明集合框架中 Set 接口的两个具体实现类:HashSet 和 TreeSet。在更多情况下,我们会使用 HashSet 存储重复自由的集合。考虑使用效率,添加到 HashSet 的对象需要采用恰当分配散列值(又称为哈希码,Hash Code)的方式来实现 hashCode()方法,不同对象计算出的散列值应该不同。另外,在覆写 hashCode()方法的同时,另一个 equals()方法也需要进行覆写。

当向 HashSet 集合中添加一个对象时,首先会调用该对象的 hashCode()方法来确定元素的存储位置,然后再调用对象的 equals()方法来确保该位置没有重复元素。因此,一般来讲,hashCode()和 equals()方法都是成对出现的。在覆写这两个方法时,还必须遵循如下规则:equals()相等的两个对象,hashCode()一定相等;equals()不相等的两个对象,hashCode()有可能相等。

大多数系统类都已经覆盖了 Object 中默认的 hashCode()和 equals()方法实现,可以直接将它们的对象放入 HashSet。但要将自定义类的对象添加到 HashSet 时,务必记得正确覆写这两个方法。

当需要从集合中以有序的方式插入和抽取元素时,TreeSet 实现类会有用处。TreeSet 内部采用自平衡的二叉树来存储元素,这样的结构可以保证 TreeSet 集合中没有重复的元素,并且可以对元素进行排序。为了能顺利进行操作,要确保添加到 TreeSet 的元素必须是可排序的。

(1) HashSet 类
- HashSet():构建一个空的哈希集。
- HashSet(Collection c):构建一个哈希集,并且添加集合 c 中所有元素。
- HashSet(int initialCapacity):构建一个拥有特定容量的空哈希集。
- HashSet(int initialCapacity, float loadFactor):构建一个拥有特定容量和加载因子的空哈希集。LoadFactor 是 0.0~1.0 之间的一个数。

(2) TreeSet 类
- TreeSet():构建一个空的树集。
- TreeSet(Collection c):构建一个树集,并且添加集合 c 中所有元素。
- TreeSet(Comparator c):构建一个树集,并且使用特定的比较器对其元素进行排序。Comparator 比较器没有任何数据,它只是比较方法的存放接口。这种对象有时称为函数对象。函数对象通常在运行过程中被定义为匿名内部类的一个实例。
- TreeSet(SortedSet s):构建一个树集,添加有序集合 s 中所有元素,并且使用与有序集合 s 相同的比较器排序。

【例 6-19】 Set 接口的 TreeSet 类的使用。

```
/*源文件名:TreeSetExample.java*/
import java.util.*;
public class TreeSetExample{
```

```java
    public static void main(String argv[]){
        SortedSet set=new TreeSet();
        set.add(new Integer(5));
        set.add(new Integer(1));
        set.add(new Integer(8));
        set.add(5);
        set.add(new Integer(3));
        System.out.println(set);
    }
}
```

程序运行结果：

[1, 3, 5, 8]

从运行结果中发现，数据是从小到大进行排列，并且没有重复的数据。

6.5.3 List 接口

List 接口继承了 Collection 接口以定义一个允许重复项的有序集合，这里的有序指的并不是按大小排序，而是类似于数组一样具有顺序的索引。所以，存放在 List 中的数据，是有特定索引顺序的，也可以重复。

既然 List 中的数据是有序的，那么除了继承自 Collection 接口的方法外，还有一些跟索引位置有关的方法。例如，add 方法就有另外一个重载的方法，remove 方法同样也有一个重载的方法，如果想要取得某一个位置的数据时，可以使用 get 方法，如果想要知道数据对象放在哪个位置，可以使用 indexOf 方法。

- void add(int index, Object element)：在指定位置 index 上添加元素 element。
- boolean addAll(int index, Collection c)：将集合 c 的所有元素添加到指定位置 index。
- Object get(int index)：返回 List 中指定位置的元素。
- int indexOf(Object o)：返回第一个出现元素 o 的位置，若未找到，返回-1。
- int lastIndexOf(Object o)：返回最后一个出现元素 o 的位置，若未找到，返回-1。
- Object remove(int index)：删除指定位置上的元素。
- Object set(int index, Object element)：用元素 element 取代位置 index 上的元素，并且返回旧的元素。

List 接口不但支持以位置序列迭代地遍历整个列表，还能处理集合的子集。

- ListIterator listIterator()：返回一个列表迭代器，用来访问列表中的元素。
- ListIterator listIterator(int index)：返回一个列表迭代器，用来从指定位置 index 开始访问列表中的元素。
- List subList(int fromIndex, int toIndex)：返回从指定位置 fromIndex（包含）到 toIndex（不包含）范围中各个元素的列表视图。

在集合框架中有两种常用的 List 实现类：ArrayList 和 LinkedList。具体要使用两种

List 实现类的哪一种则取决于用户的需要,差异在于数据访问方式的不同。如果要支持随机访问,而不必在除尾部外的任何位置增删元素,那么用 ArrayList 比较合适;但如果需要频繁地从列表的任意位置添加和去除元素,那么用 LinkedList 实现类的性能更好。

LinkedList 和 ArrayList 都实现 Cloneable 接口,都提供了两个构造方法,一个是无参数的,一个接受另一个 Collection。

(1) LinkedList 类

LinkedList 类添加了一些处理列表两端元素的方法。

- LinkedList():构建一个空的链接列表。
- LinkedList(Collection c):构建一个链接列表,并且添加集合 c 的所有元素。
- void addFirst(Object o):将对象 o 添加到列表的开头。
- void addLast(Object o):将对象 o 添加到列表的结尾。
- Object getFirst():返回列表开头的元素。
- Object getLast():返回列表结尾的元素。
- Object removeFirst():删除并且返回列表开头的元素。
- Object removeLast():删除并且返回列表结尾的元素。

(2) ArrayList 类

ArrayList 类封装了一个动态再分配的 Object[]数组。每个 ArrayList 对象都有一个 capacity,表示存储列表中元素数组的容量。当元素添加到 ArrayList 时,它的 capacity 会自动增加以确保有足够的空间存储新元素。

在向一个 ArrayList 对象添加大量元素的程序中,可使用 ensureCapacity()方法提前增加 capacity,这样可以减少重分配内存的次数。

- void ensureCapacity(int minCapacity):将 ArrayList 对象容量增加,保证容量不小于 minCapacity。
- void trimToSize():整理 ArrayList 对象容量为列表当前大小。程序可使用这个操作减小 ArrayList 对象存储空间。

另外,还有一个 RandomAccess 接口。它是一个特征接口,该接口没有任何方法,但可以使用该接口来测试某个集合是否支持有效的随机访问。ArrayList 和 Vector 类都实现了该接口,Vector 类是线程安全版本的 ArrayList,系统开销较大,一般不建议使用。

【例 6-20】 List 接口的使用。

```
/*源文件名:ListExample.java*/
import java.util.*;
public class ListExample {
    public static void main(String argv[]){
        List list1=new LinkedList();
        List list2=new ArrayList();
        list1.add("abc");
        list1.add(3);
        list1.add(1, true);
```

```
            list1.add(0, 3);
            list2.add("abc");
            list2.add(3);
            list2.add(true);
            list2.add(3);
            System.out.println("LinkedList: "+list1);
            System.out.println("ArrayList: "+list2);
        }
    }
```

程序运行结果:

```
LinkedList: [3, abc, true, 3]
ArrayList: [abc, 3, true, 3]
```

6.5.4 Iterator 接口

学习 Set 和 List 这两类接口的使用方式之后,我们发现除了 List 接口提供了把数据取出的方法外,Set 类只能把数据删除掉,并没有取出数据的方法。另外,除了能够知道 Collection 对象数据的总数和判断有没有数据之外,也无法知道里面到底存放了哪些数据,所以 Java 提供了 Iterator 接口,能够把 Collection 对象中的数据一个个地读取出来。

Collection 接口的 iterator()方法返回一个 Iterator 对象。Iterator 接口方法能以迭代的方式逐个访问集合中的元素,并安全地从 Collection 中除去指定的元素。Iterator 类有三个方法来操作其对象:

- boolean hasNext():判断是否存在下一个可访问的元素。
- Object next():返回要访问的下一个元素。如果到达集合结尾,则抛出 NoSuchElementException 异常。
- void remove():删除上次访问返回的对象。本方法必须紧跟在一个元素的访问后执行。如果上次访问后集合已被修改,则抛出 IllegalStateException 异常。该方法可以把目前取到的数据(next 方法取得的数据)删除掉。要特别注意的是,调用这个方法后,原来放在 Collection 对象中的数据也会被删除,而不只是删除 Iterator 对象中的数据。还有,Iterator 对象数据的读取是单向的,也就是说读过的数据就不能再次读取了。其实 Iterator 对象跟产生它的 Collection 对象是连在一起的,所以不论谁做修改,对方的数据也会一起被修改。

【例 6-21】 Iterator 接口的使用。

```
/*源文件名:IteratorExample.java*/
import java.util.*;
public class IteratorExample {
    public static void main(String argv[]){
        List list=new LinkedList();
        list.add("abc");
```

```java
            list.add(3);
            list.add(true);
            list.add(3);
            System.out.println(list);
            Iterator it=list.iterator();
            while(it.hasNext()){
                System.out.println(it.next());
                it.remove();
            }
            System.out.println("list size: "+list.size());
    }
}
```

程序运行结果：

```
[abc, 3, true, 3]
abc
3
true
3
list size: 0
```

虽然 Iterator 可以用来遍历集合中的元素，但写法上比较繁琐，为了简化书写，可以使用增强型的 for 循环，即 foreach 循环。

【例 6-22】 使用增强 for 循环遍历列表。

/*源文件名:ForEachExample.java*/

```java
import java.util.ArrayList;

public class ForEachExample {
    public static void main(String[] args){
        ArrayList list=new ArrayList();           //创建 ArrayList 集合
        list.add("Amy");                          //向 ArrayList 集合中添加字符串元素
        list.add("Byron");
        list.add("Emma");
        for(Object obj : list){                   //使用 foreach 循环遍历 ArrayList 对象
            System.out.println(obj);              //取出并打印 ArrayList 集合中的元素
        }
    }
}
```

程序运行结果：

```
Amy
Byron
Emma
```

可以看出,增强 for 循环在遍历集合时语法非常简洁,没有循环条件,也没有迭代语句,循环的次数由容器中元素的个数决定。

6.5.5 Map 接口

Map 接口不是 Collection 接口的继承。Map 跟 Set 和 List 不同的地方在于,Map 存放数据时,需要有一个键(key),这个键会对应到一个指定的值(value)。value 才是需要存放的对象而 key 则相当于是指向 value 的索引。与 Collection 系列的集合一样,系统并不真正把对象放到 Map 中,Map 中存放的只是键和值(对象引用)的映射。下面是 Map 接口中的常用方法。

(1) 添加和删除操作

- Object put(Object key, Object value):将互相关联的一个键值对放入 Map。如果该键已经存在,那么与此键相关的新值将取代旧值,方法返回键的旧值;如果键原先并不存在,则返回 null。
- Object remove(Object key):从 Map 中删除与 key 相关的映射。
- void putAll(Map m):参数 m 为包含需要添加的键值对的 Map,该方法将 m 中包含的元素添加进调用该方法的 Map 对象。
- void clear():从 Map 中删除所有映射。

键和值都可以为 null。但是,不能把 Map 作为一个键或值添加给自身。

(2) 查询操作

- Object get(Object key):获得与 key 这个键相关的值,进而返回相关的对象。如果没有在该 Map 中找到该键,则返回 null。
- boolean containsKey(Object key):判断 Map 中是否存在 key 这个键,存在则返回 true。
- boolean containsValue(Object value):判断 Map 中是否存在值 value,存在则返回 true。
- int size():返回当前 Map 中键值对的数量。
- boolean isEmpty():判断 Map 中是否有映射存在。

集合框架提供两种常规的 Map 实现类:HashMap 和 TreeMap。在 Map 中插入、删除和定位元素时,HashMap 是最好的选择;但如果要按自然顺序或自定义顺序遍历键,那么 TreeMap 会更合适。使用 HashMap 时,要求键的类定义中必须提供 hashCode()和 equals()的实现。TreeMap 实现了 SortedMap 接口,基于二元树结构,用于给 Map 集合中的键进行排序。

(1) HashMap 类

为了优化 HashMap 空间的使用,可以调优初始容量和负载因子。

$$负载因子 = 数据量/容量$$

当负载因子达到指定值时,容量扩充一倍,默认值为 0.75。

- HashMap():构建一个空的哈希 Map。
- HashMap(Map m):构建一个哈希 Map,并且添加 m 的所有映射。

- HashMap(int initialCapacity)：构建一个拥有特定容量的空的哈希 Map。
- HashMap(int initialCapacity，float loadFactor)：构建一个拥有特定容量和加载因子的空的哈希 Map。

【例 6-23】 HashMap 类的使用程序。

```java
/*源文件名:HashMapExample.java*/
import java.util.*;
public class HashMapExample {
    public static void main(String[] args){
        //创建 HashMap 对象
        HashMap hm=new HashMap();
        //向 HashMap 对象中添加内容不同的键值对
        hm.put(1, "A");
        hm.put(3, "B");
        hm.put(4, "C");
        hm.put(2, "D");
        hm.put(5, "E");
        System.out.println("添加元素后的结果为：");
        System.out.println(hm);
        //移除 HashMap 对象中键为 3 的映射
        hm.remove(3);
        //替换键 4 对应的值
        hm.put(4, "F");
        //打印输出 HashMap 中的内容
        System.out.print("删除和替换元素后结果为:");
        System.out.println(hm);
        //取出指定键对应的值
        Object o=hm.get(2);                    //使用自动打包功能
        String s=(String)o;
        System.out.println("键 2 对应的值为:"+s);
    }
}
```

程序运行结果：

添加元素后的结果为：
{1=A, 2=D, 3=B, 4=C, 5=E}
删除和替换元素后结果为:{1=A, 2=D, 4=F, 5=E}
键 2 对应的值为:D

程序首先创建一个 HashMap 对象，然后使用 put 方法向该对象中添加元素，在向 HashMap 中添加元素时，还要为每一个元素设置一个 key，在 HashMap 对象中同样能够使用 remove 方法删除元素和使用 put 方法为指定的 key 来重新设置元素，在 HashMap 对象中还可以以 key 为参数调用 get 方法获取指定元素。key 可以是任意的引用类型，但必须提供 hashCode() 和 equals() 方法的正确实现。

（2）TreeMap 类

TreeMap 没有调优选项，因为该树总处于平衡状态。

- TreeMap()：构建一个空的 TreeMap。
- TreeMap(Map m)：构建一个 TreeMap，并且添加 m 中所有元素。
- TreeMap(Comparator c)：构建一个 TreeMap，并且使用特定的比较器对键进行排序。
- TreeMap(SortedMap s)：构建一个 TreeMap，添加 s 中所有映射，并且使用与有序映射 s 相同的比较器进行排序。

6.6 泛型

通过之前的学习，了解到集合可以存储任何类型的对象，不管对象的类型是什么，在集合中都一视同仁地作为 Object 类型而存在，与此同时也失去了类型各自的具体特征。稍后，在将对象从集合中取出时，就经常需要进行强制类型转换才能够使用，并且很可能导致运行时的类型转换错误。下面通过一个例子说明这种情况。

【例 6-24】 集合元素的类型转换错误。

```
/*源文件名:GenericsExample1.java*/
import java.util.ArrayList;

public class GenericsExample1 {
    public static void main(String[] args){
        ArrayList list=new ArrayList();          //创建 ArrayList 集合
        list.add("String");                       //添加字符串对象
        list.add("Collection");
        list.add(1);                              //添加 Integer 对象
        for(Object obj : list){                   //遍历集合
            String str=(String)obj;               //强制转换成 String 类型
        }
    }
}
```

程序运行结果：

```
Exception in thread "main" java.lang.ClassCastException: java.lang.Integer cannot
be cast to java.lang.String
    at ClassCastExample.main(ClassCastExample.java:11)
```

为了解决这个问题，从 Java 5 开始引入了"参数化类型"（Parameterized Type）的概念，即泛型（Generics）。使用泛型，可以限定方法操作的数据类型，在定义集合类时，可以使用"＜参数化类型＞"的方式指定该类中方法操作的数据类型，具体格式如下：

```
ArrayList<参数化类型> list=new ArrayList<参数化类型>();
```

在例 6-24 中，就可以这样定义 ArrayList：

ArrayList<String>list=new ArrayList<String>();

按照这样修改程序后，就会发现在添加整型的代码行上报编译错误，提示元素类型与 List 集合规定的类型不匹配，编译不通过。这样一来，就将集合在运行时才会抛出的类型转换异常提前在编译期解决掉，大大提高了程序的健壮性。

使用泛型对例 6-24 改写后的程序如下。

【例 6-25】 集合中泛型的使用。

```
/*源文件名:GenericsExample2.java*/
import java.util.ArrayList;
public class GenericsExample2 {
    public static void main(String[] args){
        ArrayList<String>list=new ArrayList<String>();
                                            //创建 ArrayList 集合
        list.add("String");                 //添加字符串对象
        list.add("Collection");
        //list.add(1);                      //去掉注释会报编译错误
        for(String s : list){               //遍历集合
            System.out.println(s);
        }
    }
}
```

程序运行结果：

```
String
Collection
```

除了在集合中使用泛型来限制元素类型之外，还可以自定义泛型。假设要定义一个 JavaBean，其中定义了一个引用类型的变量用于保存数据，并提供了成对的 get()和 set()方法。为了能存储任意类型的对象，成员变量、set()方法的参数、get()方法的返回值都统一定义为 Object 类型。那么问题就是，在取出数值时有可能忘记当初存储的数据类型，结果就会发生运行时的 ClassCastException 异常。

【例 6-26】 存储 Object 类型的 JavaBean。

```
/*源文件名:CustomGenericsExample1.java*/
class MyBean {                              //创建 MyBean 类
    private Object data;
    public Object getData(){                //定义一个 get()方法用于获取数据
        return data;
    }
    public void setData(Object data){       //定义一个 set()方法用于保存数据
```

```java
        this.data=data;
    }
}
public class CustomGenericsExample1 {
    public static void main(String[] args){
        MyBean bean=new MyBean();            //创建 MyBean 对象
        bean.setData(1);                     //存入数据
        String temp=bean.getData();          //取出数据
        System.out.println(temp);
    }
}
```

程序在编译时就会报错,原因是首先往 JavaBean 中存入了一个 Integer 类型的数据,而取出这个数据时却将该数据转换成了 String 类型,出现了类型不匹配的错误。为了避免这个问题的出现,就可以使用自定义泛型的办法。如果在定义一个类时使用<T>声明参数类型(T 是类型持有者,是 Type 的缩写,这里也可以使用其他字符),并将成员变量类型、set()方法的参数类型和 get()方法的返回值类型都一致声明为 T,那么存入的类型在 JavaBean 初始化时就被限定了,在取出数据时也就不必进行类型转换了。使用自定义泛型修改过的示例代码如下。

【例 6-27】 使用自定义泛型的 JavaBean。

```java
/*源文件名:CustomGenericsExample2.java*/
class MyBean<T>{                             //在创建类时,声明参数类型为 T
    private T data;
    public T getData(){                      //在创建 get()方法时,指定返回值类型为 T
        return data;
    }
    public void setData(T data){             //在创建 set()方法时,指定参数类型为 T
        this.data=data;
    }
}
public class CustomGenericsExample2 {
    public static void main(String[] args){
        //在实例化对象时,传入参数为 Integer 类型
        MyBean<Integer>bean1=new MyBean<Integer>();
        bean1.setData(1);
        Integer data1=bean1.getData();
        System.out.println(data1);
        //在实例化对象时,传入参数为 String 类型
        MyBean<String>bean2=new MyBean<String>();
        bean2.setData("a String");
        String data2=bean2.getData();
        System.out.println(data2);     }
}
```

程序运行结果：

1
a String

自定义泛型的类具有更强的灵活性，仅需在使用时指定参数的具体数据类型；同时，自定义泛型的类又避免了定义为 Object 类型后取值所必须做的强制类型转换。

在定义泛型类时，还可以声明多个类型持有者。

【例 6-28】 声明了多个类型持有者的泛型类。

```
/*源文件名:GenericsMultipleTypes.java */
public class GenericsMultipleTypes<T1, T2>{
    private T1 foo;
    private T2 bar;
    public T1 getFoo(){
        return foo;
    }
    public void setFoo(T1 foo){
        this.foo=foo;
    }
    public T2 getBar(){
        return bar;
    }
    public void setBar(T2 bar){
        this.bar=bar;
    }
}
```

在定义类型持有者 T 时，可以使用 extends 限定实例化 T 的对象类型必须是扩展自某个类或实现了某个接口。例如：

```
public class ListGenerics<T extends List>{
    ...
}
```

这里，T 必须是实现了 List 接口的类，如 ArrayList 或 LinkedList。下面的语句都是合法的：

```
ListGenerics<ArrayList>list1=new ListGenerics<ArrayList>();
ListGenerics<LinkedList>list2=new ListGenerics<LinkedList>();
```

这里分别声明了两个变量，其中 list1 被声明为 ListGenerics＜ArrayList＞的实例，而 list2 被声明为 ListGenerics＜LinkedList＞的实例。

在理解了上面内容的基础上，如果更进一步，希望有一个变量 list 可以像下面这样接受所指定的实例：

```
list=new ListGenerics<ArrayList>();
list=new ListGenerics<LinkedList>();
```

那么该如何声明这个变量 list 呢？换句话说，就是想要声明一个 list 名称可以引用的对象，其类型持有者实例化的对象类型是实现了 List 接口的类或其子类。解决这个问题的答案就是使用通配符"?"，并结合 extends 关键字来限定。例如：

```
ListGenerics<? extends List>list=null;
list=new ListGenerics<ArrayList>();
…
list=new ListGenerics<LinkedList>();
…
```

<? extends List>表示类型未知，仅能确定它是实现了 List 接口的某个类。

除了通过 extends 限制为某个类或接口的子类或实现类外，还可以使用 super 关键字限制具体类型为某个类的上层父类类型。例如：

```
<? super List>
```

自从 5.0 版本中引入泛型的概念以来，Java 的 API 与早期版本相比有了很大变化。为了不过早地增加学习难度，本书前面的 API 大多都沿用了早期的定义，但在接下来的章节里则会结合最新的 API 文档进行介绍，泛型语法会大量出现。

6.7 时间及日期处理

在 Java 应用开发中，对时间的处理是很常见的。Java 提供了三个日期类：Date、Calendar 和 DateFormat。由于最初设计 Date 类时忽视了国际化问题，所以后来补充了 Calendar 类和 DateFormat 类。在程序中，对日期的处理主要是如何获取、设置和格式化，Java 的日期类提供了很多方法以满足日期处理的需要。Date 和 Calendar 类在 java.util 包中，DateFormat 类在 java.text 包中，在使用前程序必须引入这两个包。

6.7.1 Date 类

Date 类封装当前的日期，主要用于创建日期对象并获取日期。

Date 支持下面两种构造方法：
- Date()
- Date(long millisec)

第一种形式的构造方法用当前的日期和时间初始化对象。第二种形式的构造方法接收一个参数，该参数等于从 1970 年 1 月 1 日 0 时起至今的毫秒数。由 Date 类定义的未被摈弃（deprecated）的常用方法列在表 6-4 中。Date 类实现了 Comparable 接口以及该接口声明的 compareTo()抽象方法，支持日期对象的大小比较。

表 6-4　由 Date 类定义的常用方法

方　　法	描　　述
boolean after(Date when)	如果调用 Date 对象所包含的日期迟于由 when 指定的日期，则返回 true；否则，返回 false

续表

方　法	描　述
boolean before(Date when)	如果调用 Date 对象所包含的日期早于由 when 指定的日期,则返回 true;否则,返回 false
Object clone()	复制调用 Date 对象
int compareTo(Date anotherDate)	将调用对象的值与 anotherDate 的值进行比较。如果这两者数值相等,则返回 0;如果调用对象的值早于 anotherDate 的值,则返回一个负值;如果调用对象的值晚于 anotherDate 的值,则返回一个正值
boolean equals(Object obj)	如果 obj 是 Date 类型对象,且调用对象包含的时间和日期与由 obj 指定的时间和日期相同,则返回 true;否则,返回 false
long getTime()	返回自 1970 年 1 月 1 日 0 时起至今的毫秒数
int hashCode()	返回调用对象的哈希值
void setTime(long time)	按 time 的数值,设置时间和日期,time 表示自 1970 年 1 月 1 日 0 时起至今的以毫秒为单位的时间值
String toString()	将调用 Date 对象转换成字符串并且返回结果

【例 6-29】 Date 类的使用。

```
/*源文件名:DateExample.java*/
import java.util.Date;
public class DateExample{
  public static void main(String args[]){
    //创建 Date 对象
    Date date=new Date();
    //显示代表当前日期的字符串
    System.out.println(date);
    //显示代表当前日期的整数
    long msec=date.getTime();
    System.out.println("Milliseconds since Jan. 1, 1970 GMT="+msec);
  }
}
```

程序运行结果:

Mon Sep 05 08:46:05 CST 2016
Milliseconds since Jan. 1, 1970 GMT=1473036365483

人们经常需要比较日期大小,有三种方法可用于比较两个 Date 对象。首先,可以对两个对象使用 getTime()方法获得它们各自从 1970 年 1 月 1 日 0 时起至今的毫秒数,然后比较这两个值的大小。其次,可以使用 before()、after()和 equals()方法。例如,由于每个月的 12 号出现在 18 号之前,所以 new Date(99,2,12).before(new Date (99,2,18))将返回 true。最后,可以使用由 Comparable 接口定义被 Date 类实现的 compareTo()方法。

6.7.2 Calendar 类

Date 类中不包含日期和时间的分量数据,为了获得关于日期和时间的更加详细的信息,可以使用 Calendar 类。它提供了一组方法,这些方法允许将以毫秒为单位的时间转换为一组有用的分量。时间的分量单位包括:年、月、日、小时、分和秒。

Calendar 定义了几个受保护的实例变量。其中,areFieldsSet 是一个指示时间分量是否已经建立的 boolean 型变量;fields 是一个包含了时间分量的 int 数组;isSet 是一个指示特定时间分量是否已经建立的 boolean 数组;time 是一个包含了该对象的当前时间的 long 型变量;isTimeSet 是一个指示当前时间是否已经建立的 boolean 型变量。

由 Calendar 定义的一些常用的方法列在表 6-5 中。

表 6-5 由 Calendar 定义的常见方法

方 法	描 述
abstract void add(int field, int amount)	将 amount 加到由 field 指定的时间或日期分量上。为了实现减功能,可以加一个负数。field 必须是由 Calendar 定义的域之一,例如 Calendar.HOUR
boolean after(Object when)	如果调用 Calendar 对象所包含的日期晚于由 when 指定的日期,则返回 true;否则,返回 false
boolean before(Object when)	如果调用 Calendar 对象所包含的日期早于由 when 指定的日期,则返回 true;否则,返回 false
final void clear()	对调用对象的所有时间分量置 0
final void clear(int which)	在调用对象中,对由 which 指定的时间分量置 0
object clone()	返回调用对象的副本
boolean equals(Object obj)	如果调用 Calendar 对象所包含的日期与由 obj 指定的日期相等,则返回 true;否则,返回 false
int get(int field)	返回调用对象的一个分量的值,该分量由 field 指定。可以被请求的分量的实例有 Calendar.YEAR、Calendar.MONTH、Calendar.MINUTE 等
static Locale[] getAvailableLocales()	返回一个 Locale 对象的数组,其中包含了可以使用日历的地区
static Calendar getInstance()	对默认的地区和时区,返回一个 Calendar 对象
static Calendar getInstance(Locale aLocale)	对由 aLocale 指定的地区,返回一个 Calendar 对象,而时区使用默认的时区
static Calendar getInstance(TimeZone zone)	对由 zone 指定的时区返回一个 Calendar 对象
static Calendar getInstance(TimeZone zone, Locale aLocale)	对由 zone 指定的时区同时由 aLocale 指定的地区返回一个 Calendar 对象
final Date getTime()	返回一个与调用对象的时间相等的 Date 对象
TimeZone getTimeZone()	返回调用对象的时区
final boolean isSet(int field)	如果指定的时间分量被设置,则返回 true;否则,返回 false

续表

方法	描述
void set(int field, int value)	在调用对象中,将由 field 指定的日期和时间分量赋给由 value 指定的值。field 必须是由 Calendar 定义的域之一,例如 Calendar.HOUR
final void set(int year, int month, int date)	设置调用对象的各种日期和时间分量
final void set(int year, int month, int date, int hourOfDay, int minute)	设置调用对象的各种日期和时间分量
final void set(int year, int month, int date, int hourOfDay, int minute, int second)	设置调用对象的各种日期和时间分量
final void setTime(Date date)	设置调用对象的各种日期和时间分量,该信息从 Date 对象 date 中获得
void setTimeZone(TimeZone value)	将调用对象的时区设置为由 value 指定的时区

Calendar 定义了下面的 int 常数,这些常数用于得到或设置日历分量。

AM	FRIDAY	PM
AM_PM	HOUR	SATURDAY
APRIL	HOUR_OF_DAY	SECOND
AUGUST	JANUARY	SEPTEMBER
DATE	JULY	SUNDAY
DAY_OF_MONTH	JUNE	THURSDAY
DAY_OF_WEEK	MARCH	TUESDAY
DAY_OF_WEEK_IN_MONTH	MAY	UNDECIMBER
DAY_OF_YEAR	MILLISECOND	WEDNESDAY
DECEMBER	MINUTE	WEEK_OF_MONTH
DST_OFFSET	MONDAY	WEEK_OF_YEAR
ERA	MONTH	YEAR
FEBRUARY	NOVEMBER	ZONE_OFFSET
FIELD_COUNT	OCTOBER	

【例 6-30】 Calendar 的使用。

```
/*源文件名:CalendarExample.java*/
import java.util.Calendar;
class CalendarExample {
  public static void main(String args[]){
    String months[]={
      "Jan", "Feb", "Mar", "Apr",
      "May", "Jun", "Jul", "Aug",
      "Sep", "Oct", "Nov", "Dec"};
    //创建 Calendar 对象
    Calendar calendar=Calendar.getInstance();
```

```
        //显示日期信息
        System.out.print("Date: ");
        System.out.print(months[calendar.get(Calendar.MONTH)]);
        System.out.print(" "+calendar.get(Calendar.DATE)+" ");
        System.out.println(calendar.get(Calendar.YEAR));
        System.out.print("Time: ");
        System.out.print(calendar.get(Calendar.HOUR)+":");
        System.out.print(calendar.get(Calendar.MINUTE)+":");
        System.out.println(calendar.get(Calendar.SECOND));

        calendar.set(Calendar.HOUR, 10);
        calendar.set(Calendar.MINUTE, 29);
        calendar.set(Calendar.SECOND, 22);
        System.out.print("Updated time: ");
        System.out.print(calendar.get(Calendar.HOUR)+":");
        System.out.print(calendar.get(Calendar.MINUTE)+":");
        System.out.println(calendar.get(Calendar.SECOND));
    }
}
```

程序运行结果：

```
Date: Sep 5 2016
Time: 9:24:21
Updated time: 10:29:22
```

6.7.3 DateFormat 类

DateFormat 类主要用来创建日期格式化器，由格式化器将日期转换为各种日期格式串输出。getDateInstance()方法可以返回一个 DateFormat 类的实例，这个对象可以格式化日期信息。

```
static final DateFormat getDateInstance()
static final DateFormat getDateInstance(int style)
static final DateFormat getDateInstance(int style, Locale aLocale)
```

在这里，参数 style 是下列值中的一个：DEFAULT、SHORT、MEDIUM、LONG 或FULL。这些都是 DateFormat 类定义的整数常量，代表着日期显示的不同方式。参数 aLocale 是由 Locale 类定义的静态引用之一。如果 style 或者 Locale 没有被指定，将使用默认方式。

在这个类中最常用的方法是 format()。它有几种重载方式，其中的一种如下所示：

```
final String format(Date d)
```

这个方法的参数是一个将要显示的 Date 对象。这个方法返回一个包含了格式化信息的字符串。

getTimeInstance()方法返回了一个 DateFormat 的实例,用来格式化时间信息。该方法如下所示:

```
static final DateFormat getTimeInstance()
static final DateFormat getTimeInstance(int style)
static final DateFormat getTimeInstance(int style, Locale locale)
```

参数 style 是 DEFAULT、SHORT、MEDIUM、LONG 或 FULL 中的一个。这些整数常量是由 DateFormat 类定义的,它们决定了时间显示的不同方式。参数 locale 是由 Locale 类定义的静态引用之一。如果 style 或者 locale 没有被指定,将使用默认方式。

getDateTimeInstance()方法返回了一个 DateFormat 的实例,用来格式化日期信息,也可以用来格式化时间信息。

6.7.4 SimpleDateFormat 类

SimpleDateFormat 类是 DateFormat 类的一个子类,用来自定义显示日期和时间信息的格式化模型。它的一个构造方法如下:

```
SimpleDateFormat(String formatString)
```

formatString 参数描述了如何显示日期和时间信息。例如:

```
SimpleDateFormat sdf=SimpleDateFormat("dd MMM yyyy hh:mm:ss zzz");
```

在格式化字符串中使用的格式符号决定了信息的显示方式。在表 6-6 中列举了这些符号并且分别给出了解释。

表 6-6　SimpleDateFormat 中用于格式化字符串的符号

符号(Symbol)	描述
a	上午(AM)或下午(PM)
d	一个月中的某天(1~31)
h	上午或下午的某小时(1~12)
k	一天中的某小时(1~24)
m	一小时里的某分钟(0~59)
s	一分钟里的某一秒(0~59)
w	一年中的某星期(1~52)
y	年
z	时区
D	一年里的某一天(1~365)
E	一星期里的某天(例如星期四)
F	某月的工作日数

续表

符号(Symbol)	描述
G	纪元(即 AD 或 BC)
H	一天中的某小时(0~23)
K	上午或下午的某小时(0~11)
M	月份
S	秒中的毫秒
W	某月中的某个星期(1~5)

在大多数情况下,字符数中一个符号重复的次数决定了如何显示日期。如果模式字母被重复的次数不超过 4 次,那么文本信息将用压缩的形式显示;否则,将使用没有压缩的形式显示。例如,一个 zzzz 模式可以显示太平洋白天时间,所以一个 zzz 模式可以显示 PDT。

对于数字,时间数字中一个模式字符被重复的次数决定了多少数字将出现。例如,hh:mm:ss 可以代表 01:51:15,但是 h:m:s 显示相同的值为 1:51:15。

M 或者 MM 将使月用一个和两个数字来显示。然而,三个以上 M 的重复将使月作为文本字符来显示。

【例 6-31】 如何使用 SimpleDateFormat 类。

```
/*源文件名:SimpleDateFormatExample.java*/
package example6_31;
import java.text.SimpleDateFormat;
import java.util.Date;
public class SimpleDateFormatExample {
    public static void main(String args[]){
        Date date=new Date();
        SimpleDateFormat sdf;
        sdf=new SimpleDateFormat("yyyy-MM-dd hh:mm:ss");
        System.out.println(sdf.format(date));
        sdf=new SimpleDateFormat("hh:mm:ss");
        System.out.println(sdf.format(date));
        sdf=new SimpleDateFormat("dd MMM yyyy hh:mm:ss zzz");
        System.out.println(sdf.format(date));
        sdf=new SimpleDateFormat("E MMM dd yyyy");
        System.out.println(sdf.format(date));
    }
}
```

程序运行结果:

2016-10-08 08:42:58
08:42:58

6.8 算术实用类

6.8.1 Math 类

Math 类是一个最终类，Math 类包含执行初等指数、对数、平方根及三角函数等基本数值操作所用的方法（静态方法）。类的定义如下：

public final class Math extends Object

下面列出其中常用的属性和方法的定义。

(1) 两个 double 型常量

public static final double E——近似值为 2.72。

public static final double PI——近似值为 3.14。

(2) 三角函数

public static double sin(double a)。

public static double cos(double a)。

public static double tan(double a)。

public static double asin(double a)。

public static double acos(double a)。

public static double atan(double a)。

(3) 角度、弧度转换函数

public static double toRadians(double angdeg)。

public static double toDegrees(double angrad)。

(4) 代数函数

public static double exp(double a)——以 e 为底的指数函数。

public static double log(double a)——自然对数函数。

public static double sqrt(double a)——计算平方根。

public static double ceil(double a)——返回与大于等于参数的最小整数相等的 double 类型数。

public static double floor(double a)——返回与小于等于参数的最大整数相等的 double 类型数。

public static double random()——返回一个在 0.0～1.0 之间的 double 类型随机数。

(5) 其他数据类型的重载方法

还有三个其他数据类型的重载方法：

public static int abs(int a)——返回参数的绝对值。

public static int max(int a, int b)——返回两个参数中的较大者。

public static int min(int a, int a)——返回两个参数中的较小者。

【例 6-32】 Math 类中的 min()方法使用。

```
/*源文件名:Minimum.java*/
public class Minimum {
    public static void main(String[] args){
        int[] a={ 75, 43, 52, 14, 32, 41, 22, 11, 33, 84, 89 };
        int min=a[0];
        for(int i=1; i<a.length; i++){
            min=Math.min(min, a[i]);
        }
        System.out.println("The minimum value is:"+min);
    }
}
```

程序运行结果：

```
The minimum value is:11
```

6.8.2 Random 类

使用 Math 类中的 random 方法可产生一个 0~1 之间的伪随机数，这种方式比较简单。为了满足编程对随机数的需要，Java 在 Random 类中提供了更多的功能，Random 类是伪随机数的产生器。之所以称为伪随机数，是因为它们是简单的均匀分布序列。为了使 Java 程序有良好的可移植性，应该尽可能地使用 Random 类来生成随机数。Random 定义了下面的构造方法。

Random()：创建一个使用系统当前时间作为起始值或称为初值的数字发生器。

Random(long seed)：允许人为指定一个初值。

如果用初值初始化一个 Random 对象，就对随机序列定义了起始点。如果用相同的初值初始化另一个 Random 对象，将获得同一随机序列。如果要生成不同的序列，应当指定不同的初值。实现这种处理的最简单的方法是使用当前时间作为产生 Random 对象的初值。这种方法减少了得到相同序列的可能性。

由 Random 定义的公共方法列在表 6-7 中。

表 6-7 由 Random 定义的公共方法

方　　法	描　　述
boolean nextBoolean()	返回下一个布尔型(boolean)随机数
void nextBytes(byte[] bytes)	用随机产生的值填充 bytes 数组
double nextDouble()	返回下一个双精度型(double)随机数
float nextFloat()	返回下一个浮点型(float)随机数
double nextGaussian()	返回下一个高斯随机数
int nextInt()	返回下一个整型(int)随机数

续表

方法	描述
int nextInt(int bound)	返回下一个介于 0～bound 之间的整型(int)随机数
long nextLong()	返回下一个长整型(long)随机数
void setSeed(long seed)	将由 seed 指定的值作为种子值(也就是随机数产生器的开始值)

正如所看到的,从 Random 对象中可以提取多种类型的随机数。从 nextBoolean()方法中可以获得随机布尔型随机数;通过调用 nextBytes()方法可以获得随机字节数;通过调用 nextInt()方法可以获得随机整型数;通过调用 nextLong()方法可以获得均匀分布的长整型随机数;通过调用 nextFloat()和 nextDouble()方法可以分别得到在 0.0～1.0 之间的、均匀分布的 float 和 double 随机数。最后,调用 nextGaussian()方法返回中心在 0.0、标准偏差为 1.0 的 double 值,这就是著名的钟型曲线。

【例 6-33】 Random 类中方法的应用。

```java
/*源文件名:RandomExample.java*/
import java.util.*;
class RandomExample{
  public static void main(String[] args){
    Random r1=new Random(1234567890L);
    Random r2=new Random(1234567890L);
    boolean b1=r1.nextBoolean();
    boolean b2=r2.nextBoolean();
    int i1=r1.nextInt(100);
    int i2=r2.nextInt(100);
    double d1=r1.nextDouble();
    double d2=r2.nextDouble();
    System.out.println(b1);
    System.out.println(b2);
    System.out.println(i1);
    System.out.println(i2);
    System.out.println(d1);
    System.out.println(d2);
  }
}
```

程序运行结果:

```
true
true
42
42
0.975287909828516
```

0.975287909828516

上例中创建了两个随机数生成器,使用的种子数值相同。从结果可以看出,由这两个生成器产生的随机数序列是完全相同的,印证了使用同一个种子时,相同次数生成的随机数字是一样的,程序中生成了 boolean、int 和 double 型随机数,Random 类还可以生成其他类型的随机数,如 long、float 等。注意,Random 包含在 java.util 包中,程序需要引入该包。

6.9 枚举

计算机程序有时需要处理一些非数值型的数据,例如性别、月份、星期几、颜色等,这些都不是数值数据。通常可以定义一个数值常量来代表某一状态,但这种处理方法不够直观,可读性差。如果能在程序中用自然语言中已有的单词来代表某一状态,那么代码就很容易阅读和理解。事先考虑到某一变量可能的取值,尽量用自然语言中含义清楚的单词来表示它们,这种方法称为枚举方法,用这种方法定义的类型即为枚举类型。在生活中有许多关于枚举的例子,例如,用来表示星期几的 SUNDAY、MONDAY、TUESDAY、WEDNESDAY、THURSDAY、FRIDAY 和 SATURDAY 就是一组枚举值。

在 Java 5 以前,枚举值经常被定义成内容相关的一组常量。例如:

```
public static final int RED=0;
public static final int GREEN=1;
public static final int BLUE=2;
```

而从 Java 5 开始,可以使用 enum 关键字将一组枚举值定义在一个枚举类型中。枚举类型的一般定义形式如下:

```
enum 枚举名{ 枚举值表 };
```

【例 6-34】 枚举的简单定义。

```
/*源文件名:EnumColor1.java*/
enum Color {
  RED, GREEN, BLUE;
}
public class EnumColor1 {
  public static void main(String[] args){
    Color c=Color.RED;                      //得到红色
    System.out.println(c);
  }
}
```

程序运行结果:

```
RED
```

上例是最简单的一种枚举定义方法。可以看出,枚举的定义形式与类或接口的定义相似，只不过将 class 或 interface 关键字替换成了 enum，其中枚举值的变量名和值也简单地保持一致。枚举的语法限制也与 class 相同，当使用 public 修饰该枚举类型时，枚举定义代码应置于一个同名的 Java 源文件中。如果在上例的枚举定义前添加 public 修饰符，则会抛出编译错误，要求在单独的源文件中定义该枚举类型。

其实，枚举值的变量名和值可以是不同的，这时需要给出额外的构造方法。

【例 6-35】 枚举的变量名和值不同。

```java
/*源文件名:EnumColor2.java*/

enum Color {
  RED("红色"), GREEN("绿色"), BLUE("蓝色");

  private String name;

  public String getName(){
    return name;
  }

  public void setName(String name){
    this.name=name;
  }

  Color(String name){
    this.setName(name);
  }
}

public class EnumColor2 {
  public static void main(String[] args){
    Color c=Color.RED;                        //得到红色
    System.out.println(c.getName());
  }
}
```

程序运行结果：

红色

如果不想提供额外的构造方法，还有另外一种选择就是覆写源自 Object 类的 toString() 方法，令其返回值与枚举值的名字不同。

【例 6-36】 覆写 toString() 方法的枚举定义。

```java
/*源文件名:EnumColor3.java*/

enum Color {
  RED {
    public String toString(){
      return "红色";
    }
```

```
    },
    GREEN {
        public String toString(){
            return "绿色";
        }
    },
    BLUE {
        public String toString(){
            return "蓝色";
        }
    };
}

public class EnumColor3 {
    public static void main(String[] args){
        Color c=Color.RED;                    //得到红色
        System.out.println(c);
    }
}
```

程序运行结果:

红色

这段代码同样能够达到令枚举值的变量名和值不相同的目的。不过要注意的是,虽然代码分成了多行,但枚举值与枚举值之间仍然使用逗号分隔,属于同一行语句。

switch 语句中除了能够使用 int 和 char 类型变量外,也增加了对枚举类型的支持。

【例 6-37】 枚举在 switch 语句中的使用。

```
/*源文件名:EnumSwitch.java*/
enum Color {
    RED, GREEN, BLUE;
}

public class EnumSwitch {
    public static void printColor(Color color){
        switch(color){
        case RED: {
            System.out.println("红色");
            break;
        }
        case GREEN: {
            System.out.println("绿色");
            break;
        }
        case BLUE: {
```

```java
      System.out.println("蓝色");
      break;
    }
  }
  public static void main(String[] args){
    printColor(Color.RED);
  }
}
```

程序运行结果：

红色

上例中需要注意一点，switch 的分支条件应使用枚举类型的变量，而 case 语句后不应出现枚举类名。

随着枚举在 Java 语法中的出现，在 java.lang 包下新增了一个枚举类（Enum 类），它的作用是用来构造新的枚举类型。程序员无法直接调用它的构造方法，该类仅限于编译器在遇到 enum 关键字时的内部调用。相对于 Enum 类，enum 关键字则是程序员必须掌握的枚举创建方法。

集合框架也添加了对枚举的支持，相关类有 EnumMap 和 EnumSet。EnumMap 是 Map 接口的具体实现类，操作的方法与 Map 一致。同样，EnumSet 也是 Set 接口的实现类。下面以 EnumMap 为例，演示枚举相关集合类的使用。

【例 6-38】 EnumMap 的使用。

```java
/*源文件名:EnumMapDemo.java*/
import java.util.EnumMap;
import java.util.Map;

enum Color {
  RED, GREEN, BLUE;
}

public class EnumMapDemo {
  public static void main(String[] args){
    EnumMap<Color, String>  eMap=new EnumMap<Color, String>(Color.class);
    eMap.put(Color.RED, "红色");
    eMap.put(Color.GREEN, "绿色");
    eMap.put(Color.BLUE, "蓝色");
    for(Map.Entry<Color, String>  me : eMap.entrySet()){
      System.out.println(me.getKey()+" -->"+me.getValue());
    }
  }
}
```

程序运行结果：

```
RED -->红色
GREEN -->绿色
BLUE -->蓝色
```

6.10 Annotation

Annotation 的对应中文称为注解,它也是从 Java5 开始引入的新特性。Annotation 提供了一种安全的类似注释的说明机制,用来将任何的信息或元数据(metadata)与程序元素(类、方法、成员变量等)进行关联。通俗地讲,Annotation 是为程序的元素(类、方法、成员变量)加上的说明信息。但 Annotation 有别于普通注释的是这些说明信息与程序的业务逻辑无关,而是专门提供给指定的工具或框架使用的。

Annotation 像一种修饰符一样,应用于包、类型、构造方法、方法、成员变量、参数及本地变量的声明语句中。Annotation 一般作为一种辅助途径,应用在软件工具或框架中,这些工具或框架根据不同的注解信息采取不同的处理过程或者改变相应程序元素的行为。例如,JUnit、Struts、Spring 等流行工具或框架中均广泛使用了 Annotation,使代码的灵活性大大提高,能够达到减少配置(通常是 XML 配置文件)甚至是零配置的最佳实践目标。

Java5 自带了三个标准 Annotation 类型。

(1) @Override

Override 被用作标注方法,它说明了被标注的方法重写了父类的方法,起到了断言的作用。如果在一个没有覆盖父类方法的方法上使用了 Override 注解,编译器将给出一个编译错误来警示。代码示例:

```
@Override
public String toString(){
    ...
}
```

(2) @Deprecated

Deprecated 的意思是过时的、不建议使用的。当一个类型或者类型成员使用 @Deprecated 修饰的话,编译器将不鼓励使用这个被标注的程序元素。代码示例:

```
@Deprecated
public Date(int year, int month, int date)
```

表明该 Date 类的构造方法已经不推荐使用了。使用 Deprecated 的理由有很多,也许是原有代码性能低下,也许是涉及线程安全方面的考量。因此,在遇到该注解时应尽量换用更好的替代方案进行编码。

(3) @SuppressWarnings

此注解能告诉 Java 编译器关闭对类、方法及成员变量的警告信息。有时编译时会提出一些警告以提醒我们可以更好的优化代码,现有代码有的隐藏着 Bug 可以优化,有的则是无法避免的。对于某些不想看到的警告信息,可以使用 SuppressWarnings 注解来屏蔽提醒。将需要过滤的警告信息字符串放在 SuppressWarnings 之后的小括号中,有多个关键字时内层用大括号包裹,相互间用逗号分隔。

示例代码:

```
@SuppressWarnings("unchecked")
@SuppressWarnings({"unchecked","rawtype"})
```

6.11　Lamda 表达式

Lamda(λ)表达式又被称为"闭包"或"匿名方法"。它是在 Java8 中引入的一种全新的 Java 语法结构,读者若有.NET 背景基础会更容易理解。Lamda 使用类似 JavaScript 回调函数,但是更加简洁清晰的表达式语法来构建代码结构。

既然 Lamda 表达式又称为匿名方法,那么先来回忆一下前面学过的也与匿名有关的一个知识点——匿名内部类。在 Java 应用开发中,应用匿名内部类最多的地方就是 Swing 编程和多线程编程,下面以多线程的创建为例进行说明。在 Java8 以前,多线程的创建启动代码如例 6-39 所示。

【例 6-39】　未使用 Lamda 表达式的线程创建。

```
/*源文件名:LamdaBefore.java*/
public class LamdaBefore {
  public static void main(String[] args){
    new Thread(new Runnable(){            //使用匿名内部类创建线程
      @Override
      public void run(){
        System.out.println("Before Java8 ");
      }
    }).start();
  }
}
```

程序运行结果:

```
Before Java8
```

作为 new Thread 构造方法参数的 new Runnable() {…}就是一个匿名内部类,该类实现了 Runnable 接口,给出了 run()方法的具体实现。在使用了 Lamda 表达式后,创建线程的代码段可以压缩为一行,使得代码更加简洁优雅。

【例 6-40】　使用 Lamda 表达式的线程创建。

```
/*源文件名:LamdaDemo.java*/
public class LamdaDemo {
  public static void main(String[] args){
    new Thread(()->System.out.println("In Java8!")).start();
                                                    //使用 Lamda 表达式
```

        }
    }

程序运行结果：

In Java8!

可以看出，Lamda 表达式省略了用于创建匿名内部类的模板式的代码结构，更专注于对匿名内部类中抽象方法的实现。它会在运行时，根据当前语境去准确匹配所需匿名内部类的继承父类或实现接口，以及所需实现的抽象方法，并将箭头后的语句作为方法体。就像泛型能使开发人员对数据类型进行抽象一样，Lamda 表达式的目的是让程序员能够对程序行为进行抽象。

Lamda 表达式的语法格式如下：

```
(params)->expression
(params)->statement
(params)->{ statements }
```

Lamda 整个表达式由以下三部分组成。

（1）参数列表：圆括号中为参数列表，参数之间用逗号隔开；参数可以写类型，也可以省略；如果只有一个参数，圆括号可以省略。

（2）箭头：—＞表示参数的传递。

（3）方法体：可以是表达式，也可以是一或多条语句。当方法有返回值时，若只有一条语句则可以省略 return 关键字和大括号。

在例 6-40 中方法并不需要任何参数，只负责输出到控制台，所以可以简写如下：

```
()->System.out.println("In Java8!");
```

如果方法接受两个方法参数并需要计算，那么示例代码如下：

```
(int even, int odd)->even+odd
```

在 Swing 编程中，经常要编写事件侦听器。使用 lamda 表达式可以写出更好的事件侦听器的代码。

未使用 Lamda 表达式的示例代码如下：

```
JButton show=new JButton("Show");
show.addActionListener(new ActionListener(){
  @Override
  public void actionPerformed(ActionEvent e){
    System.out.println("without lambda expression");
  }
});
```

使用 Lamda 表达式的示例代码如下：

```
show.addActionListener((e)->{
```

```
        System.out.println("Lamda expressions awesome!");
});
```

在移动开发领域,Android 应用的开发语言就是 Java。类似于 Swing 编程,Android 应用程序的开发也大量依赖于事件监听机制,对于各种 UI 组件的用户操作都需要编写对应的行为代码,因此 Lamda 表达式的使用也相当广泛。

6.12 项目案例

6.12.1 学习目标

(1)熟练掌握字符串的合并操作。
(2)可以在不同的日期格式之间熟练地实现转换。
(3)熟练掌握集合中元素的增加、删除、修改和查询操作。
(4)熟练掌握常用注解。
(5)熟练掌握集合中泛型的语法结构。

6.12.2 案例描述

程序使用集合来模拟数据库的数据存储,通过一系列的增加、删除、修改、查询方法对集合中的数据进行操作。人员类 PersonVO 的属性信息包括 ID、姓名、年龄、生日和地址;定义接口 IPersonDAO 来规定数据操作的行为;在接口的实现类 PersonDAOImpl 中编写数据操作的实现代码。

6.12.3 案例要点

(1)本案例中需要覆写 Object 类中的 toString()方法,并使用 StringBuilder 进行字符串拼接。
(2)本案例中用到的集合是 LinkedList 类,便于元素的随机插入与删除。
(3)本案例中用到了 SimpleDateFormat 类进行日期格式的转换。

6.12.4 案例实施

(1)编写 PersonVO 类。

```
package final_example;

import java.text.SimpleDateFormat;
import java.util.Date;

/**
 * 人员类
 */
public class PersonVO {
    private Integer pid;
```

```java
    private String name;
    private Integer age;
    private Date birthday;
    private String address;
    public PersonVO(){
    }
    public PersonVO(Integer pid, String name, Integer age, Date birthday, String address){
        this.pid=pid;
        this.name=name;
        this.age=age;
        this.birthday=birthday;
        this.address=address;
    }
    public Integer getPid(){
        return pid;
    }
    public void setPid(Integer pid){
        this.pid=pid;
    }
    public String getName(){
        return name;
    }
    public void setName(String name){
        this.name=name;
    }
    public Integer getAge(){
        return age;
    }
    public void setAge(Integer age){
        this.age=age;
    }
    public Date getBirthday(){
        return birthday;
    }
    public void setBirthday(Date birthday){
        this.birthday=birthday;
    }
    public String getAddress(){
```

```java
        return address;
    }

    public void setAddress(String address){
        this.address=address;
    }

    @Override
    public String toString(){
        SimpleDateFormat dateFormat=new SimpleDateFormat("yyyy-MM-dd");
        StringBuilder builder=new StringBuilder();
        builder.append("人员编号:").append(pid)
            .append("\t姓名:").append(name)
            .append("\t年龄:").append(age)
            .append("\t生日:").append(dateFormat.format(birthday))
            .append("\t地址:").append(address);
        return builder.toString();
    }
}
```

(2) 制定数据操作的接口。

```java
package final_example;

import java.util.List;

/**
 * 增加、删除、修改、查询操作的接口
 */
public interface IPersonDAO {
    /**
     * 数据的增加操作
     *
     * @param person
     * @return boolean
     */
    public boolean add(PersonVO person);

    /**
     * 数据的修改操作
     *
     * @param person
     * @return boolean
     */
    public boolean edit(PersonVO person);

    /**
     * 数据的删除操作
```

```
     *
     * @param pid
     * @return boolean
     */
    public boolean delete(Integer pid);

    /**
     * 根据ID查询数据
     *
     * @param pid
     * @return PersonVO
     */
    public PersonVO findById(Integer pid);

    /**
     * 查询全部的记录,支持关键字查询
     *
     * @param keyword
     * @return List<PersonVO>
     */
    public List<PersonVO> findAll(String keyword);
}
```

(3)数据操作接口的具体实现类。

```
package final_example;

import java.util.ArrayList;
import java.util.List;

public class PersonDAOImpl implements IPersonDAO {
    private List<PersonVO> data;

    public PersonDAOImpl(List<PersonVO> data){
        this.data=data;
    }

    @Override
    public boolean add(PersonVO person){
        data.add(person);
        return true;                              //操作成功
    }

    @Override
    public boolean edit(PersonVO person){
        boolean flag=false;                       //操作成功与否的标志位
        if(person.getPid()!=null)
            for(PersonVO p : data){
                if(person.getPid().equals(p.getPid())){
```

```java
                p=person;
                flag=true;
                break;
            }
        }
    return flag;                                    //操作成功
}

@Override
public boolean delete(Integer pid){
    boolean flag=false;                             //操作成功与否的标志位
    if(pid !=null)
        for(PersonVO p : data){
            if(pid.equals(p.getPid())){
                data.remove(p);
                flag=true;
                break;
            }
        }
    return flag;                                    //操作成功
}

@Override
public PersonVO findById(Integer pid){
    PersonVO person=null;
    if(pid !=null)
        for(PersonVO p : data){
            if(pid.equals(p.getPid())){
                person=p;
                break;
            }
        }
    return person;
}

@Override
public List<PersonVO> findAll(String keyword){
    List<PersonVO> results=new ArrayList<PersonVO>();
    if(keyword !=null && !keyword.isEmpty())
        for(PersonVO p : data){
            if(p.toString().contains(keyword)){
                results.add(p);
            }
        }
    else
        results=data;
```

```
        return results;
    }
}
```

(4) 编写测试类：Test.java。

```java
package final_example;

import java.util.List;
import java.util.Calendar;
import java.util.Date;
import java.util.LinkedList;

public class Test {
    public static void main(String[] args){
        List<PersonVO> data=new LinkedList<PersonVO>();
        IPersonDAO dao=new PersonDAOImpl(data);

        //增加数据
        Calendar calendar=Calendar.getInstance();
        calendar.set(2006, 0, 1);
        PersonVO person1=new PersonVO(1, "张三", 11, new Date(calendar
            .getTimeInMillis())), "黑龙江省大庆市");
        dao.add(person1);
        calendar.set(1995, 1, 2);
        PersonVO person2=new PersonVO(2, "李四", 22, new Date(calendar
            .getTimeInMillis())), "河北省秦皇岛市");
        dao.add(person2);
        List<PersonVO> results=dao.findAll("市");
        for(PersonVO p : results)
            System.out.println(p.toString());

        //修改数据
        person1.setAge(33);
        calendar.set(1984, 2, 3);
        person1.setBirthday(new Date(calendar.getTimeInMillis()));
        dao.edit(person1);
        PersonVO result=dao.findById(1);
        System.out.println("\n"+result.toString()+"\n");

        //删除数据
        dao.delete(2);
        results=dao.findAll(null);
        for(PersonVO p : results)
            System.out.println(p.toString());
    }
}
```

(5) 运行结果。

人员编号:1	姓名:张三	年龄:11	生日:2006-01-01	地址:黑龙江省大庆市
人员编号:2	姓名:李四	年龄:22	生日:1995-02-02	地址:河北省秦皇岛市
人员编号:1	姓名:张三	年龄:33	生日:1984-03-03	地址:黑龙江省大庆市
人员编号:1	姓名:张三	年龄:33	生日:1984-03-03	地址:黑龙江省大庆市

6.12.5 特别提示

(1) PersonVO 类之所以可以输出所有信息,是因为重写了继承自 Object 类的 toString() 方法。

(2) 如果这个集合不用 LinkedList 类也是可以实现的,读者可以自行修改为 HashSet 或 HashMap 类测试,但在 PersonVO 中应重写继承自 Object 类的 hashCode() 与 equals() 方法,以正确区分不同的实例对象。

(3) 各个不同的集合之间存在着一定的差异,这些差异主要表现在性能、是否排序、是否支持重复数据、安全等。读者可以通过循环语句模拟大量数据的增删改查操作,并在测试代码前后使用 System.currentTimeMillis() 记录执行时间,然后比较不同方案间的性能差异。

(4) 声明集合时使用了泛型语法严格限制了集合中元素的数据类型,这样做避免了不同类型数据的混合存储,当从集合中获取元素时就无须使用 instanceof 再进行判断了。

6.12.6 拓展与提高

在向集合中插入数据的时候,并没有判断是否插入了重复的数据,这在实际的项目中是不可行的,因此在插入数据的时候应该首先判断,是否已经有相应的数据存在,依据就是 ID 是否唯一。这一功能在实现数据新增操作的时候需要首先判断,留给读者作为拓展练习。

本 章 总 结

本章主要介绍了面向对象的一些高级特性。

- 字符串文字代表一个 String 对象,字符串文字是对该字符串对象的引用。运算符 "+"出现在字符串的操作上时,执行的是字符串连接操作,如果另一个操作数不是 String 型,系统会在连接前自动将其转换成字符串。
- java.lang 包中有两个处理字符串的类 String 和 StringBuilder。String 类描述固定长度的字符串,其内容是不变的,适用于字符串常量。StringBuilder 类描述长度可变且内容可变的字符串,适用于需要经常对字符串中的字符进行各种操作的字符串变量。
- 学会 String 类的重载构造方法和常用实例方法的使用。StringBuilder 类的重载构造方法和常用实例方法的使用。
- Java API 中还有一个与 StringBuilder 功能类似的 StringBuffer 类,区别是

StringBuffer 加入了线程安全的处理，StringBuilder 没有考虑多线程环境，因此系统开销更少、执行速度更快，在绝大多数的情况下，推荐使用 StringBuilder 以实现更高的字符串处理效率。

- Java 提供了三个日期类：Date、Calendar 和 DateFormat。在程序中，对日期的处理主要是如何获取、设置和格式化，Java 的日期类提供了很多方法以满足程序员的各种需要。Date 和 Calendar 类在 java.util 包中，DateFormat 类在 java.text 包中，所以在使用前程序必须引入这两个包。
- 集合框架，简单地说，Collection 库里面的类是用来存放数据的，不同的接口有不同存放数据的特性和方式。在集合框架中，主要有以下接口：
  ◆ Collection 接口是一组允许重复的对象。
  ◆ Set 接口继承 Collection，但不允许重复，使用自己内部的一个排列机制。
  ◆ List 接口继承 Collection，允许重复，以元素安插的次序来放置元素，不会重新排列。
  ◆ Map 接口是一组成对的键-值对象，即所持有的是 key-value pairs。Map 中不能有重复的 key，其拥有自己的内部排列机制。
  其实 Collection 库使用起来并不难，只要搞清楚不同接口的特性、使用正确的方法即可。
- 算术运算经常使用 Math 类，要了解 Math 类的常量及方法的使用。还有了解 Random 类的使用。
- Java5 引入的新特性包括泛型（Generics）、枚举（Enumeration）和注解（Annotation），Java8 开始引入了 Lamda（λ）表达式，在巩固原有 Java 基础知识的同时，要尽可能地掌握新的 Java 语法特性。

习　题

一、选择题

1. 下列程序段执行后的结果是（　　）。

```
String s=new String("abcdefg");
for(int i=0;i<s.length();i+=3){
    System.out.print(s.charAt(i));
}
```

  A) adg   B) ACEG   C) abcdefg   D) abcd

2. 应用程序的 main 方法中有以下语句，则输出的结果是（　　）。

```
String s1="0.5",s2="12";
  String s3=s1+s2;
System.out.println(s3);
```

  A) 0.512   B) 120.5   C) 12   D) "12.5"

3. 下面的程序段执行后输出的结果是（　　）。

```
StringBuilder builder=new StringBuilder("hellojava");
builder.insert(5,"@");
System.out.println(builder.toString());
```

  A）@hellojava B）hello@java C）hellojava@ D）hello♯java

4. 下列方法属于java.lang.Math类的有（方法名相同即可）（　　）。

  A）random() B）run() C）sqrt() D）sin()

二、填空题

1. 下面语句的输出结果是_____。

```
string s1="java";
string s2="is";
string s3="easy";
System.outl.println(s1+s2+s3);
```

2. 表达式 new String("Hello").length()的值为_____。

3. 表达式 new String("Hi").toUpperCase()的结果是_____。

三、简答题

1. 如何使用String类和StringBuilder类分别创建两个字符串对象，并将其内容输出打印出来？

2. 哪些接口存放的数据是有序的？

3. 哪些接口存放的数据可以重复？

四、编程题

1. 使用String类的public String concat(String str)方法可以把调用该方法的字符串与参数指定的字符串连接，把str指定的串连接到当前串的尾部获得一个新的串。编写一个程序，通过连接两个串得到一个新串，并输出这个新串。

2. String类的public char charAt(int index)方法可以得到当前字符串index位置上的一个字符。编写程序使用该方法得到一个字符串中的第一个和最后一个字符。

3. 编写一个程序，打印系统当前日期。

第 7 章　Java 异常处理

本章重点
- 什么是异常，如何产生异常。
- 异常分成受检查的异常和不受检查的异常，有什么区别。
- 捕获处理异常，对于异常通常采用什么解决方式。
- 自定义异常类型。

本章主要讲解 Java 语言中的异常处理机制，通过学习要求掌握异常处理中的控制方法，学会抛出异常，以及编写自己的异常处理程序，当程序发生异常时，能够进行适当处理。

7.1　异常处理概述

"异常"指的是程序运行时出现的非正常情况。各种的错误都会让程序中断运行，也可能会让程序计算出来的数据不是人们所要的，有时候程序发生错误时可以重新运行一次，但是有些程序是不允许重新运行或者出现错误的结果的。例如，太空火箭的发射、财务的计算等。所以只有事先做好完全的预防准备，才能让损失降到最低。Java 语言当初在设计时就想到了这点，所以设计了异常处理的机制，在写程序时，能事先利用这个异常处理机制，当程序运行发生异常时能够做应变处理。

使用异常处理机制，至少在以下三个方面具有优势。

（1）在用传统的语言编程时，程序员只能通过函数的返回值来知道错误信息，为了保证程序的健壮性，程序员不得不写下大量的 if…else 之类的判断语句，而且这些判断语句往往是嵌套的，导致程序的可读性降低，代码也难以维护。

引入异常处理机制之后，程序员写程序时完全可以认为不会发生异常，一直按照正常的程序处理流程写下去，直到正常流程写完再写捕获异常流程，并进行相应程序段的处理就可以了。这就避免了写大量的 if…else 之类的判断语句的麻烦。

（2）由于函数只能有一个返回值，所以在很多情况下，难以区分返回的到底是正常值还是错误信息的代码。一种处理变通的方式是用全局变量 errno 来存储错误类型（在 Windows API 中，存在大量这样的函数），这要求程序员自己主动去查找此全局变量。这不仅增加了编程的负担，而且一旦程序员忘记做这项工作就会导致一些意想不到的错误出现。

采用异常处理机制后，则不会发生这种情况，一旦有错误发生，被调用的方法会抛出异常，无论调用者是否记得处理这个异常，正常的程序流程都会被终止。

（3）在传统语言中，错误代码需要调用链上的函数一层一层地返回。例如，有这样一个调用链：A→B→C→D，如果在 D 中发生错误，将返回一个错误代码，如果 C 和 B 不处理这个错误,就必须将这个错误代码返回给上一级。如果其中有一个函数的编写者忘记这项工作,函数 A 将得不到有关的错误信息。

采用异常处理机制后,则不存在这个问题,在 D 中抛出的异常会存放在异常栈中,如果 B 和 C 不处理,仍然会传递给 A。极端情况下,即使 A 不处理它,系统也会来处理。

Java 对异常的处理是面向对象的。即异常是一种对象,一个 Java 的 Exception 是一个描述异常情况的对象。当出现某种运行错误时,一个 Exception 对象就产生了,并传递到产生这个"异常"的成员方法里。

7.1.1 程序中错误

编程人员在编写程序的时候错误是不可避免的。错误一般可分为编译错误和运行错误。

编译错误能够通过编译器检查出来,此时,程序不能运行。

运行错误是在程序运行过程中产生的错误,要排除运行错误,通常会设置断点来暂停程序运行,并采用单步运行机制一步一步发现错误,这就是程序的调试(Debug)。

但是,程序在运行之后才发现错误,就有可能造成不可挽回的损失。如果在运行期间,程序本身就能发现错误,并能停止运行或纠正错误,那么程序的健壮性将会极大地增强,Java 中的异常处理机制就实现了这个目的。

7.1.2 异常定义

异常是方法代码运行时出现的非正常状态,这种非正常状态使程序无法或不能再继续往下运行,一些常见的异常包括数组下标越界、除数为零、内存溢出、文件找不到和方法参数无效等。

【例 7-1】 异常范例。

下面程序中有一个表达式在计算时会引发被 0 除异常。

```
/*源文件名:Example7_1.java*/
class Example7_1{
    static void method(){
        int a=0;
        int b=10 / a;
    }
    public static void main(String[] args){
        method();
    }
}
```

例 7-1 在编译时可以正常通过,但是运行的时候出现如下提示:

```
Exception in thread "main" java.lang.ArithmeticException: / by zero
    at Example7_1.method(Example7_1.java:4)
    at Example7_1.main(Example7_1.java:7)
```

例 7-1 在运行过程中出现异常，程序中断执行，运行系统调用默认的异常处理程序。在控制台中，首先显示异常对象类型的名称和描述；接着显示方法调用栈的内容。最先调用的方法在栈的底部，先调用 main 方法，在 main 方法中调用了 method 方法，在 method 方法中第 4 行引发除数为零的算术异常。

7.2 异常分类

因为 Java 里的异常处理是面向对象的，所以需要知道异常类的层次结构，java.lang 包中的 Exception 类定义如下：

```
java.lang.Object
   └java.lang.Throwable
       └java.lang.Exception
```

所有已实现的接口：

```
Serializable
```

异常类的层次结构如图 7-1 所示。

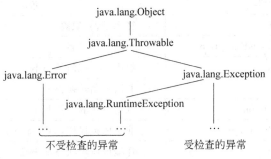

图 7-1 异常类的层次结构

在异常类层次的最上层有一个单独的类称为 Throwable，Throwable 类是 Object 类的直接子类，Throwable 类及其子类统称为异常类，每个异常类表示一种异常类型。Throwable 有两个直接的子类：Exception 类与 Error 类。RuntimeException 类是 Exception 类的直接子类。

（1）Error 类及其子类：表示普通程序很难恢复的异常。例如：

```
NoClassDefFoundError              //类定义没找到异常
OutOfMemoryError                  //内存越界异常
NoSuchMethodError                 //调用不存在的方法异常
```

一般情况下，这类异常比较少发生。

（2）RuntimeException 类及其子类：表示运行时由于设计或实现方面的问题引发的异常，例如：

```
ArithmeticException               //算术运算异常
```

```
ClassCastException              //强制类型转换异常
NullPointerException            //空引用异常
ArrayIndexOutOfBoundsException  //数组下标越界异常
NumberFormatException           //数字格式异常
```

一般情况下,这类异常应尽量直接处理,而不要把它们传送给调用者处理。

(3) Exception 类及其非 RuntimeException 子类:表示运行时因环境的影响而引发的异常,例如:

```
IOException                     //输入输出异常
```

其子类包括:EOFException、FileNotFoundException、InterruptedIOException 等。

```
InterruptedException            //中断异常
```

这类异常并非因设计或实现引起,是否发生由外界环境决定,无法避免。但是,在一般情况下,程序员应该提供相应的代码捕捉和处理。

常见的异常类如表 7-1 所示。

表 7-1 常见的异常类

异 常 类	说　　明
ArithmeticException	算术错误,如被 0 除
ArrayIndexOutOfBoundsException	数组下标出界
ArrayStoreException	数组元素赋值类型不兼容
ClassCastException	非法强制转换类型
IllegalArgumentException	调用方法的参数非法
IllegalMonitorStateException	非法监控操作,如等待一个未锁定线程
IllegalStateException	环境或应用状态不正确
IllegalThreadStateException	请求操作与当前线程状态不兼容
IndexOutOfBoundsException	某些类型索引越界
NullPointerException	非法使用空引用
NumberFormatException	字符串到数字格式非法转换
SecurityException	试图违反安全性
StringIndexOutOfBounds	试图在字符串边界之外索引
UnsupportedOperationException	遇到不支持的操作
ClassNotFoundException	找不到类
CloneNotSupportedException	试图克隆一个不能实现 Cloneable 接口的对象
IllegalAccessException	对一个类的访问被拒绝
InstantiationException	试图创建一个抽象类或者抽象接口的对象
InterruptedException	一个线程被另一个线程中断
NoSuchFieldException	请求的字段不存在
NoSuchMethodException	请求的方法不存在

7.3 异常处理

7.3.1 如何处理异常

Java 编译系统将所有的异常分为受检查的异常和不受检查的异常两类,如图 7-1 所示。受检查的异常要受到编译系统的检查又称为编译期异常;而不受检查的异常则不受编译系统的检查,统称为运行时异常。

基本上,异常处理分为抛出异常和捕获异常两个步骤。

1. 抛出异常

在程序运行过程中,当违反语义规则时,将会抛出(throw)异常,即产生一个异常事件,生成一个异常对象。

如果抛出的是受检查的异常就必须要进行捕捉处理或声明抛出,两者必选其一,否则编译系统将会报错。

如果抛出的是不受检查的异常就可以捕捉或声明抛出,也可以不加理会。

2. 捕获异常

异常抛出后,异常对象提交给运行系统,系统就会从产生异常的代码处开始,沿着方法调用栈进行查找,直到找到包含相应处理的方法代码,并把异常对象交给该方法进行处理,这个过程成为捕获(catch)异常。

7.3.2 处理异常的基本语句

Java 的异常处理是通过 5 个关键词来实现的,这 5 个关键词是 try、catch、throw、throws 和 finally。

1. 引发异常(throw 语句)

如果程序在运行中出现异常情况,异常可以由 Java 运行系统自动引发。例 7-1 程序在运行时,运行系统发现除数为 0 会引发一个异常,程序会中断,运行系统会调用默认的异常处理程序。会输出如下的结果:

```
Exception in thread "main" java.lang.ArithmeticException: / by zero
    at Example7_1.method(Example7_1.java:4)
    at Example7_1.main(Example7_1.java:7)
```

有时,某段语句中可能不会产生异常,但是有时候希望它产生异常,也可以用 throw 语句来明确地抛出一个"异常"。如例 7-2,如果要在第 3 行后抛出一个 ArithmeticException 类型的异常,那么可以在第 4 行加上下面的语句:

```
throw new ArithmeticException("x<y");
```

【例 7-2】 下面程序在第 3 行当 x 小于 y 时将引发 ArithmeticException 异常。

```
/*源文件名:Example7_2.java*/
```

```
class Example7_2 {
    static int method(int x,int y){
        if(x<y)
            throw new ArithmeticException("x<y");
        return x-y;
    }
    public static void main(String[] args){
        method(6, 9);
    }
}
```

关键字 throw 就是抛出异常的意思，new ArithmeticException()手动地创建了一个 ArithmeticException 类的对象，产生了一个异常。第 4 行调用的是带有指定描述信息串的异常类的构造方法，程序运行的结果如下：

```
Exception in thread "main" java.lang.ArithmeticException: x<y
        at Example7_2.method(Example7_2.java:4)
        at Example7_2.main(Example7_2.java:8)
```

2. 抛出异常（throws 语句）

例 7-1 和例 7-2 程序运行中引发的异常是不受检查的异常，那么当异常产生时，可以不进行处理，程序中断执行，并由运行系统调用默认的处理程序进行处理，但是如果引发的是受检查的异常，那么必须进行处理或者声明抛出。

下面程序例 7-3 与例 7-2 中的程序基本相同，只是 method 方法可能抛出的是一个受检查的 Exception 异常。

【例 7-3】 抛出异常示例。

```
/*源文件名:Example7_3.java*/
class Example7_3 {
    static int method(int x,int y){
        if(x < y)
            throw new Exception("x<y");
        return x-y;
    }
    public static void main(String[] args){
        int r=method(6, 9);
        System.out.println("r="+r);
    }
}
```

例 7-3 在编译时出错。因为在例 7-3 中第 4 行抛出的是受检查的 Exception 异常，但它既没有捕捉也没有声明抛出，所以是不能通过编译的，如果不进行捕捉处理，那么就必须用 throws 子句声明可能抛出这类异常，将异常交给方法的调用者去处理。更改上面的程序应该如下：

```
class Example7_3 {
    static int method(int x,int y)throws Exception {
        if(x <y)
            throw new Exception("x< y");
        return x- y;
    }
    public static void main(String[] args)throws Exception   {
        int r=method(6, 9);
        System.out.println("r="+r);
    }
}
```

异常是沿着方法调用的反方向传播,寻找并转入合适的异常处理代码执行。如果方法及其所有调用者都没有提供合适的处理代码,那么异常将最终传播到运行系统,由默认的异常处理代码进行处理,并终止程序执行,如图 7-2 所示。

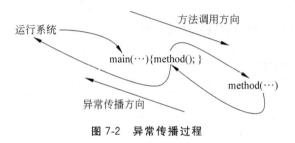

图 7-2　异常传播过程

3. 捕捉处理异常（try…catch 语句）

前面说,如果引发一个受检查的异常,那么就要进行捕捉处理或者不处理直接把异常抛出给调用者来处理。但是,通常情况下我们希望自己来处理异常并继续运行,以防止异常继续往外传播。Java 是用 try…catch…finally 语句来捕捉处理可能发生的异常,该语句的语法格式如下：

```
try {
    //此处是可能发生异常的代码
} catch(<异常类型 1><异常引用变量>){
    //<异常类型 1>异常的处理代码
} catch(<异常类型 2><异常引用变量>){
    //<异常类型 2>异常的处理代码
}
… //其他 catch 语句
finally {
//总是要执行的代码
}
```

通常,可以用 try 来指定一块预防所有异常的程序。紧跟在 try 程序后面,可以有多个 catch 子句,或者至少有一个 catch 或 finally 子句,如果没有 catch 子句,那么 try 语句后面紧跟 finally 语句也是合法的。

想要处理 try 语句中的异常程序,应包含至少一个 catch 子句来指定想要捕获的"异常"的类型。在某些情况下,同一段程序可能产生不止一种异常情况。可以放置多个 catch 子句,其中每一种"异常"类型都将被检查,第一个与之匹配的 catch 语句会被首先执行。特别要说明的是,如果一个异常类和其子类都同时存在,那么应把子类放在前面;否则,将永远不会到达检查子类的 catch 语句块。若两个 catch 子句捕捉同一类型的异常,编译系统也将给出错误信息。

如果 try 子句内的代码没有发生任何异常,那么跳过 catch 子句,直接执行后面的代码,当 try 子句发生异常时,如果没有一个 catch 子句能够捕捉到,那么异常从该 try 语句抛出并向外传播。

【例 7-4】 下面是一个有两个 catch 子句的程序例子。

```
/*源文件名:Example7_4.java*/
class Example7_4 {
 public static void main(String args[]){
  try {
   int a=args.length;
   System.out.println("a="+a);
   int b=42/a;
   int c[]={1};
   c[42]=99;
  }catch(ArithmeticException e){
   System.out.println("div by 0: "+e);
  }catch(ArrayIndexOutOfBoundsException e){
   System.out.println("array index oob: "+e);
  }
 }
}
```

如果在程序运行时不跟参数,将会引起一个 0 作除数的"异常",因为 a 的值为 0。程序运行结果如下:

```
C:\>java Example7_4
a=0
div by 0: java.lang.ArithmeticException: / by zero
```

如果提供一个命令行参数,将不会产生这个"异常",因为 a 的值大于 0。但会引起一个 ArrayIndexOutOfBoundsException 异常,因为整型数组 c 的长度是 1,却给 c[42]赋值。运行结果如下:

```
C:\>java Example7_4 1
a=1
array index oob: java.lang.ArrayIndexOutOfBoundsException: 42
```

4. finally 子句

当一个"异常"被抛出时,程序可能跳过 try 语句后面的某些行,或者由于没有与之匹配的 catch 子句而提前返回。如果想确保一段代码不管发生什么异常都被执行,那么就可以用关键词 finally 来标识这段代码。使用 finally 子句的好处是:控制流不管以何种原因离开 try 语句,都要先执行 finally 子句。

即使没有 catch 子句,finally 程序块也会在执行 try 程序块后的程序之前执行。每个 try 语句可以有多个 catch 子句,而且至少有一个 catch 子句或 finally 子句。

【例 7-5】 finally 子句举例。

```
/*源文件名:FinallyExample.java*/
class FinallyExample {
  static void method(int i){
     try {
     if(i==2){
   System.out.println("第 2 种情况:发生算术运算异常");
   throw new ArithmeticException();
     } if(i==3){
   System.out.println("第 3 种情况:发生数字格式异常");
   throw new NumberFormatException();
     } if(i==4){
   System.out.println("第 4 种情况:发生数组下标越界异常");
   throw new ArrayIndexOutOfBoundsException();
     }
     System.out.println("第 1 种情况:没有发生异常");
  } catch(ArithmeticException e){
     System.out.println("异常被捕捉处理"");
  } catch(ArrayIndexOutOfBoundsException e){
     System.out.println("异常被捕捉,但又被重新引发");
     throw e;
  } finally {
     System.out.println("这是 finally 子句");
  }
  System.out.println("这是 try 语句后的代码");
  }
  public static void main(String args[]){
  for(int i=1; i<5; i++){
     try {
   method(i);
     } catch(RuntimeException e){
   System.out.println("由 main 方法捕捉到异常");
     }
  }
  }
```

}

程序运行结果：

第1种情况：没有发生异常
这是 finally 子句
这是 try 语句后的代码
第2种情况：发生算术运算异常
异常被捕捉处理"
这是 finally 子句
这是 try 语句后的代码
第3种情况：发生数字格式异常
这是 finally 子句
由 main 方法捕捉到异常
第4种情况：发生数组下标越界异常
异常被捕捉，但又被重新引发
这是 finally 子句
由 main 方法捕捉到异常

5．再引发异常

如果 try 子句中发生异常，并由后面的某个 catch 子句捕捉处理了，但是在执行 catch 子句时可能又会引发新的异常，那么原来的异常被认为已经处理完了，新的异常或者由新的 try-catch 子句捕捉，或者向外传播给方法的调用者去处理。

【例 7-6】 再引发例外举例。

```java
/*源文件名:ExceptionAgain.java*/
import java.io.IOException;
class ExceptionAgain {
  static void method() throws IOException {
    try {
      throw new RuntimeException("demo_1");
    } catch(RuntimeException e){
      System.out.println("caught "+e +" in m1");
      throw new IOException("demo_2");
    }
  }
  public static void main(String args[]){
    try {
      method();
    } catch(IOException e){
      System.out.println("caught "+e +" in main");
    }
    System.out.println("exiting from main");
  }
}
```

程序的第 8 行在执行 catch 子句的时候引发了新的受检查的异常,并且没有相应的处理代码,所以 method 方法必须声明抛出该异常。

程序运行结果:

```
caught java.lang.RuntimeException: demo_1 in m1
caught java.io.IOException: demo_2 in main
exiting from main
```

7.4 自定义异常

除了 Java 系统提供的异常类外,还可以开发自己的异常类。这个工作实际上很简单,自定义异常往往会从 Exception 派生而来。创建用户自定义异常的语法格式如下:

class 自定义异常类名　extends 父类异常类名{类体;}

我们只要重写如下构造方法并提供错误消息即可。
Exception 类构造方法摘要如下:

- public Exception()。
- public Exception(String message)。
- public Exception(String message,Throwable cause)。
- public Exception(Throwable cause)。

【例 7-7】 自定义异常。

```java
/*源文件名:ExceptionTest.java*/
class MyException extends Exception {
    public MyException(String msg){ super(msg); }
    public MyException(){ this("My Exception"); }
}
//之后可以使用自定义异常
public class ExceptionTest {
    private static int i=1;
    public ExceptionTest(){
    }
    public static void main(java.lang.String[] arg){
        try{
            a();
        }catch(MyException e){ System.out.println(e.getMessage());}
    }
    private static void a() throws MyException {
        int i=0;
        if(i<10) throw new MyException("new desc");
    }
}
```

程序运行结果：

new desc

7.5 项目案例

7.5.1 学习目标

（1）熟悉异常对象的类型分类。
（2）掌握对异常对象的捕捉和处理。
（3）能够自定义异常类型。

7.5.2 案例描述

自定义异常类型 IntergerException 类，定义 People 类，声明 People 类的属性变量 age，当给 age 赋值超出 0~140 的范围时则抛出自定义的异常对象。

7.5.3 案例要点

Java 编译系统将所有的异常分为受检查的异常和不受检查的异常两类，如果要自定义异常类型，就要声明一个异常类型，最好让它继承自 Exception 类。如果产生自定义异常类型对象，就必须用捕捉语句进行捕捉处理。自定义异常类型格式如下：

```
class MyException extends Exception
{
    MyException(int  n)
     {
       …
     }
    public String toString()
    {
        return   …;
    }
 …
}
```

7.5.4 案例实施

案例代码如下：

/*源文件名:Test.java*/

```
class IntergerException extends Exception{
    private String message;
    public IntergerException(int m){message="年龄"+m+"不合理";}
    public String toString(){return message;}
```

```java
    }
    class People {
        private int age;
        public void setAge(int age)throws IntergerException
        {
            if(age<=0||age>=140)
            throw new IntergerException(age);
            else
               this.age=age;
        }
        public int getAge(){
            System.out.print("年龄合理");
            return age;
        }
    }
    class Test{
        public static void main(String[] args)
        {
            People ss=new People();
            People yy=new People();
            try {
                ss.setAge(180);
                System.out.println(ss.getAge());
            } catch(IntergerException e){
                System.out.println(e.toString());
             }
            try {
                yy.setAge(60);
                System.out.println(yy.getAge());
            } catch(IntergerException e1){
                System.out.println(e1.toString());
            }
        }
    }
```

程序运行结果如图 7-3 所示。

7.5.5 特别提示

与普通方法一样，构造方法也可以引发异常、捕捉异常或者声明抛出异常。当用 new 运算符调用构造方法创建类的实例时，如果构造方法抛出异常而突然结束，那么对象的引用值不会被返回，即没有变量引用该实例，该对象会成为垃圾对象。

7.5.6 拓展与提高

在创建实例对象的时候，构造方法中产生异常的情况。

图 7-3　案例运行结果

/*源文件名:MyTime.java*/

```java
class TimeException extends Exception {              //自定义异常类型
    private int t,m,s;
    TimeException(int t, int m, int s){
        this.t=t;
        this.m=m;
        this.s=s;
    }
    public String toString(){
        return "Exception["+t+","+m+","+s+"]";
    }
}
public class MyTime {
    private int hour;                                //0~23
    private int minute;                              //0~59
    private int second;                              //0~59

    public MyTime(int h,int m,int s) throws TimeException {
                                                     //构造方法中抛出自定义异常类型

        if(h<0 || h>=24 || m<0 || m>=60 || s<0 || s>=60){
          throw new TimeException(h,m,s);
        }

        hour=h;
        minute=m;
        second=s;
    }
    ...
}
```

如果在 main() 方法中创建 MyTime 类对象实例,代码如下:

```
MyTime t=new MyTime(11,69,10);        //传入的参数不合法,所以在构造方法中产生异常对象
```
构造方法将抛出一个异常,变量 t 没有得到赋值。对象本身是存在的,但不会返回,所以没有变量来引用这个实例对象,该对象将自动成为垃圾对象,并由垃圾收集程序处理回收。

本 章 总 结

本章主要介绍了以下内容。
- 异常定义:什么叫做异常,发生异常会产生什么情况。
- 异常分类:异常类的层次结构,主要的异常类型,大体上可分成受检查的异常和不受检查的异常,以及对于这两种情况异常的处理方式。
- 异常处理:主要处理语句有 try、catch、finally、throws 和 throw 语句。对于不受检查的异常可以选择抛出或者进行捕捉处理,也可以不加理会;但是,对于受检查的异常,必须进行处理或者把它抛出给调用者处理,否则编译系统会报错。
- 自定义异常:可以根据具体的情况自定义异常类,通常都是定义一个 Exception 的子类,并在该子类中重写构造方法。

习　　题

一、选择题

1. Java 中用来抛出异常的关键字是(　　)。
   A) try   B) catch   C) throw   D) finally
2. 下列异常,下列说法正确的是(　　)。
   A) 异常是一种对象
   B) 一旦程序运行,异常将被创建
   C) 为了保证程序运行速度,要尽量避免异常控制
   D) 以上说法都不对
3. 下列程序的执行,说法错误的是(　　)。

```
1  public class MultiCatch
2  {
3      public static void main(String args[])
4      {
5          try
6          {
7              int a=args.length;
8              int b=42/a;
9              int c[]={1};
10             c[42]=99;
11             System.out.println("b="+b);
```

```
12        }
13        catch(ArithmeticException)
14        {
15            System.out.println("除0异常:"+e);
16        }
17        catch(ArrayIndexOutOfException e)
18        {
19            System.out.println("数组超越边界异常:"+e);
20        }
21    }
22 }
```

  A）程序可能输出第(15)行的异常信息

  B）程序可能第(10)行出错

  C）程序将输出"b＝42"

  D）程序将输出第(15)行和(19)行的异常信息

4. 关于有多个 catch 语句块的异常捕获顺序,说法正确的是(　　)。

  A）父类异常和子类异常同时捕获

  B）先捕获父类异常

  C）先捕获子类异常

  D）依照 catch 语句块的顺序进行捕获,只捕获其中的一个

5. 下面写法正确的是(　　)。

  A）try{…}finally{…}

  B）try{…}catch{…}finally{…}

  C）try{…}catch(Exception e){…}catch(ArithmeticException a){…}

  D）try{…}

6. 下面程序输出的是(　　)。

```
public class X{
    public static void main(String[] arg){
        try {throw new MyException();}
        catch(Exception e){
            System.out.println("It's caught!");
        }
        finally{
            System.out.println("It's finally caught!");      }
        }
    }
class MyException extends Exception{}
```

  A）It's finally caught!　　　　　　　　B）It's caught!

  C）It's caught!　　　　　　　　　　　D）无输出

   It's finally caught!

7. 下面程序中在 oneMethod() 方法运行正常的情况下将显示（　　）。

```
public void test(){
    try{oneMethod();
        System.out.println("情况 1");
    }catch(ArrayIndexOutOfBoundException e){
        System.out.println("情况 2");
    }catch(Exception e){
        System.out.println("情况 3");
    }finally{
        System.out.println("finally");
    }
}
```

  A) 情况 1　　　　B) 情况 2　　　　C) 情况 3　　　　D) finally

二、简答题

1. Java 中关键字 try、catch、finally、throw 和 throws 各有何作用？
2. 如下代码输出结果是什么？为什么？

```
public class Test {
    public static void main(String args[]){
        int i=1, j=1;
        try {
            i++;
            j--;
            if(i/j>1)
                i++;
        }
        catch(ArithmeticException e){
            System.out.println(0);
        }
        catch(ArrayIndexOutOfBoundsException e){
            System.out.println(1);
        }
        catch(Exception e){
            System.out.println(2);
        }
        finally {
            System.out.println(3);
        }
        System.out.println(4);
    }
}
```

3. 在 Java 中是如何处理异常的？
4. 当需要捕获多个可能发生的异常时，各个 catch 块的顺序有什么要求？为什么？

第 8 章　Java GUI(图形用户界面)设计

本章重点

- 图形用户界面程序设计的概念。
- AWT 及 Swing。
- 容器与布局管理器。
- AWT 与 Swing 的常用组件。
- 事件处理委托模型。

对于一个好的应用程序来说,用户友好的界面是不可或缺的部分。本章将学习如何进行 Java 图形用户界面程序设计。通过本章的学习,应理解 Java 图形界面设计的概念,会使用 AWT 及 Swing 的常用组件建立用户界面,掌握对事件进行监听及处理的方法。

8.1　GUI 程序概述

图形用户界面(Graphical User Interface,GUI)设计是应用程序设计一个不可或缺的部分,而设计的应用程序界面是否友好成为衡量一个应用程序优劣的一个重要因素。一个设计良好的图形用户界面,能够使软件更好地与用户交互,从而帮助用户更好地理解和使用软件。如果程序员用 Java 主要从事服务器端的程序开发,那么将不必使用本章内容所讲述的知识。

8.1.1　AWT 简介

Java 在最初发布的时候,提供了一套抽象窗口工具包(Abstract Window Toolkit,AWT),该工具包提供了一套与本地图形界面进行交互的接口。之所以叫抽象窗口工具包,是因为 AWT 是基于操作系统图形函数之上的,AWT 中的图形函数与操作系统所提供的图形函数之间有着一一对应的关系。也就是说,当利用 AWT 来构建图形用户界面的时候,实际上是在利用本地操作系统所提供的图形库。因为不同操作系统的图形库各自提供的功能是有所差异的,因此,在一个平台上存在的某种功能在另外一个平台上则可能不存在。而 Java 被设计为一种跨平台的语言,为了实现达到其"一次编译,到处运行"的概念,AWT 只好通过牺牲部分功能来实现其平台无关性。也就是说,AWT 所提供的图形设计功能是多种通用型操作系统所提供的图形功能的一个交集,因此也就决定了其功能的局限性。由于 AWT 是依靠本地方法来实现其功能的,所以通常把 AWT 组件称为重量级组件。由 AWT 开发的图形界面,可能在 Windows 操作系统下显示成一种效果,而在 Linux 操作系统下显示成另外一种效果。由于 AWT 的局限性,后来 Java 中又出现了轻量级组件 Swing。由于

Swing 是基于 AWT 的,很多东西还是要用 AWT 中的(如事件处理等),因此,AWT 依然不能被抛弃。

AWT 中主要由组件、容器、布局管理器、事件处理模型、图形图像工具和数据传送类等组成。各个组件类位于 java.awt 包中,要灵活熟练地进行图形用户界面编程,就需要了解和熟悉所使用类的层次关系。java.awt 包主要类的层次关系如图 8-1 所示。

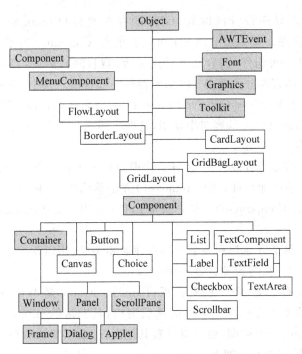

图 8-1　java.awt 包主要类的层次关系图

从图 8-1 可以看出,所使用的这些图形元素都派生于 Component 类,Component 类本身是一个抽象类,它直接派生于 Object 类。

8.1.2　Swing 简介

为了解决 AWT 的局限性,出现了 Swing,Swing 是 AWT 的扩展,是在 AWT 的基础上发展起来的一套新的图形界面系统,它提供了 AWT 所能提供的所有功能,并且用纯 Java 代码对 AWT 的功能进行了大幅度的扩充。由于 Swing 组件是用纯 Java 代码来实现的,因此在一个平台上设计的组件可以在其他平台上使用且具有相同的效果。由于在 Swing 中没有使用本地方法来实现图形功能,所以通常把 Swing 组件称为轻量级组件。

与 awt 包不同,Swing 组件类一般位于 Java 扩展包 javax.swing 中,其命名一般都是以 J 字母开头,例如 JFrame、JButton 等。

在进行图形界面设计时,一般都遵循下列步骤:

(1) 选择容器。
(2) 确定布局。
(3) 向容器中添加组件。

(4) 进行事件处理。

8.2 容器与布局

8.2.1 容器

在进行图形用户界面设计的时候，GUI 的各个组件（Component）需要放置在容器（Container）中进行管理。从 8.1 节图 8-1 可以看出来，Container 类派生于 Component 类，所以容器本身也属于一种组件，而容器又是用来容纳组件的，因此，容器里面也可以再放置其他的容器。AWT 的容器分为两类：内部容器和外部容器。其中，外部容器是可以独立存在的，这些容器来自于 Window 分支，如 Frame、Dialog；而内部容器一般是不能独立存在的，通常嵌套在外部容器或其他内部容器中使用，这些容器来自于 Panel 分支，如 Applet。

容器类一般具有下列功能：

（1）管理组件。容器类提供了一组用于管理组件的方法。例如，可以使用容器类提供的 add()方法向容器中添加组件；使用 remove()方法移除组件；使用 paintComponents()方法绘制组件；使用 getComponent()方法获取组件；使用 printComponents()方法打印组件等。

（2）设置布局。每个容器都和一个布局管理器相关联，用以确定组件在容器中的布局。可以通过 setLayout()方法为容器设置一种布局。

比较常用的容器有框架（Frame）和面板（Panel）。Frame 是 Window 的子类，由 Frame 或其子类创建的对象是带有标题和边框的顶层窗口，其默认的布局是 BorderLayout；Panel 提供了放置其他组件的一个空间，也可以放置其他面板，面板默认的布局是 FlowLayout。

使用 Frame 时的常用方法如下：

- Frame()：创建一个新的默认为不可见的窗口。
- Frame(String title)：创建一个标题栏为 title 的窗口，默认为不可见。
- setBounds(int x, int y, int width, int height)：设置窗口位置和大小。
- setSize(int width, int height)：设置窗口尺寸。
- setLocation(int x, int y)：设置窗口位置。
- setBackground(Color bgColor)：设置背景颜色。
- setVisible(boolean b)：设置窗口是否可见。
- setTitle(String title)：设置窗口标题。
- setResizable(boolean resizable)：设置窗口是否可以调整大小。

以上方法，有些是 Frame 类自身的，有些是从其父类 Window 类继承的。

下面的程序片段可以生成一个 Frame 窗口。

```java
import java.awt.*;
public class TestFrame {
    public static void main(String[] args){
        //TODO Auto-generated method stub
        Frame f=new Frame("My First Frame");
```

```
            f.setLocation(200, 100);
            f.setSize(600,300);
            f.setBackground(Color.RED);
            f.setVisible(true);
      }
}
```

当窗口创建出来后会发现,关闭窗口的按钮并不能真正将窗口关闭,这是由于没有为关闭按钮添加事件,关于事件将会在后面的章节中介绍。

8.2.2 布局管理

在设计图形用户界面时,必须决定界面中的各个组件如何摆放并展示给用户,Java 通过布局管理器来实现对布局的管理。Java 提供了多种布局,例如 FlowLayout、BorderLayout、GridLayout、CardLayout、GridBagLayout 等。下面介绍几种布局管理器。

1. FlowLayout 布局管理器

FlowLayout 布局的原则是将各个组件按照添加的顺序,从左到右、从上到下进行放置,如果本行放不下所有组件,则放入下一行。Panel 容器的默认布局就是 FlowLayout 布局。

【例 8-1】 FlowLayout 布局程序。

```
1   package sample.gui;
2
3   import java.awt.*;
4   import java.awt.event.WindowAdapter;
5   import java.awt.event.WindowEvent;
6
7   public class MyFlowLayout {
8       private Frame f;
9       private Button button1, button2, button3;
10
11      public static void main(String args[]){
12          MyFlowLayout mflow=new MyFlowLayout();
13          mflow.go();
14      }
15
16      public void go(){
17          f=new Frame("FlowLayout 效果");
18          f.addWindowListener(new WindowAdapter(){
19              public void windowClosing(WindowEvent evt){
20                  f.setVisible(false);
21                  f.dispose();
22                  System.exit(0);
23              }
24          });
```

```
25          //f.setLayout(new FlowLayout());
26          f.setLayout(new FlowLayout(FlowLayout.LEADING, 20, 20));
27          button1= new Button("第一个按钮");
28          button2= new Button("第二个按钮");
29          button3= new Button("第三个按钮");
30          f.add(button1);
31          f.add(button2);
32          f.add(button3);
33          f.setSize(200,200);
34          f.pack();
35          f.setVisible(true);
36      }
37  }
```

程序运行结果如图 8-2 所示。

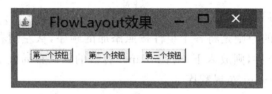

图 8-2　FlowLayout 布局效果

FlowLayout 类中，有 5 个静态常量，用来控制组件的对齐方式。
- CENTER：此值指示每一行组件都应该是居中的。
- LEADING：此值指示每一行组件都应该与容器方向的开始边对齐。例如，对于从左到右的方向，则与左边对齐。
- LEFT：此值指示每一行组件都应该是左对齐的。
- RIGHT：此值指示每一行组件都应该是右对齐的。
- TRAILING：此值指示每行组件都应该与容器方向的结束边对齐。例如，对于从左到右的方向，则与右边对齐。

在例 8-1 的程序中，第 26 行使用了 FlowLayout.LEADING 来指定了三个按钮与左边对齐，如果拖动 Frame 改变大小，按钮仍然左对齐。后面两个参数指定了水平及垂直间隙。另外，在程序中用到了监听器对用户的动作进行监听（第 18～24 行），如按下关闭按钮，有关事件处理和监听器的知识会在本章第 4 节进行介绍。程序第 33 行和 34 行的 setSize() 方法和 pack() 方法是 Frame 的父类 Window 类的方法，setSize() 指定窗口大小，pack() 方法调整此窗口的大小，以适合其子组件的首选大小和布局，因此程序运行后，实际显示的大小有可能并不是我们设定的值。

2. BorderLayout 布局管理器

BorderLayout 布局类似于地图上的方向，用东、西、南、北、中来安排组件的布局，分别用 EAST、WEST、SOUTH、NORTH 和 CENTER 来代表各个方向，以上北、下南、左西、右东占据界面的四边，CENTER 占据剩余中间部分。

【例 8-2】 BorderLayout 布局程序。

```
package sample;
1   import java.awt.*;
2   import java.awt.event.WindowAdapter;
3   import java.awt.event.WindowEvent;
4
5   public class MyBorderLayout {
6       Frame f;
7       Button east, south, west, north, center;
8
9       public static void main(String args[]){
10          MyBorderLayout mb=new MyBorderLayout();
11          mb.go();
12      }
13
14      public void go(){
15          f=new Frame("BorderLayout 演示");
16          f.addWindowListener(new WindowAdapter(){
17              public void windowClosing(WindowEvent evt){
18                  f.setVisible(false);
19                  f.dispose();
20                  System.exit(0);
21              }
22          });
23
24          f.setBounds(0, 0, 300, 300);
25          f.setLayout(new BorderLayout());
26
27          north=new Button("上");
28          south=new Button("下");
29          east=new Button("右");
30          west=new Button("左");
31          center=new Button("中");
32
33          f.add(BorderLayout.NORTH, north);
34          f.add(BorderLayout.SOUTH, south);
35          f.add(BorderLayout.EAST, east);
36          f.add(BorderLayout.WEST, west);
37          f.add(BorderLayout.CENTER, center);
38
39          f.setVisible(true);
40      }
41  }
```

程序运行结果如图 8-3 所示。

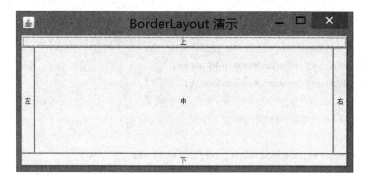

图 8-3　BorderLayout 布局演示效果

程序代码中,在向容器中添加组件时(第 33～37 行),使用了 BorderLayout 类的 5 个静态常量指定组件放置的位置。

此外,BorderLayout 支持相对定位常量 PAGE_START、PAGE_END、LINE_START 和 LINE_END。在 ComponentOrientation 设置为 ComponentOrientation.LEFT_TO_RIGHT 的容器中,这些常量分别映射到 NORTH、SOUTH、WEST 和 EAST。

为了与以前的版本兼容,BorderLayout 还包括相对定位常量 BEFORE_FIRST_LINE、AFTER_LAST_LINE、BEFORE_LINE_BEGINS 和 AFTER_LINE_ENDS,这些常量分别等同于 PAGE_START、PAGE_END、LINE_START 和 LINE_END。为了与其他组件使用的相对定位常量一致,应该优先使用后一组常量。

需要注意的是,将绝对定位常量与相对定位常量混合会产生无法预料的结果。如果两种类型的常量都使用,则优先采用相对常量。例如,如果同时使用 NORTH 和 PAGE_START 常量在方向性为 LEFT_TO_RIGHT 的容器中添加组件,则只体现 PAGE_START 布局。

3. GridLayout 布局管理器

GridLayout 是一种网格布局,将容器划分成若干行和列的结构,在各个网格中放置组件。在网格布局中的各个组件具有相同的宽和高,其放置顺序也是从左向右开始填充,一行占满后开始填充下一行,仍然是从左到右的顺序。

【例 8-3】　GridLayout 布局程序。

package sample;

```
1    import java.awt.*;
2    import java.awt.event.*;
3
4    public class MyGridLayout {
5        private Frame f;
6        private Button[] btn;
7
8        public static void main(String args[]){
```

```
9              MyGridLayout grid=new MyGridLayout();
10             grid.go();
11       }
12
13       public void go(){
14           f=new Frame("GridLayout演示");
15           f.addWindowListener(new WindowAdapter(){
16              public void windowClosing(WindowEvent evt){
17                  f.setVisible(false);
18                  f.dispose();
19                  System.exit(0);
20              }
21           });
22
23           f.setLayout(new GridLayout(3, 3, 10, 10));
24           btn=new Button[9];
25           for(int i=0; i <=8; i++){
26               int j=i+1;
27               btn[i]=new Button(""+j);
28               f.add(btn[i]);
29           }
30           f.setSize(500, 300);
31           //f.pack();
32           f.setVisible(true);
33       }
34  }
```

程序运行结果如图 8-4 所示。

图 8-4　GridLayout 布局演示效果

在 GridLayout 类中，提供了以下三个构造方法。
- GridLayout()：创建具有默认值的网格布局，即每个组件占据一行一列。
- GridLayout(int rows, int cols)：创建具有指定行数和列数的网格布局。

- GridLayout(int rows, int cols, int hgap, int vgap)：创建具有指定行数和列数的网格布局。

上面程序中使用的是第三种构造方法，4 个参数分别表示行数、列数、水平间距和垂直间距，rows 和 cols 中的一个可以为 0（但不能两者同时为 0），这表示可以将任何数目的对象置于行或列中。

读者可以试着修改程序第 25 行的循环变量 i 的值，比如改成 7 或改成 4，看看程序是如何将组件进行布局的。

4. CardLayout 布局管理器

CardLayout 是一种卡片式的布局，这些卡片层叠在一起，每层放置一个组件，容器则充当卡片的堆栈，当容器第一次显示时，第一个添加到 CardLayout 对象的组件为可见组件，每次只有最外层的组件露出来。卡片的顺序由组件对象本身在容器内部的顺序决定。CardLayout 定义了一组方法，这些方法允许应用程序按顺序浏览这些卡片或者显示指定的卡片。每层也可以采用面板来实现复杂的布局。

【例 8-4】 CardLayout 布局程序。

```
package sample;
1    import java.awt.*;
2    import java.awt.event.*;
3    public class MyCardLayout {
4      public static void main(String args[]){
5          new MyCardLayout().go();
6      }
7
8      public void go(){
9          final Frame f=new Frame("CardLayout 演示");
10         f.addWindowListener(new WindowAdapter(){
11             public void windowClosing(WindowEvent evt){
12                 f.setVisible(false);
13                 f.dispose();
14                 System.exit(0);
15             }
16         });
17
18         f.setSize(300, 100);
19         f.setLayout(new CardLayout());
20
21         final Frame f1=f;
22         for(int i=1; i<=5; ++i){
23             Button b=new Button("Button "+i);
24             b.setSize(100, 25);
25             b.addActionListener(new ActionListener(){
26                 public void actionPerformed(ActionEvent ae){
```

```
27                CardLayout cl=(CardLayout)f1.getLayout();
28                cl.next(f1);
29            }
30        });
31        f.add(b, "button"+i);
32    }
33    f.setVisible(true);
34  }
35 }
```

程序运行效果如图 8-5 所示。

图 8-5　CardLayout 布局演示效果

程序运行后,不停单击按钮,每单击一下就会切换到下一个按钮显示,当到了最后一个组件时,又会从头开始显示。出现这种效果,是因为在程序的第 28 行用到了 CardLayout 类的 next()方法,next()方法的定义形式是 public void next(Container parent),该方法的功能是翻转到指定容器的下一张卡片。如果当前的可见卡片是最后一个,则此方法翻转到布局的第一张卡片。另外,跟 next()方法相对应的还有一个名为 previous()的方法,它跟 next()方法刚好相反,它是翻转到指定容器的前一张卡片。如果当前的可见卡片是第一个,则此方法翻转到布局的最后一张卡片。读者可以修改上面程序，试一试 previous()方法的使用。

5. GridBagLayout 布局管理器

GridBagLayout 布局管理器相对前面几种布局管理器比较复杂，是 GridLayout 布局的一种改进。但与 GridLayout 不同的是，在这种布局中，一个组件可以跨越多个网格，这样就可以灵活地构建出更为复杂的布局。在使用这种布局管理器时，需要使用 GridBagConstraints 类来指定 GridBagLayout 布局管理器所布置组件的约束。GridBagConstraints 类中定义了很多常量用于设置 GridBagLayout 的布局约束。在使用这种布局方式时，首先用 GridBagConstraints 类创建一个实例对象，然后设置该实例中各个属性的约束条件，再将该约束与某个具体的组件联系起来，最后将组件加入到容器中。

【例 8-5】 GridBagLayout 布局程序。

```
package sample;
1   import java.awt.*;
2   import java.util.*;
3   import java.awt.event.*;
4
5   public class MyGridBagLayout extends Panel {
6
7       protected void makebutton ( String name, GridBagLayout gridbag,
         GridBagConstraints c){
8           Button button=new Button(name);
9           gridbag.setConstraints(button, c);
10          add(button);
11      }
12
13      public void go(){
14          GridBagLayout gridbag=new GridBagLayout();
15          GridBagConstraints c=new GridBagConstraints();
16
17          setFont(new Font("Helvetica", Font.PLAIN, 14));
18          setLayout(gridbag);
19
20          c.fill=GridBagConstraints.BOTH;
21          c.weightx=1.0;
22          makebutton("Button1", gridbag, c);
23          makebutton("Button2", gridbag, c);
24          makebutton("Button3", gridbag, c);
25          c.gridwidth=GridBagConstraints.REMAINDER;   //end row
26          makebutton("Button4", gridbag, c);
27          c.weightx=0.0;                              //reset to the default
28          makebutton("Button5", gridbag, c);          //another row
29          c.gridwidth=2;                              //GridBagConstraints.RELATIVE;
                                                        //next-to-last in row
```

```
30              makebutton("Button6", gridbag, c);
31              c.gridwidth=GridBagConstraints.REMAINDER;   //end row
32              makebutton("Button007", gridbag, c);
33              c.gridwidth=1;                              //reset to the default
34              c.gridheight=2;
35              c.weighty=1.0;
36              makebutton("Button8", gridbag, c);
37              c.weighty=1.0;                              //reset to the default
38              c.gridwidth=GridBagConstraints.REMAINDER;   //end row
39              c.gridheight=1;                             //reset to the default
40              makebutton("Button9", gridbag, c);
41              makebutton("Button10", gridbag, c);
42              setSize(600, 200);
43          }
44
45          public static void main(String args[]){
46              final Frame f=new Frame("GridBagLayout 演示");
47              f.addWindowListener(new WindowAdapter(){
48                  public void windowClosing(WindowEvent evt){
49                      f.setVisible(false);
50                      f.dispose();
51                      System.exit(0);
52                  }
53              });
54              MyGridBagLayout gb=new MyGridBagLayout();
55              gb.go();
56              f.add("Center", gb);
57              f.pack();
58              f.setVisible(true);
59          }
60      }
```

程序运行结果如图 8-6 所示。

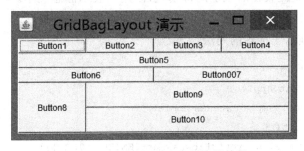

图 8-6 GridBagLayout 布局演示效果

程序代码中第 9 行 setConstraints()方法是设置此布局管理器中指定组件的约束条件，其方法定义形式为 setConstraints(Component comp，GridBagConstraints constraints)，约

束条件类 GridBagConstraints 中,定义了几个属性来描述约束条件,同时定义了很多静态常量,用于对约束条件进行设置。程序第 20 行中的 fill 属性,当组件的显示区域大于它所请求的显示区域的大小时使用此字段,它的值设置成了 GridBagConstraints.BOTH,BOTH 常量表示在水平方向和垂直方向上同时调整组件大小,这行代码的意思是:"当组件的显示区域大于它所请求的显示区域的大小时,在水平方向和垂直方向上同时调整组件大小"。程序中用到的其他属性和常量做简要说明如下。

(1) 出现的其他属性
- weightx:指定如何分布额外的水平空间。
- weighty:指定如何分布额外的垂直空间。
- gridwidth:指定组件显示区域的某一行中的单元格数。
- gridheight:指定在组件显示区域的一列中的单元格数。

(2) 出现的常量
- REMAINDER:指定此组件是其行或列中的最后一个组件。
- RELATIVE:指定此组件为其行或列(gridwidth 或 gridheight)中的倒数第二个组件,或者让此组件紧跟在以前添加的组件之后。

通过以上的学习,已经对 5 种布局有所了解。通过更多的练习,就可以自如应用布局管理器设计出想要的效果了。接下来了解 AWT 和 Swing 中的常用组件。

8.3 常用组件

本节将介绍 AWT 与 Swing 中的一些常用组件的创建方法,可以使用这些组件配合上节所介绍的布局管理器组合出丰富多彩的图形用户界面。这些界面再加入 8.4 节将要介绍的事件处理,就构成了完整的用户界面的编程。

8.3.1 AWT 组件

1. 标签

标签(Label)是一种放在面板上的常用组件,用来表示静态文本。一个标签仅显示一行只读文本,文本可由应用程序更改,但是用户不能直接对其进行编辑。

下面程序片段演示了标签的用法:

```
import java.awt.*;
import java.applet.Applet;
public class LabelSample extends Applet {
  public void init(){
    setLayout(new FlowLayout(FlowLayout.CENTER, 10, 10));
    add(new Label("User"));
    add(new Label("Password")); }
  ...
}
```

2. 按钮

按钮(Button)在图形界面设计中会经常被使用,单击按钮时,ActionEvent 事件会发生,该事件产生时,由 ActionListener 接口进行监听和处理,应用程序能执行某项动作。

按钮组件的构造方法如下:

```
Button btn=new Button("确定");
```

3. 下拉式菜单

当有大量选项时,下拉式菜单(Choice)能够节约界面显示空间,每次可以选择其中的一项。其使用方法如下:

```
Choice ColorChooser=new Choice();
ColorChooser.add("红");
ColorChooser.add("绿");
ColorChooser.add("蓝");
```

4. 文本框

文本框(TextField)用于单行文本的输入,可以接收来自用户的键盘输入。在构造一个文本框时可以有多种选择:空文本框、空的指定长度的文本框、带有初始值的文本框、带有初始值并指定长度的文本框。

下面程序片段演示了文本框的用法:

```
TextField tf1;
TextField tf2;
TextField tf3;
TextField tf4;
tf1=new TextField();                    //空文本框
tf2=new TextField(20);                  //空的长度为 20 的文本框
tf3=new TextField("请输入…");           //带有初始值的文本框
tf4=new TextField("请输入…", 40);       //带有初始值并指定长度为 40 的文本框
```

5. 文本区

当需要输入多行文本时,可以使用文本区(TextArea)。文本区在构造时类似于文本框,有以下多个构造方法可以选择。

- TextArea():构造一个将空字符串作为文本的新文本区。
- TextArea(int rows, int columns):构造一个新文本区,该文本区具有指定的行数和列数,并将空字符串作为文本。
- TextArea(String text):构造具有指定文本的新文本区。
- TextArea(String text, int rows, int columns):构造一个新文本区,该文本区具有指定的文本,以及指定的行数和列数。
- TextArea(String text, int rows, int columns, int scrollbars):构造一个新文本区,该文本区具有指定的文本,以及指定的行数、列数和滚动条可见性。

这里需要注意的是,如果指定了文本区的大小,则文本区的行数和列数必须同时被指定。例如:

```
TextArea ta;
ta=new TextArea("10 * 45 的文本区", 10, 45);
```

6. 列表

列表(List)与下拉式菜单都含有多个选项,但与下拉式菜单不同的是,列表框的所有选项都是可见的,如果由于选项过多而超出了列表的可见区范围,则会在列表框旁边产生一个滚动条。可以设置 List 属性,使其允许用户进行单项或多项选择。当用户选中或取消选中某项时,AWT 将向列表发送一个 ItemEvent 实例。当用户双击列表中的某一项时,AWT 会在紧随项事件后向列表发送一个 ActionEvent 实例。当用户选中列表中的某项并按下 Enter 键时,AWT 也会生成一个动作事件。

下面代码片段构建了一个列表:

```
...
List lst=new List(4, false);           //显示行数为 4 行,不允许多选
lst.add("Mercury");
lst.add("Venus");
lst.add("Earth");
lst.add("JavaSoft");
lst.add("Mars");
lst.add("Jupiter");
lst.add("Saturn");
lst.add("Uranus");
lst.add("Neptune");
lst.add("Pluto");
container.add(lst);
...
```

7. 复选框

复选框(Checkbox)是一个开/关选项(on/off),用于对某一项进行选取,单击复选框可将其状态从"开"更改为"关",或从"关"更改为"开"。当复选框被选择时,会产生 ItemEvent 事件,使用 ItemListener 可对其进行监听。另外,可以使用 getState()方法来获取复选框的当前状态。

下面代码片段在网格布局中创建了一组复选框:

```
setLayout(new GridLayout(3, 1));
add(new Checkbox("one", null, true));   //复选框处于"开"状态
add(new Checkbox("two"));               //复选框处于"关"状态
add(new Checkbox("three"));             //复选框处于"关"状态
```

8. 复选框组

复选框组(CheckboxGroup)的功能类似于单选框,即在某一时刻当选择其中的某一项

时,将该项状态置为 on,同时强制该组中其他处于 on 状态的选项置为 off。

下面代码片段演示了复选框组的使用方法:

```
setLayout(new GridLayout(3, 1));
CheckboxGroup cbg=new CheckboxGroup();
add(new Checkbox("one", cbg, true));
add(new Checkbox("two", cbg, false));
add(new Checkbox("three", cbg, false));
```

9. 画布

画布(Canvas)组件表示屏幕上一个空白矩形区域,应用程序可以在该区域内绘图,或者可以从该区域捕获用户的输入事件。

应用程序必须为 Canvas 类创建子类,以获得某些功能(如创建自定义组件),这时必须重写 paint()方法。

下面代码片段演示了画布的使用方法:

```
import java.awt.*;
import java.applet.Applet;
public class CanvasTest extends Applet {
  ...
  CanvasExam c;
  ...
  public void init(){
    c=new CanvasExam();
    c.reshape(0, 0, 100, 100);
    leftPanel.add("Center", c);
    ...
  }
}
class CanvasExam extends Canvas {
  public void paint(Graphics g){
    g.drawRect(0, 0, 99, 99);         //绘制指定矩形的边框,参数指定 x、y、width、height
    g.drawString("Canvas", 15, 40);   //使用此图形上下文的当前字体和颜色绘制文本
  }
}
```

10. 菜单

开发菜单(Menu)时,一般需要使用到三个类:MenuBar 类、Menu 类和 MenuItem 类。下面分别介绍。

(1) MenuBar 类

菜单(Menu)不能直接被添加到容器中的某一位置,只能添加到 MenuBar 中,然后将 MenuBar 对象与框架(Frame)对象相关联,可以调用框架的 setMenuBar()方法实现关联。

下面代码片段演示了其使用方法:

```java
Frame fr=new Frame("MenuBar");
MenuBar mb=new MenuBar();
fr.setMenuBar(mb);
fr.setSize(150,100);
fr.setVisible(true);
```

(2) Menu 类

菜单(Menu)可以被添加到 MenuBar 对象中或其他 Menu 对象中。
下面代码片段演示了其使用方法：

```java
Frame fr=new Frame("MenuBar");
MenuBar mb=new MenuBar();
fr.setMenuBar(mb);
Menu menuFile=new Menu("文件");
Menu menuEdit=new Menu("编辑");
mb.add(menuFile);
mb.add(menuEdit);
fr.setSize(150,150);
fr.setVisible(true);
```

(3) MenuItem 类

MenuItem 是菜单项，处于菜单树中的最底层，菜单中的所有项都必须是 MenuItem 对象或其子类的对象。单击某个菜单项时，会发出 ActionEvent 动作对象，因此可以为 MenuItem 对象注册 ActionListener 监听器，以实现对应的操作。

【例 8-6】 一个完整菜单使用实例。

```java
/*
 * MenuTest.java
 */

package sample;
import java.awt.*;
import java.awt.event.*;

class MenuTest extends Frame {
    PopupMenu pop;
    public MenuTest(){
        super("Golf Caddy");
        addWindowListener(new WindowAdapter(){
            public void windowClosing(WindowEvent evt){
                setVisible(false);
                dispose();
                System.exit(0);
            }
        });
        this.setSize(300,300);
```

```java
        this.add(new Label("Choose club."), BorderLayout.NORTH);
    Menu woods=new Menu("Woods");
    woods.add("1 W");
    woods.add("3 W");
    woods.add("5 W");
    
    Menu irons=new Menu("Irons");
    irons.add("3 iron");
    irons.add("4 iron");
    irons.add("5 iron");
    irons.add("7 iron");
    irons.add("8 iron");
    irons.add("9 iron");
    irons.addSeparator();
    irons.add("PW");
    irons.insert("6 iron", 3);
    
    MenuBar mb=new MenuBar();
    mb.add(woods);
    mb.add(irons);
    this.setMenuBar(mb);
    
    pop=new PopupMenu("Woods");
    pop.add("1 W");
    pop.add("3 W");
    pop.add("5 W");
    
    final TextArea p=new TextArea(100, 100);
    p.setBounds(0,0,100,200);
    p.setBackground(Color.green);
    p.add(pop);
    p.addMouseListener(new MouseAdapter(){
        public void mouseReleased(java.awt.event.MouseEvent evt){
            if(evt.isPopupTrigger()){
                System.out.println("popup trigger");
                System.out.println(evt.getComponent());
                System.out.println(""+evt.getX()+" "+evt.getY());
                pop.show(p, evt.getX(), evt.getY());
            }
        }
    });
    this.add(p, BorderLayout.CENTER);
}

public static void main(String [] args){
```

```
        new MenuTest().setVisible(true);
    }
}
```

程序运行结果如图 8-7 所示。

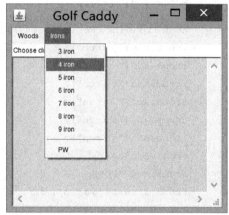

图 8-7 菜单程序运行后效果

11. 对话框

对话框(Dialog)继承于窗口(Window)类,是一个带标题和边界的顶层窗口,属于容器类。与其他组件有所区别,其边界一般用于从用户处获得某种形式的输入。对话框的默认布局为 BorderLayout。对话框可以分为模式(模态)对话框和无模式(非模态)对话框。模式对话框启动时,它将原应用程序阻塞,因此只有关闭模式对话框后,才能够回到原应用程序。而启动一个无模式对话框,将不会影响到原应用程序的执行。

12. 文件对话框

在编写程序时,经常会遇到对文件的保存或打开,这时可以使用文件对话框(FileDialog)进行操作。文件对话框是模式对话框,因此当应用程序调用 show() 方法来显示对话框时,它将阻塞其余应用程序,直到用户选择一个文件。

下面代码片段演示了其使用方法:

```
FileDialog d=new FileDialog(ParentFr, "FileDialog");
d.setVisible(true);
String filename=d.getFile();
```

8.3.2 Swing 组件

Swing 组件类位于 Java 扩展包 javax.swing 中,一般都是以 J 开头,同类组件的使用方法与 AWT 组件用法类似。

1. 面板

面板(JPanel)位于 javax.swing 包中,是轻量级容器。其使用方法类似于 Panel。

JPanel 的默认布局是 FlowLayout。

2. 滚动窗口

滚动窗口(JScrollPane)是带滚动条的面板,其效果类似于图 8-8 的形式。

3. 选项板

选项板(JTabbedPane)允许用户通过单击具有给定标题或图标的选项卡,在一组组件之间进行切换。可以通过 addTab()和 insertTab()方法将选项卡/组件添加到 JTabbedPane 对象中。选项卡通过索引来表示,其中第一个选项卡的索引为 0,最后一个选项卡的索引为选项卡数减 1。

图 8-8　滚动窗口效果

4. 工具栏

工具栏(JToolBar)按钮一般对应着菜单中的某一项,便于用户进行常用的操作。JToolBar 提供了一个用来显示常用的 Action 或控件的组件。对于大多数的外观,用户可以将工具栏拖到单独的窗口中。

5. 按钮

按钮(JButton)是最常用的组件之一,按钮上可以带图标或标签。其构造方法如下:

```
JButton()                              //创建不带有设置文本或图标的按钮
JButton(Action a)                      //创建一个按钮,其属性从所提供的 Action 中获取
JButton(Icon icon)                     //创建一个带图标的按钮
JButton(String text)                   //创建一个带文本的按钮
JButton(String text, Icon icon)        //创建一个带初始文本和图标的按钮
```

6. 复选框

复选框(JCheckBox)提供一个"开/关"(on/off)量,边上显示一个文本标签。

7. 单选框

单选框(JRadioButton)实现一个单选按钮,该按钮项可以被选择或取消选择,并且可以显示其状态。与 ButtonGroup 对象配合使用可以创建一组按钮,一次只能选择其中的一个(创建一个 ButtonGroup 对象并使用 add()方法将 JRadioButton 对象包含在此组中)。需要说明的是,ButtonGroup 进行的是逻辑分组,不是物理分组。要创建按钮面板,仍需要创建一个 JPanel 或类似的容器对象,并将 Border 添加到其中,以便将面板与周围的组件分开。

8. 选择框

选择框(JComboBox)类似于文本框与列表框的组合,既可以选择其中的一项,也可以进行编辑。

9. 标签

标签(JLabel)对象可以显示文本、图像或者二者的组合。可以设置其垂直和水平对齐方式。默认情况下,标签在其显示区内垂直居中对齐;只显示文本的标签是开始边对齐;只显示图像的标签则水平居中对齐。还可以指定文本相对于图像的位置。默认情况下,文本

位于图像的结尾边上,文本和图像都垂直对齐。

10. 菜单

菜单（JMenu）的使用与 AWT 中的 Menu 类似,与之不同的是,它可以通过 setJMenuBar(MenuBar)方法将菜单放置在容器中的任何位置。

11. 进度条

进度条（JProgressBar）是以可视化形式显示某些任务进度的组件。在任务的完成进度中,进度条显示该任务完成的百分比,通常由一个矩形表示,该矩形开始是空的,随着任务的完成逐渐被填充。此外,进度条还可以显示此百分比的文本表示形式。

12. 滑动条

滑动条（JSlider）可以让用户以图形方式在有界区间内通过移动滑块来选择值。滑块可以显示主刻度标记以及主刻度之间的次刻度标记。刻度标记之间值的个数由 setMajorTickSpacing()方法和 setMinorTickSpacing()方法来控制,而刻度标记的绘制则由 setPaintTicks()方法控制。

13. 表格

表格（JTable）用来显示和编辑常规二维单元表。JTable 有很多用来自定义其显示和编辑的工具,同时提供了这些功能的默认设置,从而可以轻松地进行简单表的设置。

例如,要设置一个 10 行 10 列的表,可以通过下面的方式:

```
TableModel dataModel=new AbstractTableModel(){
    public int getColumnCount(){ return 10; }
    public int getRowCount(){ return 10;}
    public Object getValueAt(int row, int col){ return new Integer(row * col); }
};
JTable table=new JTable(dataModel);
JScrollPane scrollpane=new JScrollPane(table);
```

下面看一个完整的实例,代码清单如例 8-7 所示。

【例 8-7】 表格程序实例。

```
package sample;
1  import javax.swing.*;
2  import javax.swing.table.AbstractTableModel;
3  import java.awt.*;
4  import java.awt.event.*;
5
6  public class TableDemo extends JFrame {
7      private boolean DEBUG=true;
8
9      public TableDemo(){                                  //构造方法
10         super("RecorderOfWorkers");                      //调用父类构造方法生成窗口
11         MyTableModel myModel=new MyTableModel();         //myModel存放数据
```

第 8 章　Java GUI（图形用户界面）设计

```
12          JTable table=new JTable(myModel);          //数据来源是 myModel 对象
13          table.setPreferredScrollableViewportSize(
14              new Dimension(500, 80));              //表格尺寸
15
16          //产生一个带滚动条的面板
17          JScrollPane scrollPane=new JScrollPane(table);
18          //将带滚动条的面板添加入窗口中
19          getContentPane().add(scrollPane, BorderLayout.CENTER);
20          addWindowListener(new WindowAdapter(){     //注册窗口监听器
21              public void windowClosing(WindowEvent e){
22                  System.exit(0);
23              }
24          });
25      }
26
27  //把要显示在表格中的数据存入字符串数组和 Object 数组中
28  class MyTableModel extends AbstractTableModel {
29      //把表格中第一行所要显示的内容存放在字符串数组 columnNames 中
30      final String[] columnNames={ "First Name", "Position",
31              "Telephone", "MonthlyPay", "Married" };
32      //把表格中各行的内容保存在二维数组 data 中
33      final Object[][] data={
34              { "张三", "Executive", "01066660123",
35                  new Integer(8000), new Boolean(false)},
36              { "李四", "Secretary", "01069785321",
37                  new Integer(6500), new Boolean(true)},
38              { "王五", "Manager", "01065498732",
39                  new Integer(7500), new Boolean(false)},
40              { "大熊", "Safeguard", "01062796879",
41                  new Integer(4000), new Boolean(true)},
42              { "康夫", "Salesman", "01063541298",
43                  new Integer(7000), new Boolean(false)} };
44      //下述方法是重写 AbstractTableModel 中的方法,
45      //其主要用途是被 JTable 对象调用,
46      //以便在表格中正确的显示出来
47
48      //获得列的数目
49      public int getColumnCount(){
50          return columnNames.length;
51      }
52
53      //获得行的数目
54      public int getRowCount(){
55          return data.length;
```

```java
56        }
57
58        //获得某列的名字
59        public String getColumnName(int col){
60            return columnNames[col];
61        }
62
63        //获得某行某列的数据
64        public Object getValueAt(int row, int col){
65            return data[row][col];
66        }
67
68        //判断每个单元格的类型
69        public Class getColumnClass(int c){
70            return getValueAt(0, c).getClass();
71        }
72
73        //将表格声明为可编辑的
74        public boolean isCellEditable(int row, int col){
75
76            if(col<2){
77                return false;
78            } else {
79                return true;
80            }
81        }
82
83        //改变某个数据的值
84        public void setValueAt(Object value, int row, int col){
85            if(DEBUG){
86                System.out.println("Setting value at "
87                        +row+","
88                        +col+" to "+value
89                        +"(an instance of "
90                        +value.getClass()+")");
91            }
92            if(data[0][col] instanceof Integer
93                    && !(value instanceof Integer)){
94                try {
95                    data[row][col]=new Integer(value.toString());
96                    fireTableCellUpdated(row, col);
97                } catch(NumberFormatException e){
98                    JOptionPane.showMessageDialog(TableDemo.this,
99                            "The \""
```

```
100                             +getColumnName(col)
101                             +"\" column accepts only integer values.");
102                     }
103                 } else {
104                     data[row][col]=value;
105                     fireTableCellUpdated(row, col);
106                 }
107                 if(DEBUG){
108                     System.out.println("New value of data:");
109                     printDebugData();
110                 }
111             }
112
113             private void printDebugData(){
114                 int numRows=getRowCount();
115                 int numCols=getColumnCount();
116                 for(int i=0; i<numRows; i++){
117                     System.out.print(" row "+i+":");
118                     for(int j=0; j<numCols; j++){
119                         System.out.print(" "+data[i][j]);
120                     }
121                     System.out.println();
122                 }
123             }
124     }
125
126     public static void main(String[] args){
127         TableDemo frame=new TableDemo();
128         frame.pack();
129         frame.setVisible(true);
130     }
131 }
```

程序运行结果如图 8-9 所示。

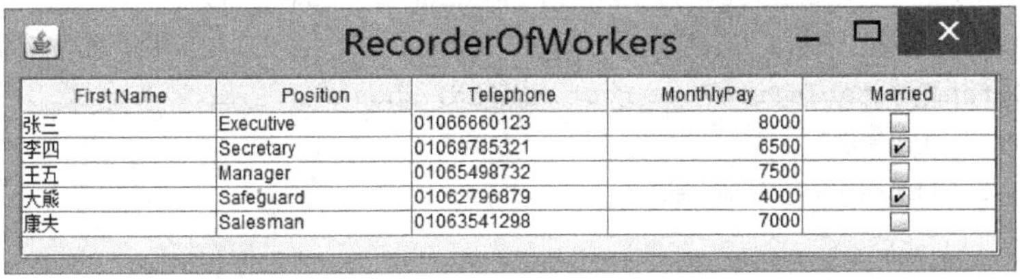

图 8-9 表格组件效果图

14. 树

树(JTree)可以将分层数据集以树的形式表现出来,使用户操作方便、直观易用。下面通过一个程序例来演示树的使用方法。

【例 8-8】 树程序实例。

```
package sample;
1   import java.awt.*;
2   import java.awt.event.*;
3   import javax.swing.*;
4   import javax.swing.tree.*;
5
6   class Branch {
7       DefaultMutableTreeNode r;
8
9       //DefaultMutableTreeNode 是树的数据结构中的通用节点
10      //节点也可以有多个子节点
11      public Branch(String[] data){
12          r=new DefaultMutableTreeNode(data[0]);
13          for(int i=1; i<data.length; i++)
14              r.add(new DefaultMutableTreeNode(data[i]));
15          //给节点 r 添加多个子节点
16      }
17
18      public DefaultMutableTreeNode node(){            //返回节点
19          return r;
20      }
21  }
22
23  public class TreesDemo extends JPanel {
24      String[][] data={
25          { "Colors", "Red", "Blue", "Green" },
26          { "Flavors", "Tart", "Sweet", "Bland" },
27          { "Length", "Short", "Medium", "Long" },
28          { "Volume", "High", "Medium", "Low" },
29          { "Temperature", "High", "Medium", "Low" },
30          { "Intensity", "High", "Medium", "Low" } };
31      static int i=0;                                  //i 用于统计按钮单击的次数
32      DefaultMutableTreeNode root, child, chosen;
33      JTree tree;
34      DefaultTreeModel model;
35
36      public TreesDemo(){
37          setLayout(new BorderLayout());
38          //根节点进行初始化
39          root=new DefaultMutableTreeNode("root");
40          //树进行初始化,其数据来源是 root 对象
```

```
41          tree=new JTree(root);
42          //把滚动面板添加到 Trees 中
43          add(new JScrollPane(tree));
44          //获得数据对象 DefaultTreeModel
45          model=(DefaultTreeModel)tree.getModel();
46          //按钮 test 进行初始化
47          JButton test=new JButton("Press me");
48          //按钮 test 注册监听器
49          test.addActionListener(new ActionListener(){
50              public void actionPerformed(ActionEvent e){
51                  //按钮 test 单击的次数小于 data 的长度
52                  if(i<data.length){
53                      //生成子节点
54                      child=new Branch(data[i++]).node();
55                      //选择 child 的父节点
56                      chosen=(DefaultMutableTreeNode)
57                      tree.getLastSelectedPathComponent();
58                      if(chosen==null){
59                          chosen=root;
60                      }
61                      //把 child 添加到 chosen
62                      model.insertNodeInto(child, chosen, 0);
63                  }
64              }
65          });
66          //按钮 test 设置背景色为蓝色
67          test.setBackground(Color.blue);
68          //按钮 test 设置前景色为白色
69          test.setForeground(Color.white);
70          //面板 p 初始化
71          JPanel p=new JPanel();
72          //把按钮添加到面板 p 中
73          p.add(test);
74          //把面板 p 添加到 Trees 中
75          add(p, BorderLayout.SOUTH);
76      }
77
78      public static void main(String args[]){
79          JFrame jf=new JFrame("JTree demo");
80          //把 Trees 对象添加到 JFrame 对象的中央
81          jf.getContentPane().add(new TreesDemo(), BorderLayout.CENTER);
82          jf.setSize(200, 500);
83          jf.setVisible(true);
84      }
```

85   }

程序运行结果如图 8-10 所示。

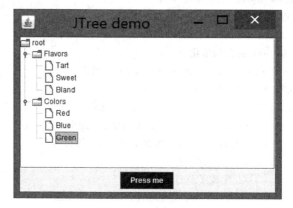

图 8-10　树组件效果图

8.4　事件处理

前面几节介绍了 Java 图形用户界面设计中的容器、布局、组件等概念,能够设计一些简单的图形用户界面,但前面所设计的界面只是表层的显示,并没有向其中添加事件处理,因此这些组件并不能完成实际的功能。若使用户界面元素能够响应用户的操作(如鼠标或键盘操作),就必须为组件加上事件处理。本节将介绍事件处理的基本概念及事件处理的编程方法。

8.4.1　事件处理的概念

应用程序在运行时,应该对用户的操作(如使用键盘、鼠标)给予响应,用户的一个操作(如按下某个按钮,或按了键盘上的回车键等)可以看成一个"事件"(Event),发出事件的组件(如按钮、滚动条等)称为"事件源"(Event Source)。同时,对于事件源来说,需要有"事件监听器"(Event Listener)对其进行监听,以便在事件源产生事件时,能够及时通知响应的处理程序对事件进行处理。

Java 采用一种事件委托模型(Event Delegation Model)来处理事件过程。可以向事件源中注册一些事件监听器,当事件源产生事件的时候,事件源会向所有为该事件注册的监听器发送通知,然后将事件委托给不同的事件处理者处理,如图 8-11 所示。

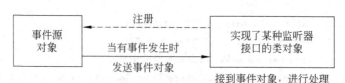

图 8-11　事件监听示意图

Java将事件封装成"事件对象",所有事件对象都继承于java.util.EventObject类,而事件对象本身也可以派生子类,如ActionEvent、WindowEvent等。

事件源不同,产生的事件类型也不同。例如,按下按钮可以触发一个动作事件(ActionEvent),而窗口状态改变可以发出窗口事件(WindowEvent)。

AWT中的事件可以分为低级(low-level)事件和语义(semantic)事件。低级事件是指基于组件、容器等的事件,如按下鼠标、移动鼠标、抬起鼠标、转动鼠标滚轮、窗口状态变化等。语义事件是指表达用户某种动作意图的事件。例如,单击某个按钮、调节滚动条滑块、选择某个菜单项或列表项、在文本框中按下回车键等。AWT中的事件类在java.awt.event包中。

下面是比较常用的低级事件。

KeyEvent:组件中发生键击的事件。

MouseEvent:组件中发生鼠标动作的事件。

MouseWheelEvent:鼠标滚轮在组件中滚动的事件。

FocusEvent:组件获得或失去输入焦点的事件。

WindowEvent:窗口状态改变的事件。

下面是比较常用的语义事件。

ActionEvent:发生组件定义动作的事件。

ItemEvent:指示项被选定或取消选定的事件。

AdjustmentEvent:由Adjustable对象所发出的调整事件。

TextEvent:对象文本已改变的事件。

AWT事件继承关系图如图8-12所示。

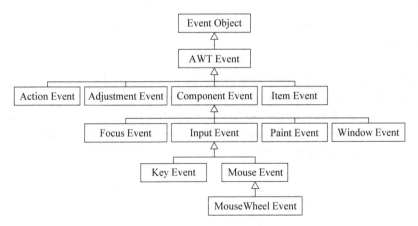

图8-12 AWT事件继承关系图

8.4.2 监听器和适配器

前面介绍过,当一个事件源产生一个事件时,只有为事件源注册了处理该类事件的监听器,应用程序才能对用户的操作做出响应。根据事件类型的不同,处理每类事件的监听器也有所差别。一个事件监听器可以处理一类事件,要使监听器具有处理某一类事件的能力,就需要让监听器实现相应的事件监听器接口,即一个监听器对象是一个实现了特定监听器接口(listener interface)的类的实例。

不同的监听器接口有不同的事件处理方法,要实现某种监听器接口,就要实现接口中的抽象方法来对事件进行处理。

例如,当用户单击一个按钮时,会发出一个动作事件(ActionEvent)对象,要处理这个动作事件,需要为该按钮注册动作事件监听器,例如下面代码片段:

```
ActionListener listener=new MyListener();
JButton btn=new JButton("Hi");
btn.addActionListener(listener);
```

由于要处理由按钮发出的动作事件,因此事件监听器 MyListener 应该实现 ActionListener 接口,接口中的事件处理方法是 actionPerformed()方法:

```
class MyListener implements ActionListener {
    …
    public void actionPerformed(ActionEvent event){
        //对按钮事件做出响应
        …
    }
}
```

下面是一个完整的处理按钮发出的动作事件的程序实例。

【例 8-9】 通过按钮改变面板颜色。

```
1    import java.awt.*;
2    import java.awt.event.*;
3    import javax.swing.*;
4
5    public class ButtonTest {
6        public static void main(String[] args){
7            ButtonFrame frame=new ButtonFrame();
8            frame.setDefaultCloseOperation(JFrame.EXIT_ON_CLOSE);
9            frame.setVisible(true);
10       }
11   }
12
13
14   class ButtonFrame extends JFrame {
15       public static final int DEFAULT_WIDTH=300;
16       public static final int DEFAULT_HEIGHT=200;
17       public ButtonFrame(){
18           setTitle("ButtonTest");
19           setSize(DEFAULT_WIDTH, DEFAULT_HEIGHT);
20
```

```java
21          //把 panel 添加到 frame
22          ButtonPanel panel=new ButtonPanel();
23          add(panel);
24      }
25  }
26
27  /**
28   * 含有三个 button 的 panel
29   */
30  class ButtonPanel extends JPanel {
31      public ButtonPanel(){
32          //创建 button
33          JButton yellowButton=new JButton("按我变黄");
34          JButton blueButton=new JButton("按我变蓝");
35          JButton redButton=new JButton("按我变红");
36
37          //添加 button 到 panel
38          add(yellowButton);
39          add(blueButton);
40          add(redButton);
41
42          //创建监听器
43          ColorAction yellowAction=new ColorAction(Color.YELLOW);
44          ColorAction blueAction=new ColorAction(Color.BLUE);
45          ColorAction redAction=new ColorAction(Color.RED);
46
47          //向 button(事件源)注册监听器
48          yellowButton.addActionListener(yellowAction);
49          blueButton.addActionListener(blueAction);
50          redButton.addActionListener(redAction);
51      }
52
53      /**
54       * 设置 panel 颜色的监听器
55       */
56      private class ColorAction implements ActionListener {
57          private Color backgroundColor;
58          public ColorAction(Color c){
59              backgroundColor=c;
60          }
61
62          public void actionPerformed(ActionEvent event){
63              setBackground(backgroundColor);
64          }
```

```
65        }
66    }
```

程序运行结果如图 8-13 所示。

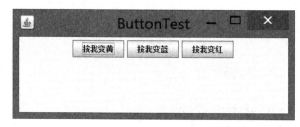

图 8-13 按钮组件演示效果

上述程序可以通过单击面板上的按钮来改变面板颜色。

下面详细分析例 8-9 的程序。在此例子中，事件源是按钮（Button），按钮在被按下时，会发生 ActionEvent 语义事件，如果想在发生该事件时完成某件工作，就需要为事件源注册能够监听这种事件的监听器。能够监听 ActionEvent 这类事件的监听器是实现了 ActionListener 接口的对象，把发生事件时要完成的工作写到 actionPerformed() 方法中。

程序第 56~66 行，首先创建了一个监听器类 ColorAction，它实现了 ActionListener 接口，因此能够监听 ActionEvent 事件。在 ColorAction 类的 actionPerformed() 中，用 setBackground() 方法设置面板（panel）的背景色，具体值为 backgroundColor，而 backgroundColor 的值是被通过构造方法传进来的 Color 对象的值初始化的。在这里会发现，ColorAction 类是定义在 ButtonPanel 类内部的，并且用 private 进行修饰，因此，ColorAction 类是 ButtonPanel 类的私有内部类，于是能够在 ColorAction 类的 actionPerformed() 方法中，调用 ButtonPanel 类的 setBackground() 方法来设置面板的颜色。使用内部类进行事件处理，使操作变得简单容易。如果不使用内部类，则需要在监听器类中持有事件源类的引用，然后通过引用来访问其中的方法，在编写代码时会比使用内部类繁琐。有关内部类及匿名内部类的知识已在前面章节有所介绍。

在 ButtonPanel 类中，定义了三个按钮（第 33~35 行），也就是定义了三个事件源，因此要对这三个事件源进行监听，就需要三个监听器（第 43~45 行），在创建监听器的同时，将 Color 传给了监听器中表示背景色的变量。创建完的三个监听器，需要分别注册到三个事件源中（第 48~50 行）。

注册了监听器的事件源（按钮）后，当有特定事件发生时（按钮被按下），就会被监听器对象监听到，从而执行相应的事件方法（执行 actionPerformed() 方法），完成事先规定好的工作（改变面板的背景色）。

读者弄清了上面的程序，就会对 AWT 中的事件处理流程有一个感性的认识，也会对前面提到的事件源、事件、监听器等概念有更好的理解。我们再来看 AWT 中常见的一些事件源和跟它们相对应的监听器接口，以及不同监听器接口的事件方法。表 8-1 给出了部分监听器接口、方法及事件源。

第 8 章　Java GUI（图形用户界面）设计

表 8-1　部分监听器接口、方法及事件源

事 件 源	接　　口	方　　法
Action	ActionListener	actionPerformed(ActionEvent)
Item	ItemListener	itemStateChanged(ItemEvent)
Container	ContainerListener	componentAdded(ContainerEvent)
		componentRemoved(ContainerEvent)
Mouse button	MouseListener	mouseClicked(MouseEvent)
		mouseEntered(MouseEvent)
		mouseExited(MouseEvent)
		mousePressed(MouseEvent)
		mouseReleased(MouseEvent)
key	keyListener	keyPressed(KeyEvent)
		keyReleased(KeyEvent)
		keyTyped(KeyEvent)
Focus	FocusListener	focusGained(FocusEvent)
		focusLost(FocusEvent)
Adjustment	AdjustmentListener	adjustmentValueChanged(AdjustmentEvent)
Component	ComponentListener	componentHidden(ComponentEvent)
		componentMoved(ComponentEvent)
		componentResized(ComponentEvent)
		componentShown(ComponentEvent)
Window	WindowListener	windowActivated(WindowEvent)
		windowClosed(WindowEvent)
		windowClosing(WindowEvent)
		windowDeactivated(WindowEvent)
		windowDeiconified(WindowEvent)
		windowIconified(WindowEvent)
		windowOpened(WindowEvent)
Mouse motion	MouseListener	mouseDragged(MouseEvent)
		mouseMoved(MouseEvent)
Text	TextListener	textValueChanged(TextEvent)

我们知道，一个具体类如果实现某个接口，就需要实现接口中的所有抽象方法，因此，通过实现监听器接口来编写一个监听器类的时候，接口中所定义的所有抽象方法都需要被实

现。即使对处理某个事件的方法不感兴趣,仍然要编写一个空方法体,这样在某些情况下就会让程序员感到繁琐。为了解决上述问题,AWT 提供了与监听器接口配套的适配器类(Adapter)。对于监听器接口里定义的每个抽象方法,在适配器类中都有一个空的实现方法。这样做的好处是,程序员在编写监听器类的时候,可以直接继承监听器接口所对应的适配器类,覆盖感兴趣的方法,而对于不感兴趣的方法则无须实现,这样减少了编程的繁琐。

java.awt.event 中的适配器类如下。

- ComponentAdapter:接收组件事件的抽象适配器类。
- ContainerAdapter:接收容器事件的抽象适配器类。
- FocusAdapter:接收键盘焦点事件的抽象适配器类。
- KeyAdapter:接收键盘事件的抽象适配器类。
- MouseAdapter:接收鼠标事件的抽象适配器类。
- WindowAdapter:接收窗口事件的抽象适配器类。

但需要说明的是,由于 Java 中类的继承机制是单一继承,因此如果一个监听器还需要继承其他的类,那么就只能通过实现监听器接口来编写监听器类。

下面再来完成一个个人简历界面程序的综合实例。

【例 8-10】 图形用户界面综合程序实例。

```
1   import java.awt.*;
2   import java.awt.event.*;
3
4   public class Resume extends Frame implements ItemListener {
5       public static void main(String[] args){
6           final Resume res=new Resume();
7           res.addWindowListener(new WindowAdapter(){
8               public void windowClosing(WindowEvent evt){
9                   res.setVisible(false);
10                  res.dispose();
11                  System.exit(0);
12              }
13          });
14          res.setLayoutManager();
15          res.initComponents();
16          res.pack();
17          res.setVisible(true);
18      }
19
20      public void setLayoutManager(){
21          setLayout(new FlowLayout());
22      }
23
24      /**
25       * 此方法从 init()方法内调用以初始化窗体
```

```java
26      */
27      private void initComponents(){                    //初始化组件
28          choice2=new java.awt.Choice();
29          choice2.add("目标");
30          choice2.add("经验");
31          choice2.add("经历");
32          choice2.add("技能");
33          choice2.add("院校");
34          choice2.add("培训");
35          choice2.addItemListener(this);
36          choice2.select(0);
37          panel1=new java.awt.Panel();
38          panel2=new java.awt.Panel();
39          textArea2=new java.awt.TextArea();
40          panel3=new java.awt.Panel();
41          textArea1=new java.awt.TextArea();
42          panel4=new java.awt.Panel();
43          textArea3=new java.awt.TextArea();
44          panel5=new java.awt.Panel();
45          textArea4=new java.awt.TextArea();
46          panel6=new java.awt.Panel();
47          textArea5=new java.awt.TextArea();
48          panel7=new java.awt.Panel();
49          textArea6=new java.awt.TextArea();
50
51          choice2.setFont(new java.awt.Font("Dialog", 0, 12));
52          choice2.setName("choice2");
53          choice2.setBackground(java.awt.Color.white);
54          choice2.setForeground(java.awt.Color.black);
55
56          add(choice2);
57
58          panel1.setLayout(new java.awt.CardLayout());
59          panel1.setFont(new java.awt.Font("Dialog", 0, 11));
60          panel1.setName("panel20");
61          panel1.setBackground(new java.awt.Color(204, 204, 204));
62          panel1.setForeground(java.awt.Color.black);
63
64          panel2.setFont(new java.awt.Font("Dialog", 0, 11));
65          panel2.setName("panel21");
66          panel2.setBackground(new java.awt.Color(153, 153, 153));
67          panel2.setForeground(java.awt.Color.black);
68
69          textArea2.setBackground(new java.awt.Color(216, 208, 200));
```

```java
70       textArea2.setName("text4");
71       textArea2.setEditable(false);
72       textArea2.setFont(new java.awt.Font("Courier New", 0, 12));
73       textArea2.setColumns(80);
74       textArea2.setForeground(new java.awt.Color(0, 0, 204));
75       textArea2.setText("寻求作为 Java 程序员的具有挑战性的职位。\n");
76       textArea2.setRows(20);
77       panel2.add(textArea2);
78       panel1.add(panel2, "目标");
79       panel3.setFont(new java.awt.Font("Dialog", 0, 11));
80       panel3.setName("panel22");
81       panel3.setBackground(new java.awt.Color(153, 153, 153));
82       panel3.setForeground(java.awt.Color.black);
83
84       textArea1.setBackground(new java.awt.Color(216, 208, 200));
85       textArea1.setName("text3");
86       textArea1.setEditable(false);
87       textArea1.setFont(new java.awt.Font("Courier New", 1, 12));
88       textArea1.setColumns(80);
89       textArea1.setForeground(java.awt.Color.black);
90       textArea1.setText(
91           "* 7年 C/C++经验, UNIX/Windows 系统\n"
92           +"* 7年关系数据库管理系统经验, 包括 Oracle, DB2 和 MySQL\n"
93           +"* 3年 Java 程序设计经验 UNIX/WINDOWS\n"
94           +"* 2年 Java EE 设计及开发经验\n* ");
95       textArea1.setRows(20);
96       panel3.add(textArea1);
97       panel1.add(panel3, "经验");
98       panel4.setFont(new java.awt.Font("Dialog", 0, 11));
99       panel4.setName("panel23");
100       panel4.setBackground(new java.awt.Color(153, 153, 153));
101       panel4.setForeground(java.awt.Color.black);
102
103       textArea3.setBackground(new java.awt.Color(216, 208, 200));
104       textArea3.setName("text5");
105       textArea3.setEditable(false);
106       textArea3.setFont(new java.awt.Font("Courier New", 0, 12));
107       textArea3.setColumns(80);
108       textArea3.setForeground(java.awt.Color.blue);
109       textArea3.setText("技术支持/系统工程师\神州数码集团股份有限公司 \n");
110       textArea3.setRows(20);
111
112       panel4.add(textArea3);
113       panel1.add(panel4, "经历");
```

第 8 章　Java GUI（图形用户界面）设计

```
114         panel5.setFont(new java.awt.Font("Dialog", 0, 11));
115         panel5.setName("panel24");
116         panel5.setBackground(new java.awt.Color(153, 153, 153));
117         panel5.setForeground(java.awt.Color.black);
118
119         textArea4.setBackground(new java.awt.Color(216, 208, 200));
120         textArea4.setName("text6");
121         textArea4.setEditable(false);
122         textArea4.setFont(new java.awt.Font("Courier New", 0, 12));
123         textArea4.setColumns(80);
124         textArea4.setForeground(java.awt.Color.blue);
125         textArea4.setText("程序设计: C++, JAVA, XML \n");
126         textArea4.setRows(20);
127
128         panel5.add(textArea4);
129         panel1.add(panel5, "技能");
130         panel6.setFont(new java.awt.Font("Dialog", 0, 11));
131         panel6.setName("panel25");
132         panel6.setBackground(new java.awt.Color(153, 153, 153));
133         panel6.setForeground(java.awt.Color.black);
134
135         textArea5.setBackground(new java.awt.Color(216, 208, 200));
136         textArea5.setName("text7");
137         textArea5.setEditable(false);
138         textArea5.setFont(new java.awt.Font("Courier New", 0, 12));
139         textArea5.setColumns(80);
140         textArea5.setForeground(java.awt.Color.blue);
141         textArea5.setText("中国科技大学");
142         textArea5.setRows(20);
143
144         panel6.add(textArea5);
145         panel1.add(panel6, "院校");
146         panel7.setFont(new java.awt.Font("Dialog", 0, 11));
147         panel7.setName("panel26");
148         panel7.setBackground(new java.awt.Color(153, 153, 153));
149         panel7.setForeground(java.awt.Color.black);
150
151         textArea6.setBackground(new java.awt.Color(216, 208, 200));
152         textArea6.setName("text8");
153         textArea6.setEditable(false);
154         textArea6.setFont(new java.awt.Font("Courier New", 0, 12));
155         textArea6.setColumns(80);
156         textArea6.setForeground(java.awt.Color.blue);
157         textArea6.setText("神州数码股份公司 2010-2012参加培训课程 \n");
```

```
158            textArea6.setRows(20);
159
160            panel7.add(textArea6);
161            panel1.add(panel7,"培训");
162            add(panel1);
163        }
164
165        public void itemStateChanged(ItemEvent evt){
166            CardLayout card=(CardLayout)panel1.getLayout();
167            card.show(panel1,(String)evt.getItem());
168        }
169
170        //声明变量
171        private java.awt.Choice choice2;
172        private java.awt.Panel panel1;
173        private java.awt.Panel panel2;
174        private java.awt.TextArea textArea2;
175        private java.awt.Panel panel3;
176        private java.awt.TextArea textArea1;
177        private java.awt.Panel panel4;
178        private java.awt.TextArea textArea3;
179        private java.awt.Panel panel5;
180        private java.awt.TextArea textArea4;
181        private java.awt.Panel panel6;
182        private java.awt.TextArea textArea5;
183        private java.awt.Panel panel7;
184        private java.awt.TextArea textArea6;
185    }
```

程序运行结果如图 8-14 所示。

图 8-14 个人简历界面

8.4.3 事件处理的编程方法

简单总结一下事件处理的编程方法。利用委托模型进行事件处理编程,需要完成两方面的工作:一方面是编写监听器类,完成事件处理方法的代码;另一方面是在组件上注册监听器。

在编写监听器类时,可以采用实现监听器接口的方式;也可以采用继承适配器类的方式;还可以使用匿名内部类来完成这项工作。

8.5 项目案例

8.5.1 学习目标

(1) 充分理解容器与布局的概念和用法。
(2) 熟练掌握操作 AWT、Swing 的组件的用法。
(3) 熟练掌握 GUI 界面的事件监听机制。

8.5.2 案例描述

编写一个用户注册的窗口,可以在这个窗口实现用户账号、用户密码、重复密码的输入操作,单击注册按钮实现注册功能。

8.5.3 案例要点

本案例采用 JFrame 中嵌套一个容器 Container,容器中再嵌套一个 JPanel,所有的显示内容存放在 JPanel 中。这个 JPanel 上可以存放要显示的表单内容:用户账号、用户密码、重复密码、注册按钮以及退出按钮,案例注册界面如图 8-15 所示。

图 8-15 案例注册界面

8.5.4 案例实施

(1) 编写一个注册窗口类 RegistFrame.java。
这个类继承自 JFrame 类,包含一些表单内容的属性,其代码片段如下:

```
public class RegistFrame extends JFrame{
    private JTextField userText;
```

```java
        private JPasswordField password;
        private JPasswordField repassword;
        private JLabel tip;
}
```

（2）编写没有参数的构造方法。

没有参数的构造方法的代码如下：

```java
public RegistFrame(){
    this.setTitle("用户注册");                              //设置注册窗口标题
    Container container=this.getContentPane();
    container.setLayout(new BorderLayout());               //设置容器布局为border布局
    JPanel registPanel=new JPanel();
    JLabel userLabel=new JLabel("用户账号:");
    JLabel passwordLabel=new JLabel("用户密码:");
    JLabel repasswordLabel=new JLabel("重复密码:");
    userText=new JTextField(15);
    password=new JPasswordField(15);
    repassword=new JPasswordField(15);
    JButton regist=new JButton("注册");
    JButton exitButton=new JButton("退出");
    registPanel.add(userLabel);
    registPanel.add(new JScrollPane(userText));
    registPanel.add(passwordLabel);
    registPanel.add(new JScrollPane(password));
    registPanel.add(repasswordLabel);
    registPanel.add(new JScrollPane(repassword));
    registPanel.add(regist);
    registPanel.add(exitButton);
    setResizable(false);                                   //设置窗口大小不可变
    setSize(300, 180);
    setLocation(300, 100);
    JPanel tipPanel=new JPanel();
    tip=new JLabel();                                      //用于显示提示信息
    tipPanel.add(tip);
    container.add(BorderLayout.CENTER, registPanel);
    container.add(BorderLayout.NORTH, tip);
    exitButton.addActionListener(new ExitActionListener()); //退出按钮添加监听
    regist.addActionListener(new RegistActionListener());   //注册按钮添加监听
    this.addWindowListener(new WindowCloser());             //窗口关闭的监听
}
```

（3）用内部类实现监听功能。

```
/*
 * 退出按钮事件监听
```

```java
 */
class ExitActionListener implements ActionListener {
    public void actionPerformed(ActionEvent event){
        setVisible(false);
        dispose();
    }
}

/*
 * 注册按钮事件监听
 */
class RegistActionListener implements ActionListener {
    public void actionPerformed(ActionEvent arg0){
        //用户注册操作
        boolean bo=false;
        if(bo){
            tip.setText("注册成功!");
        } else {
            tip.setText("用户名已存在!");
        }
    }
}

/*
 * "关闭窗口"事件处理内部类
 */
class WindowCloser extends WindowAdapter {
    public void windowClosing(WindowEvent e){
        setVisible(false);
        dispose();
    }
}
```

(4) 编写测试类。

```java
public class TestRegistFrame {
    public static void main(String[] args){
        RegistFrame rf=new RegistFrame();
        rf.setVisible(true);
    }
}
```

另外，上面的类在编写时，需要引入几个包：

```java
import java.awt.*;
import java.awt.event.*;
import javax.swing.*;
```

8.5.5 特别提示

（1）本实例的窗口程序是通过固定大小的格式来实现布局的，用户可以通过其他的布局格式实现同样的功能。

（2）本实例中的事件监听是用内部类的方法实现，这个知识点在前面章节已经进行了相应的介绍，不理解的读者可参考之前的章节内容。

8.5.6 拓展与提高

读者可以编写由更多的组件组成的图形界面，来熟悉与掌握 Java 的用户界面设计，同时理解事件处理的模型。图 8-16 所示的学生信息录入界面，留给读者练习及提高。

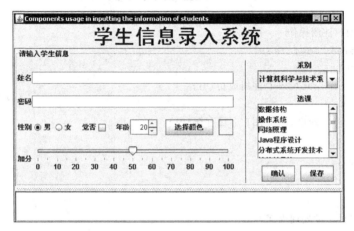

图 8-16　案例展示窗口

本 章 总 结

本章主要介绍了以下内容。
- AWT 及 Swing 的相关概念。
- 容器与布局管理器，介绍了 FlowLayout、BorderLayout、GridLayout、CardLayout 和 GridBagLayout 等几种布局。
- AWT 的常用组件，包括标签（Label）、按钮（Button）、下拉式菜单（Choice）、文本框（TextField）、文本区（TextArea）、列表（List）、复选框（Checkbox）、复选框组（CheckboxGroup）、画布（Canvas）、菜单（Menu）、对话框（Dialog）和文件对话框（FileDialog）。
- Swing 的常用组件，包括面板（JPanel）、滚动窗口（JScrollPane）、选项板（JTabbedPane）、工具栏（JToolBar）、按钮（JButton）、复选框（JCheckBox）、单选框（JRadioButton）、选择框（JComboBox）、标签（JLabel）、菜单（JMenu）、进度条（JProgressBar）、滑动条（JSlider）、表格（JTable）、表格（JTable）和树（JTree）。
- 事件处理委托模型。

第 8 章 Java GUI（图形用户界面）设计

习 题

1. Java 进行图形界面设计的一般步骤是什么？
2. AWT 中有哪几种布局管理器？
3. 框架（Frame）和面板（Panel）的默认布局管理器是什么？
4. 监听器和适配器的作用是什么？为什么要引入适配器？

第 9 章　Java IO（输入输出）流

|本章重点|
- 了解和掌握 Java I/O 处理的各种概念（包括字节流、字符流）。
- 了解和掌握 Java I/O 的类框架结构。
- 熟悉常用的输入输出类。
- 掌握如何将对象进行"流化"的操作。

一般来说，程序可以分为三个部分：输入、处理和输出。因此，输入与输出是组成程序的重要部分。通过本章的学习，理解"流"、序列化的概念，熟悉 java.io 包的层次结构，掌握常用输入输出类的使用方法和对文件及目录的操作，了解对象序列化的实现机制。

9.1 输入输出流的概述

9.1.1 流的概念

我们编写的程序大部分都需要跟外界进行数据交换，这种数据交换在 Java 语言中是通过"流"（Stream）的形式实现的。"流"是一个十分形象的概念，当程序需要进行数据的读取时，就会开启一个通向数据源的流，这个数据源可以是文件、内存或者是网络连接；同样，当程序需要进行数据写入时，就会开启一个通向目的地的流，这个目的地也可以是文件、内存或网络连接（如图 9-1 所示）。不论是读取数据还是写入数据，都需要先建立起一个能够让数据传送的通道，被处理的数据经格式化后就可以在这个通道中像"流"一样进行传送，这些被格式化后的数据序列就称为数据流。

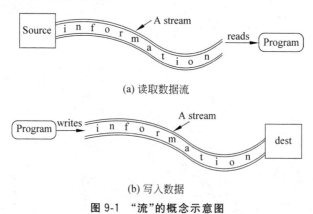

(a) 读取数据流

(b) 写入数据

图 9-1　"流"的概念示意图

在Java中,根据数据流读写单位的不同,可以分为字节流和字符流;根据数据流的方向的不同,可以分为输入流和输出流;根据数据流的功能的不同,可以分为节点流和处理流。

字节流是以字节为基本处理单位的数据流,字符流是以字符为基本处理单位的数据流。数据流的方向是输入还是输出,是相对于程序而言的,例如,从文件到程序的数据流,属于一个输入流;如果从程序向文件写入,则是一个输出流。节点流是从一个特定的数据源(节点)读写数据(如文件、内存),处理流是"连接"到已存在的流(节点流或处理流)之上,通过对数据的处理为程序提供更为强大的读写功能。

java.io包中的类都派生自4个抽象类:InputStream、OutputStream、Reader和Writer。表示字节流的类都继承于InputStream或OutputStream,而字符流的类都继承于Reader或Writer。

下面以数据流的第一种分类方式进行介绍。

9.1.2 字节流

如果数据被格式化为以字节(8位)为基本单位的数据流,则称为字节流。Java最初设计的输入与输出类都是针对字节流的,这些类分别派生自抽象类InputStream和OutputStream,用来处理数据输入和数据输出。注:通过查找Java Doc API可以知道,InputStream和OutputStream诞生于Java1.0,而用于处理字符流的Reader和Writer诞生于Java1.1,所以java最初并没有关于字符流的概念。

通过字节输入流,可以从数据源依次读取一系列以字节为单位的数据;通过字节输出流,可以把一系列以字节为单位的数据写入目的地,如图9-2所示。

图9-2 字节流

抽象类InputStream是表示字节输入流的所有类的超类,它定义了对于字节输入流处理的共同操作方法。InputStream类定义的方法如表9-1所示。

表9-1 InputStream类定义的方法

方 法	方 法 说 明
abstract int read()	从输入流中读取数据的下一个字节。返回值是0~255范围内的整数值。如果已经到达输入流末尾而没有可用的字节,则返回-1
int read(byte[] b)	从输入流中读取一定数量的字节,并将其存储在缓冲区字节数组b中。以整数形式返回实际读取的字节数。如果已经到达输入流末尾而没有可用的字节,则返回-1
int read(byte[] b, int off, int len)	将输入流中的数据字节读入byte数组。将读取的第一个字节存储在元素b[off]中,下一个存储在b[off+1]中,以此类推。读取的字节数最多等于len。以整数形式返回实际读取的字节数。如果已经到达输入流末尾而没有可用的字节,则返回-1
void close()	关闭此输入流并释放与该流关联的所有系统资源

续表

方　　法	方　法　说　明
long skip(long n)	跳过和丢弃此输入流中数据的 n 个字节。返回值为跳过的实际字节数。出于各种原因,skip 方法结束时跳过的字节数可能小于该数(如已到达文件末尾)
boolean markSupported()	测试此输入流是否支持 mark 和 reset 方法。是否支持 mark 和 reset 是特定输入流实例的不变属性。InputStream 的 markSupported 方法返回 false
void mark(int readlimit)	在此输入流中标记当前的位置。readlimit 参数告知此输入流在标记位置失效之前允许读取的字节数。InputStream 的 mark 方法不执行任何操作
void reset()	将此流重新定位到最后一次对此输入流调用 mark 方法时的位置
int available()	返回此输入流下一个方法调用可以不受阻塞地从此输入流读取(或跳过)的估计字节数

其中,read()方法是一个抽象方法,所有派生自 InputStream 类的具体子类都必须实现该方法。除了 mark()方法和 markSupported()方法外,上述其他方法都会抛出 IO 异常(IOException),在调用这些方法时,需要对异常进行处理或者声明抛出。

抽象类 OutputStream 是表示字节输出流的所有类的超类,它定义了对于字节输出流处理的共同操作方法。OutputStream 类定义的方法如表 9-2 所示。

表 9-2　OutputStream 类定义的方法

方　　法	方　法　说　明
abstract void write(int b)	将指定的字节写入此输出流
void write(byte[] b)	将 b.length 个字节从指定的 byte 数组写入此输出流
void write(byte[] b, int off, int len)	将指定 byte 数组中从偏移量 off 开始的 len 个字节写入此输出流
void flush()	刷新此输出流并强制写出所有缓冲的输出字节
void close()	关闭此输出流并释放与此流有关的所有系统资源

表 9-2 中的 write(int b)方法是一个抽象方法,所有派生自 OutputStream 类的具体子类都必须实现该方法。另外,这 5 个方法都会抛出 IO 异常(IOException)。

由于以上提到的 InputStream 类和 OutputStream 类都是抽象类,因此要进行 IO 的实际操作时,需要使用它们的子类进行具体的实例化。

9.1.3　字符流

如果数据被格式化为以字符(16 位)为基本单位的数据流,则称为字符流。字符流与字节流的主要区别在于,字符流是以字符作为数据流的基本单位,而不是以字节为单位,如图 9-3 所示。Java 虚拟机内部采用统一的 Unicode 编码,Unicode 字符都是双字节的,即占用 2 个字节的空间。虽然通过字符输入流读入的总是以 2 个字节长度编码的字符,但这些字符有可能在数据源中并不是以 Unicode 编码表示的(如 GBK 字符集中,西文字符用 1 个字节表示)。同样地,通过字符输出流写出的数据也都是以 2 个字节的 Unicode 编码表示的字符,但这些数据到达目的地后,则可以用其他的字符集编码来表示。

图 9-3　字符流

在 Java I/O 类中,处理字符流的类分别派生自抽象类 Reader 和 Writer。Reader 类定义了一组与 InputStream 类相似的方法,例如 read、mark、reset、close 等方法;Writer 类定义了一组与 OutputStream 类相似的方法,例如 write、flush、close 等方法。

上面的 4 个类 InputStream、OutputStream、Reader 和 Writer 分别是字节流和字符流的超类,那么能否在字节流和字符流之间进行转换呢?下面介绍另外两个类 InputStreamReader 和 OutputStreamWriter。通过这两个类的名字可以发现,类 InputStreamReader 的名字是由 InputStream 和 Reader 组成的,而类 OutputStreamWriter 的名字是由 OutputStream 和 Writer 组成的,这两个类确实是从字节流到字符流的转换桥梁。

InputStreamReader 类是 Reader 类的直接子类,而 InputStreamReader 的所有构造方法的参数列表,都包含一个 InputStream 类型的形参,这样就可以将一个字节输入流转换成一个字符输入流。同样,也可以通过 OutputStreamWriter 类把一个字节输出流转换成一个字符输出流。

要熟练应用 Java 的流操作就需要熟悉 java.io 包的结构,明白各个输入输出流类的继承关系,下面介绍 java.io 包的层次结构。

9.2　java.io 包层次结构

对于程序员来说,创建一个完善的输入输出系统是一项十分艰巨的任务,让人欣慰的是,Java 为程序员提供了一组非常丰富的用于 I/O 操作的类库。Java 类库的设计者在设计这个类库时采用了设计模式中的装饰模式(Decorator),这种模式的使用使 Java 程序员对于 I/O 类的使用更加灵活,后面的学习中会体会到这样做的优点。

InputStream、OutputStream、Reader 和 Writer 4 个抽象类是进行 Java I/O 流操作的 4 个基类,更多灵活丰富的功能是由派生于它们的子类来完成的,如图 9-4 所示。

对于上面列出的诸多 I/O 流的派生类,可以通过多种方式进行组合使用,但在实际开发中,大概也只用到其中的几种组合方式。所谓的组合,一般是节点流和处理流进行组合,也就是在节点流的外面再组合一个或多个处理流。在图 9-4 列出的类中,属于节点流的类有 FileReader、FileWriter、FileInputStream、FileOutputStream、CharArrayReader、CharArrayWriter、ByteArrayInputStream、ByteArrayOutputStream、StringReader、StringWriter、PipedReader、PipedWriter、PipedInputStream 和 PipedOutputStream,剩余的其他类都属于处理流的类。

下面通过一个程序来介绍其使用方法,在程序之后的文本部分会对照程序中注释的标号进行相关说明。

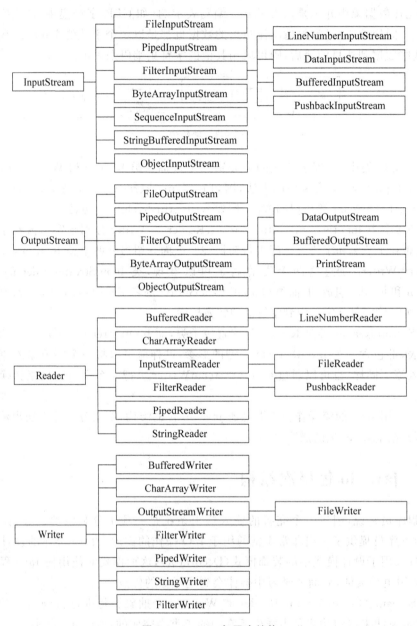

图 9-4 java.io 包层次结构

【例 9-1】 Java 输入输出程序示例。

```
import java.io.*;
public class IOExample {
    public static void main(String [] args)
    throws IOException {
        //1. 从文件按行缓冲读取数据
        BufferedReader in=new BufferedReader(
```

```java
            new FileReader("IOExample.java"));
        String str;
        String str2=new String();
        while((str=in.readLine())!=null){
            str2=str2+str+"\n";
        }
        in.close();
        //2.从内存输入
        StringReader reader=new StringReader(str2);
        int outChar;
        while((outChar=reader.read())!=-1){
            System.out.print((char)outChar);
        }
        //3.从标准输入读取数据
        BufferedReader stdIn=new BufferedReader(
            new InputStreamReader(System.in));
        System.out.print("输入一行数据:");
        System.out.println("您输入的是:"+stdIn.readLine());
        //4.输出到文件
        try {
            BufferedReader sIn=new BufferedReader(
                new StringReader(str2));
            PrintWriter fileOut=new PrintWriter(
                new BufferedWriter(new FileWriter("IOExample.out")));
                int lineNo=1;
                while((str=sIn.readLine())!=null){
                    fileOut.println((lineNo++)+":"+str);
                }
                fileOut.close();
        } catch(EOFException ex){
            System.err.println("到达流末尾");
        }
    }
}
```

1. 从文件缓冲输入

要从一个文件进行字符输入，可以使用 FileReader 子类，构造该类对象时可以将 String 或一个 File 对象作为文件名传入。为了提高效率，一般在读取时进行缓冲，因此将产生的引用传给一个 BufferedReader 构造器。BufferedReader 继承于 Reader 抽象类，该类具有缓冲作用。前面提到过，按照功能进行流的划分，FileReader 属于节点流，BufferedReader 属于处理流，所以在这里用处理流 BufferedReader 对节点流 FileReader 进行再次包装，使其具有更多的功能，也就是具有了缓冲的功能。带缓冲的流可以提高读写效率，减少硬盘读写次数，因此对硬盘的伤害也会较小。

BufferedReader 的方法有以下几种：

```
void close()                              //关闭流并且释放与之关联的所有资源
void mark(int readAheadLimit)             //标记流中当前位置
boolean markSupported()                   //判断此流是否支持标记
int read()                                //读取单个字符
int read(char[] cbuf, int off, int len)   //将字符读入数组的指定部分
String readLine()                         //读取一行文本,返回文本字串
boolean ready()                           //判断流是否已准备好被读取
void reset()                              //将流重置到最新的标记
long skip(long n)                         //跳过字符
```

字符串 str2 保存了从文件中读取的文本内容,在这里需要注意的是,必须添加上换行符(\n),因为 readLine()方法已将换行符删掉,str2 中保存的内容在后续的操作中会使用到。当文件读取完毕时,readLine()方法会返回空值 null,可以将它作为 while 循环结束的标志,之后调用 close()方法关闭文件。readLine()方法在读取文件时是一个很常用的方法,因为它可以按行来读取文件内容,比按照字节或字符来读取要方便得多。

2. 从内存输入

第一部分中从文件读取的内容保存在 str2 中,用该字符串创建了一个 StringReader 对象,调用该类中的 read()方法按字符进行读取,并将其输出打印到控制台。细心的读者会发现,在输出到控制台时对输出的内容用了强制类型转换,因为 read()方法的返回值是 int 型,因此只有转换成 char 型才能正确打印。

在注释 3 之前的程序部分,完成了从文件读取内容,并将其输出到控制台的功能,实际上是把 IOExample.java 的内容输出到了控制台。这里需要注意的是,在使用 new FileReader("IOExample.java")语句创建一个文件输入流的时候,构造方法中的参数要替换成该文件实际存放的完整路径,否则,如果没有找到要读取的文件,则会抛出一个 FileNotFoundException 的 IO 异常。

3. 标准输入输出

这部分代码演示了如何从标准输入设备读取一行数据,然后将其在标准输出设备上输出。在 Java 中,提供了 System.in、System.out 和 System.err 三个对象用于标准输入、标准输出和标准错误输出。其中,System.out 和 System.err 已经被包装成了 PrintStream 对象,因此可以直接使用这两个对象进行输出操作,err 与 out 都是 PrintStream 的实例,所以对于输出操作并没有本质的区别,可以调用它们的 print()或 println()方法进行标准输出,在实际开发中,使用 err 进行错误输出的较少。但 System.in 却是一个未经包装的 InputStream,因此,在使用 System.in 进行读取之前必须对它进行包装。通常情况下,会利用 readLine()方法读取一行数据,为此需要把 System.in 包装成 BufferedReader,而 BufferedReader 需要 Reader 作为构造器参数,这里借助于 InputStreamReader 把一个 InputStream 对象转换成 Reader 对象。上面从键盘读取的方法是在 JDK1.5 之前普遍使用的方式,但在 JDK1.5 中,出现了一个 Scanner 类,可以更方便地从键盘进行读取。

```
Scanner sc=new Scanner(System.in);
```

Scanner 类提供了丰富的方法进行输入,由于 Scanner 类是在 java.util 包中,所以在本章中不做详细讨论。

在 Java 的 I/O 类库中,InputStreamReader 和 OutputStreamReader 的设计采用了设计模式中的桥模式(Bridge),可以将 InputStream 或 OutputStream 转换成 Reader 或 Writer,它们是字节流和字符流进行转化的桥梁。

4. 文件输出

这部分把之前读取的内容输出到 IOExample.out 文件。先创建一个与文件连接的 FileWriter,为了使用缓冲功能,再用 BufferedWriter 将其包装起来,然后再用 PrintWriter 将其格式化输出。用 PrintWriter 创建的数据文件可以作为普通文本文件读取。

上面这个例子演示了 java.io 包中部分类的使用方法,从中可以看出,有时为了达到某种目的,需要将 Java I/O 类包装好几层,这样做看似形式上有些复杂,但使用时灵活性很大,可以自由地将不同类的功能进行组合,这正是设计模式中的装饰模式(Decorator)在 I/O 系统中的应用。

通过例 9-1,应该对 Java 输入输出的基本方式有了初步了解,并体会了 IO 流中多个类组合使用的方法,下面将简要介绍 Java 中的常用输入输出类。

9.3 常用输入输出类

在 9.2 节中对 java.io 包的层次结构有了初步认识,下面介绍一些常用的输入输出类。在学习这部分内容时,可以将输入类与输出类、处理字节流的类与处理字符流的类对比学习,总结其共性及差异,达到举一反三、灵活运用。

9.3.1 常用输入类

输入类一般继承自 InputStream 和 Reader 类,分别用于字节流和字符流的输入操作。常用的有 FileInputStream、ByteArrayInputStream、PipedInputStream、BufferdInputStream、DataInputStream、FileReader、CharArrayReader、StringReader、PipedReader 和 BufferedReader 等。下面选取其中的部分类进行介绍。

1. FileInputStream 类

FileInputStream 是文件输入流类,当生成该类的对象时,将指定的文件打开,同时与打开的文件输入流建立连接,用于从文件中获取输入字节。如果要打开的文件不存在,将抛出 FileNotFoundException 异常。其构造方法如下:

```
FileInputStream(String name) throws FileNotFoundException
FileInputStream(File file) throws FileNotFoundException
```

FileInputStream 类继承自 InputStream 类,因此,InputStream 类中的方法也同样存在于 FileInputStream 类中(参见表 9-1)。

2. ByteArrayInputStream 类

ByteArrayInputStream 类从字节数组或者数组的一部分来读取字节,其构造方法如下:

```
ByteArrayInputStream(byte[] buf)
ByteArrayInputStream(byte[] buf, int offset, int length)
```

第一个构造方法使用 buf 作为其缓冲区数组；第二个构造方法使用 buf 作为其缓冲区数组，offset 指明了要读取的字节在缓冲区的起点，length 为读取的最大字节数。

3. PipedInputStream 类

PipedInputStream 类是管道输入流类，它与管道输出流类（PipedOutputStream）配合使用，可以读取管道输出流输出的字节。其构造方法如下：

```
PipedInputStream()                                 //创建不含连接的管道输入流
PipedInputStream(int pipeSize)                     //创建不含连接的管道输入流,指定管道缓冲区大小
PipedInputStream(PipedOutputStream src)            //创建管道输入流,使其连接到管道输出流 src
PipedInputStream(PipedOutputStream src, int pipeSize)
                    //创建连接到管道输出流 src 的管道输入流,并指定管道缓冲区大小
```

PipedInputStream 类的其他实例方法有：

```
void connect(PipedOutputStream src)    //与管道输出流 src 建立连接
int read()                             //读取管道输入流中下一个字节
int read(byte[] b, int off, int len)
          //将最多 len 个字节数据从管道输入流读入 byte 数组,off 为字节数组 b 的初始偏移量
protected  void receive(int b)         //接收数据字节
```

4. DataInputStream 类

数据输入流类允许应用程序以与机器无关方式从底层输入流中读取基本 Java 数据类型。通常情况下，数据输入流是和数据输出流（DataOutputStream）配合使用的，也就是由数据输出流写出数据，再由数据输入流读取这些数据。

DataInputStream 的构造方法如下：

```
DataInputStream(InputStream in)
```

在构造一个数据输入流对象时，需要指定一个 InputStream 作为参数，并将该字节流作为读取数据的数据源。DataInputStream 类还提供了一组读取各种数据的实例方法：

```
int          read(byte[] b) throws IOException
int          read(byte[] b, int off, int len)  throws IOException
boolean      readBoolean() throws IOException
byte         readByte() throws IOException
char         readChar() throws IOException
double       readDouble() throws IOException
float        readFloat() throws IOException
int          readInt() throws IOException
long         readLong() throws IOException
short        readShort() throws IOException
String       readUTF() throws IOException
```

9.3.2 常用输出类

输出类一般继承自 OutputStream 和 Writer 类,分别用于字节流和字符流的输出操作。常用的有 FileOutputStream、ByteArrayOutputStream、PipedOutputStream、BufferdOutputStream、DataOutputStream、PrintStream、FileWriter、CharArrayWriter、StringWriter、PipedWriter、BufferedWriter 和 PrintWriter 等。下面选取其中的部分类进行介绍。

1. FileOutputStream 类

FileOutputStream 是文件输出流类,用于将字节数据写入文件。如果要打开的文件不存在,将会试图创建一个新的文件。若无法创建,则会抛出 FileNotFoundException 异常。若生成对象时,构造方法的参数指定的是一个目录,不是一个常规文件,或因为其他原因无法打开时,也会抛出 FileNotFoundException 异常。其构造方法如下:

```
FileOutputStream(String name)throws FileNotFoundException
FileOutputStream(String name, boolean append)throws FileNotFoundException
FileOutputStream(File file)throws FileNotFoundException
FileOutputStream(File file, boolean append)throws FileNotFoundException
```

下面例 9-2 程序结合上节介绍的 FileInputStream,实现文件的复制功能。源文件与目标文件名通过命令行参数传递。

【例 9-2】 用 FileInputStream 实现文件的复制功能。

```
import java.io.*;
public class FileInputOutputExam{
    public static void main(String [] args){
        if(args.length !=2){
            System.out.println("请指定两个参数,源文件和目标文件名称!");
            System.exit(-1);
        }
        FileInputStream in=null;
        FileOutputStream out=null;
        try{
            in=new FileInputStream(args[0]);
        } catch(FileNotFoundException ex){
            System.out.println("无法打开源文件或该文件不存在!");
            System.exit(-2);
        }
        try{
            out=new FileOutputStream(args[1]);
        }catch(FileNotFoundException ex){
            System.out.println("无法打开目标文件或该文件无法创建!");
            System.exit(-3);
        }
        int c;
```

```
            try{
                while((c=in.read())!=-1){
                    out.write(c);
                }
                in.close();
                out.close();
            } catch(IOException ioEx){
                ioEx.printStackTrace();
            }
        }
    }
```

2. ByteArrayOutputStream 类

ByteArrayOutputStream 类向字节数组输出字节,其构造方法如下:

```
ByteArrayOutputStream()
ByteArrayOutputStream(int size)
```

第一个构造方法创建一个 byte 数组输出流,其缓冲区初始为 32 字节,缓冲区容量可随需要自动增加;第二个构造方法同样创建一个字节数组输出流,参数 size 指定缓冲区大小。其他实例方法如下:

```
void write(int b)                         //将指定的字节写入数组输出流
void write(byte[] b, int off, int len)    //从偏移量 off 开始的 len 个字节写入数组输出流
void writeTo(OutputStream out)            //将数组输出流的全部内容写入到指定的输出流对象中
byte[] toByteArray()                      //创建一个新分配的字节数组
String toString()                         //使用平台默认的字符集,通过解码字节将缓冲区内容转换为字符串
String toString(String charsetName)       //使用指定的字符集,将缓冲区内容转换为字符串
```

3. PipedOutputStream 类

PipedOutputStream 类是管道输出流类,它与管道输入流类(PipedInputStream)配合使用,可以连接到管道输入流来创建通信管道,作为输出端向管道输出字节数据。管道输入流和输出流通常用在线程间的通信。

管道输出流的构造方法如下:

```
PipedOutputStream()                          //创建管道输出流(未与管道输入流进行连接)
PipedOutputStream(PipedInputStream snk)      //创建管道输出流,连接到指定管道输入流
```

PipedOutputStream 类的其他实例方法如下:

```
void write(int b) throws IOException         //将指定字节写入传送的输出流
void write(byte[] b, int off, int len) throws IOException
                 //将 len 个字节从初始偏移量为 off 的指定字节数组写入该管道输出流
void connect(PipedInputStream snk) throws IOException    //连接一个管道输入流
void flush() throws IOException              //刷新输出流,将所有缓冲的待输出字节强制写出
```

下面例 9-3 演示了线程间利用管道流如何进行通信。

【例 9-3】 利用管道流通信。

```java
/*源文件名:PipedStreamExam.java*/
import java.io.*;
public class PipedStreamExam{
    public static void main(String [] args){
        try{
            PipedInputStream pipeIn=new PipedInputStream();
            PipedOutputStream pipeOut=new PipedOutputStream();
            //建立连接
            pipeOut.connect(pipeIn);
            Thread outputThread=new OutputThread(pipeOut);
            Thread inputThread=new InputThread(pipeIn);
            outputThread.start();
            inputThread.start();
        }catch(IOException ex){
            System.err.println("IO 异常发生!");
        }
    }
}

class OutputThread extends Thread{
    private PipedOutputStream out;
    public OutputThread(PipedOutputStream out){
        this.out=out;
    }

    public void run(){
        try{
            for(int i=1; i<=20; i++){
                out.write(i);
                System.out.println("输出第"+i+"个数据。");
                Thread.sleep(200);
            }
            System.out.println("=====数据输出完毕!=====");
            out.close();
        } catch(Exception ex){
            System.err.println("输出时发生错误!");
        }
    }
}

class InputThread extends Thread{
```

```
        private PipedInputStream in;
        public InputThread(PipedInputStream in){
            this.in=in;
        }

        public void run(){
            int receiveInt;
            try{
                while((receiveInt=in.read())!=-1){
                    System.out.println("----->读取到数据:"+receiveInt);
                    Thread.sleep(600);
                }

                System.out.println("=====数据读取完毕!=====");
            } catch(Exception ex){
                System.err.println("输入时发生错误!");
            }
        }
    }
```

4. DataOutputStream 类

数据输出流类一般与数据输入流类配合使用，它可以将 Java 基本数据类型以某种方式写出到输出流中，然后数据输入流可以进行读取。

与 DataInputStream 类相似，DataOutputStream 类的构造方法需要一个字节输出流作为参数：

```
DataOutputStream(OutputStream out)
```

相应地，DataOutputStream 类提供一组对各种数据写出的方法：

```
void write(int b)throws IOException
void write(byte[] b, int off, int len)throws IOException
void writeBoolean(boolean v)throws IOException
void writeByte(int v)throws IOException
void writeBytes(String s)throws IOException
void writeChar(int v)throws IOException
void writeChars(String s)throws IOException
void writeDouble(double v)throws IOException
void writeFloat(float v)
void writeInt(int v)throws IOException
void writeLong(long v)throws IOException
void writeShort(int v)throws IOException
void writeUTF(String str)throws IOException
```

下面例 9-4 程序演示了用数据输出流进行数据的输出，然后用数据输入流进行读取的过程。类 DataOutputExample.java 用于输出，类 DataInputExample.java 用于数据读取。

【例 9-4】 数据输入输出流的使用。

```java
/*源文件名:DataOutputExample.java*/
import java.io.*;
public class DataOutputExample {
    public static void main(String args[]){
        try {
            FileOutputStream fout=new FileOutputStream(args[0]);
            DataOutputStream dataOut=new DataOutputStream(fout);
            double data;
            for(int i=0; i<10; i++){
                data=Math.random();
                System.out.println(data);
                dataOut.writeDouble(data);
            }
            dataOut.close();
            fout.close();
        } catch(IOException e){
            System.err.print(e);
        }
    }
}

/*源文件名:DataInputExample.java*/
import java.io.*;
public class DataInputExample {
    public static void main(String args[]){
        try {
            FileInputStream fin=new FileInputStream(args[0]);
            DataInputStream dataIn=new DataInputStream(fin);
            while(fin.available()>0){
                System.out.println(dataIn.readDouble());
            }
            dataIn.close();
            fin.close();
        } catch(IOException e){
            e.printStackTrace();
        }
    }
}
```

先执行 DataOutputExample.class：

```
E:\>java DataOutputExample Data.txt
```

再执行 DataInputExample.class：

```
E:\>java DataInputExample Data.txt
```

9.3.3 转换流

在进行 Java I/O 操作时，有时需要在字节流和字符流之间进行转换，java.io 包里提供了两个类 InputStreamReader 和 OutputStreamWriter 来完成这样的功能。InputStreamReader 需要与 InputStream 进行套接，OutputStreamWriter 需要和 OutputStream 进行套接。例如：

```
InputStream ins=new InputStreamReader(System.in,"ISO8859_1");
```

下面通过两个例题小程序，来学习转换流的使用。

【例 9-5】 转换流操作（一）。

```java
package sample;
import java.io.*;

public class TestTransformOne{
    public static void main(String[] args){
        try {
            OutputStreamWriter osw=new OutputStreamWriter(
                    new FileOutputStream("C:/tmp/abc.txt"));
            osw.write("abcdefghijklmn");
            System.out.println(osw.getEncoding());
            osw.close();
            osw=new OutputStreamWriter(
                    new FileOutputStream("C:/tmp/abc.txt",true),"ISO8859_1");
            osw.write("opqrstuvwxyz");
            System.out.println(osw.getEncoding());
            osw.close();
        } catch(IOException e){
            //TODO Auto-generated catch block
            e.printStackTrace();
        }
    }
}
```

程序运行结果：

```
GBK
ISO8859_1
```

第一次创建 OutputStreamWriter 对象时，没有指定字符编码，由于使用的计算机操作系统是中文系统，因此打印出的字符编码集是 GBK。而第二次创建 OutputStreamWriter 对象时,指定字符编码为 ISO8859_1,因此打印出来就是指定的字符编码集。同时注意到,这两次创建 FileOutputStream 对象时有所区别,第二次创建时,在构造方法的参数中多了一个布尔值 new FileOutputStream("C:/tmp/abc.txt",true),如果不写这个布尔值 true,那么第二次向文件 abc.txt 写入时,会把之前文件中的内容覆盖,而这种做法是在原来的文件中继续添加。

【例 9-6】 转换流操作(二)。

```
package sample;
import java.io.*;

public class TestTransformTwo {
    public static void main(String[] args){
        InputStreamReader isr
            =new InputStreamReader(System.in);
        BufferedReader br=new BufferedReader(isr);
        String s=null;
        try {
            do {
                s=br.readLine();
                if(s.equalsIgnoreCase("exit")){
                    break;
                }
                System.out.println(s.toUpperCase());
            } while(s !=null);
            br.close();
        } catch(IOException e){
            e.printStackTrace();
        }
    }
}
```

程序运行后,等待用户输入,用户输入后,会把输入的内容转换成大写并输出到控制台,当输入 exit 后程序退出。在这个程序中,用 InputStreamReader 把 System.in 转换成一个字节输入流。通过查看 Java Doc API 帮助文档可以知道,System.in 是一个 InputStream 对象,而 InputStream 是一个抽象类,所以不能直接使用 System.in 进行标准输入,必须用其他的流类与其组合,来完成标准的输入操作。

以上两个类 InputStreamReader 和 OutputStreamWriter 都是将字节流转换成字符流的类,那么有没有把字符流转换成字节流的类呢?答案是否定的,因为在实际操作时,并没有这样的需求。

9.4 文件和目录的操作

由于很多时候 I/O 操作都需要与文件系统交互,因此这里再对文件和目录的操作进行单独的介绍。本节主要讨论两个类:File 类和 RandomAccessFile 类。

1. File 类

File 类所代表的不仅限于文件，它既可以代表一个文件的名称，又可以代表某一目录下面的一组文件的名称。在 java.io 包的所有类中，File 类算是比较特殊的一个类，因为 File 类是跟文件本身操作相关的类，但并不涉及文件里面的具体内容。File 类提供了一组丰富的方法来操作文件和目录。例如，访问文件的属性、更改文件名称、创建和删除文件或目录、列出目录下包含的文件等。但是 File 类并不提供对于文件进行读写操作的方法。

File 类的构造方法如下：

```
File(String pathname)
File(String parent, String child)
File(File parent, String child)
```

第二个构造方法 File(String parent，String child)在开发一些安卓程序时，会比较多地使用。

要操作一个文件，首先需要创建该文件。可以使用如下语句在 Windows 平台下创建一个 File 对象。

```
File myDir=new File("d:\\fileEx");          //假设 d:\\fileEx 为一个目录
File myFile=new File("relativePath\\FileExample.java");
File myFile2=new File("\\myDir", "FileExample.java");
File myFile3=new File(myDir, "FileExample.java");
```

这里需要指出的是，不论在构造器参数中所指定的路径或文件是否在文件系统中真的存在，都不会对 File 对象的创建产生影响。

File 类的实例方法可以对文件或目录进行操作，下面通过一个程序实例来学习。

【例 9-7】 File 类对文件及目录操作。

```
import java.io.*;
import java.text.SimpleDateFormat;

public class FileExample {
    public void fileInfo(File f)throws IOException{
        //取得文件名
        System.out.println("文件名:"+f.getName());
        //测试文件是否可以被读取
        System.out.println("文件是否可被读取:"+ (f.canRead()?"是":"否"));
        //测试文件是否可以被修改
        System.out.println("文件是否可被修改:"+ (f.canWrite()?"是":"否"));
        //取得文件绝对路径
        System.out.println("文件的绝对路径:"+f.getAbsolutePath());
        //取得文件长度,以字节为单位
        System.out.println("文件长度:"+f.length()+"字节");
        //lastModified()方法返回从 1970 年 1 月 1 日起的毫秒数,对其格式化后输出
        SimpleDateFormat sdf=new SimpleDateFormat("yyyy-MM-dd hh:mm:ss");
```

```java
        System.out.println("文件最后被修改时间:"+sdf.format(f.lastModified()));
    }

    public void dirInfo(File f)throws IOException{
        System.out.println("目录名:"+f.getName());
        //得到一个字符串数组,包含该目录下的子目录及文件
        System.out.println("该目录下包含如下子目录和文件:");
        String [] dirArr=f.list();
        for(int i=0; i<dirArr.length; i++){
            System.out.println("    "+(i+1)+":"+dirArr[i]);
        }
    }

    public static void main(String [] args)throws IOException {
        if(args.length <=0){
            System.out.println("请通过命令行参数指定文件或目录名!");
            System.exit(0);
        }else {
            File file=new File(args[0]);
            if(file.isFile()){
                new FileExample().fileInfo(file);
            } else if(file.isDirectory()){
                new FileExample().dirInfo(file);
            } else {
                //创建一个新文件
                file.createNewFile();
            }
        }
    }
}
```

上述代码根据从命令行参数接收的文件名或目录名创建一个 File 对象,然后对其进行判定,如果指定的是一个文件,将打印出文件名称、读写限制、绝对路径、文件长度及最后的修改时间;如果指定的是一个目录,将打印出目录的名称及该目录下包含的子目录和文件名;如果指定的路径或文件不存在,将创建一个同名的文件。

假设 FileExample.java 文件放在 E 盘根目录下,可在控制台输入:

E:\>java FileExample FileExample.java

将得到如下运行结果:

文件名:FileExample.java
文件是否可被读取:是
文件是否可被修改:是
文件的绝对路径:E:\\FileExample.java

文件长度:1307字节
文件最后被修改时间:2016-07-28 10:06:21

File 类中的其他部分实例方法如下:

```
String getParent()                //返回父目录的路径名;如没有指定父目录,则返回 null
String getPath()                  //返回路径名
boolean exists()                  //测试文件或目录是否存在
boolean delete()                  //删除文件或目录
boolean renameTo(File dest)       //重命名此抽象路径名表示的文件
boolean mkdir()                   //创建此抽象路径名指定的目录
boolean mkdirs()                  //创建此抽象路径名指定的目录,包括所有必需但不存在的父目录
```

在程序中输入一个路径时,文件分隔符\不能直接出现在引号中,因为\在 Java 语言中用作转义字符,如果要输入\,需要写成\\的形式。而且,在不同的操作系统中,文件分隔符的形式也不一样,那么有可能导致在一个操作系统下编写能够正常运行的程序,换到另一个操作系统下就出现错误的问题。为了解决不同操作系统下文件分隔符形式不统一的问题,File 类提供了一个常量 separator,其定义为 public static final String separator,代表文件分隔符,使用 separator 来进行文件分隔,就解决了 Java 程序中文件分隔符的跨平台问题。

2. RandomAccessFile 类

有时会用文件来保存一些记录集,再次访问这些记录时并不是将文件从头读到尾,而是一条记录一条记录地读取或修改,RandomAccessFile 类提供了这样的功能。RandomAccessFile 类实现了 DataInput 和 DataOutput 接口,但它并不存在于 java.io 的继承层次中,事实上,RandomAccessFile 类是个独立的类,直接派生于 Object 类。它既可以用于输入,也可以用于输出,可以对文件进行随机访问,其所有方法都是从头编写的,与 java.io 包中其他 I/O 类有本质的区别。需要注意的是,RandomAccessFile 类的操作只针对文件。

可以通过下面方法打开随机访问文件:

```
RandomAccessFile raf=new RandomAccessFile(String name, String mode);    //指定文件名
RandomAccessFile raf=new RandomAccessFile(File file, String mode);      //指定文件对象
```

这里,参数 mode 代表对该文件的访问模式,可以取以下字符串值作为 mode 的值。
- "r":只读,对该对象的任何写操作将抛出 IOException。
- "rw":读写,如文件不存在,则尝试创建该文件。
- "rws":读写,并对文件的内容或元数据的每个更新都同步写入到底层存储设备。
- "rwd":读写,并对文件内容的每个更新都同步写入到底层存储设备。

RandomAccessFile 类除了具有前面介绍的 I/O 类的常用方法外,还添加了一些方法。getFilePointer()方法可以用来查找当前所处的文件位置,seek()方法可以用于在文件内移到新的位置,length()方法可以用于判断文件的最大尺寸。

下面通过一个简单的程序实例,用 RandomAccessFile 类来读写学生记录。

先构造一个 Student 类记录学生信息,再使用 RandomAccessFile 类存取学生记录。

【例 9-8】 用 RandomAccessFile 类存取学生记录。

```java
/*源文件名:Student.java*/
class Student {
    private String name;
    private int score;
    public Student(){
        setName("noname");
    }
    public Student(String name, int score){
        setName(name);
        this.score=score;
    }
    public void setName(String name){
        StringBuilder builder=null;
        if(name !=null){
            builder=new StringBuilder(name);
        } else{
            builder=new StringBuilder(15);
        }
        builder.setLength(15);                          //最长 15 个字符
        this.name=builder.toString();
    }

    public void setScore(int score){
        this.score=score;
    }
    public String getName(){
        return name;
    }
    public int getScore(){
        return score;
    }
    //每个数据固定写入 34 个字节
    public static int size(){
        return 34;
    }
}
/*源文件名:RandomAccessFileExam.java*/
import java.io.*;
import java.util.*;

public class RandomAccessFileExam {
    public static void main(String[] args){
        Student[] students={
```

```java
            new Student("Tom",    90),
            new Student("Rose",   95),
            new Student("Jerry", 88),
            new Student("Jack",   84)
    };
    try {
        File file=new File(args[0]);
        //以读写模式建立 RandomAccessFile 对象
        RandomAccessFile randomAccessFile=
            new RandomAccessFile(file, "rw");
        for(int i=0; i<students.length; i++){
            //写入数据
            randomAccessFile.writeChars(students[i].getName());
            randomAccessFile.writeInt(students[i].getScore());
        }
        Scanner scanner=new Scanner(System.in);
        System.out.print("读取第几条学生记录?");

        int num=scanner.nextInt();
        //使用 seek()方法操作存取位置
        randomAccessFile.seek((num-1) * Student.size());
        Student student=new Student();
        //读出数据
        student.setName(readName(randomAccessFile));
        student.setScore(randomAccessFile.readInt());
        System.out.println("姓名:"+student.getName());
        System.out.println("分数:"+student.getScore());
        //关闭文件
        randomAccessFile.close();
    } catch(ArrayIndexOutOfBoundsException e){
        System.out.println("请指定文件名称");
    } catch(IOException e){
        e.printStackTrace();
    }
}

private static String readName(RandomAccessFile randomAccessfile)
    throws IOException {
    char[] name=new char[15];
    for(int i=0; i<name.length; i++){
        name[i]=randomAccessfile.readChar();
    }
    //将空字符取代为空格符并返回
    return new String(name).replace('\0', ' ');
```

        }
    }

RandomAccessFile 类适用于已知大小的记录组成的文件,因此上述程序中,把每条学生记录的长度固定为 34 个字节,便于对数据进行操作。

假设上述两个类都放在 E:\,先将两个类编译,然后在 E:\>提示符后输入:

E:\>java RandomAccessFileExam student.txt

将看到下面的运行结果:

读取第几条学生记录?2
姓名:Rose
分数:95

9.5 对象流和对象序列化

9.5.1 序列化概述

在处理数据流时,不仅仅限于基本的数据类型,很多时候也需要把对象进行"流"化处理,处理后的数据流称为"对象流"。假设画了一个圆,然后想把这个圆保存起来,下次打开时还能够看到之前画的这个圆,那么就需要把这个圆的圆心位置、圆的半径、圆的线条颜色、线条的粗细、填充颜色等这些属于"圆"这个对象的属性都保存起来,同时还包括有关这个对象的一系列相关信息,也就是需要对"圆"这个对象进行保存,这就涉及使用对象流进行处理。

对象的序列化是指将实现了序列化接口(Serializable 接口)的对象转化成字节序列进行保存或传输,而以后还能够根据该字节序列将对象完全还原。

Java 引入序列化的概念可以解决 Java 中的远程方法调用(Remote Method Invocation,RMI),RMI 支持存储在不同地址空间的程序级对象之间的彼此通信,实现远程对象之间的无缝远程调用。当向远程对象发送消息时,需要通过对象序列化传输参数及返回值。另外,对于 Java Beans 状态信息的保存和恢复,也需要对象序列化的支持。

9.5.2 序列化实现机制

1. 序列化的实现(Serializable 接口)

要使一个类的对象能够被序列化,只需让该类实现 Serializable 接口,这个接口只是一个标记接口,即该接口中没有任何抽象方法。一个类实现 Serializable 接口只是为了标记该类是可以被序列化的。虽然 Serializable 接口中没有任何抽象方法,但要想让对象能够被序列化操作,就必须实现这个接口。

要将一个对象进行序列化操作,通常首先创建某种输出流对象(如 FileOutputStream 对象),然后用这个输出流对象来构造一个对象输出流,这时就可以用 writeObject(Object obj) 方法将对象写出到输出流中;相反,如果要将一个被序列化的对象还原,则需要用一个输入流对象(如 FileInputStream 对象)来构造一个对象输入流,再调用 readObject()方法直接从输入流中读取对象。

下面例题演示了使用对象流对文件进行读写的过程。

【例 9-9】 用流对象读写文件。

```java
/*源文件名:ObjectSerializeExam.java*/
import java.io.*;
/**
 * 员工类,可序列化
 */
class Employee implements Serializable{
    int employeeId_;
    String name_;
    int age_;
    String department_;
    public Employee(int employeeId, String name,
                    int age, String department){
        this.employeeId_=employeeId;
        this.name_=name;
        this.age_=age;
        this.department_=department;
    }

    public void showEmployeeInfo(){
        System.out.println("employeeId:"+employeeId_);
        System.out.println("name:"+name_);
        System.out.println("age:"+age_);
        System.out.println("department:"+department_);
        System.out.println("-----信息输出完毕-----");
    }
}
/**
 * 对可序列化对象操作
 */
public class ObjectSerializeExam{
    public static void main(String [] args){
        //建立两个员工对象
        Employee e1=new Employee(100101,"Tom",41,"HR");
        Employee e2=new Employee(100102,"Jerry",22,"Sales");
        try{
            //建立对象输出流将对象写出到文件 employee.data
            FileOutputStream fos=new FileOutputStream("employee.data");
            ObjectOutputStream oos=new ObjectOutputStream(fos);
            oos.writeObject(e1);
            oos.writeObject(e2);
```

```
            oos.close();
            //建立对象输入流将对象从文件 employee.data 中还原
            FileInputStream fis=new FileInputStream("employee.data");
            ObjectInputStream ois=new ObjectInputStream(fis);
            e1=(Employee)ois.readObject();
            e2=(Employee)ois.readObject();
            ois.close();
            //显示对象信息
            e1.showEmployeeInfo();
            e2.showEmployeeInfo();
        } catch(Exception ex){
            ex.printStackTrace();
        }
    }
}
```

2．transient 关键字

有时出于安全性考虑，需要对被序列化的对象进行人为控制，即对象中的某些敏感部分（如私有属性、密码等）不进行序列化操作，对象的其他部分进行序列化操作，这时可以使用 transient 来修饰那些不想被序列化的敏感部分。transient 英文的含义是"透明的"，如果在一个属性前面用 transient 关键字来修饰，就意味着关闭掉了该属性的序列化操作，也就是对该属性不进行序列化操作了。

使用 transient 关键字对序列化操作进行控制是必要的。因为一旦一个对象被序列化处理，那么即使有些信息是私有的（private），人们仍可以通过读取文件或者拦截网络传输的方式访问这些信息，这种操作有时是不安全的，因此需要人们手工控制。

3．Externalizable 接口

如果不采用默认的序列化机制，而是要自己负责全部的序列化控制，则可以通过实现 Externalizable 接口（而不是 Serializable 接口）来达到这样的目的。Externalizable 接口继承于 Serializable 接口，同时又添加了两个自己的方法：writeExternal()和 readExternal()。这两个方法会分别在对象序列化和还原的过程中自动被调用，以执行手工控制。

如果是开发应用程序，那么可能实际很少需要程序员自己来进行序列化操作，因为开发所使用的容器会帮助程序员自动完成序列化的工作，程序员只需要把自己写的类实现序列化接口 Serializable 就可以了。

9.6 项目案例

9.6.1 学习目标

（1）准确理解及掌握输入输出流的概念。
（2）熟练运用输入输出流进行大量数据的传递。
（3）了解及掌握对象流的概念以及实现方法。

(4) 了解及掌握对象序列化的概念以及实现方法。

9.6.2 案例描述

在本案例中,把用户的信息以文件的形式存放在项目当中,通过流的方式来完成对用户信息的读写操作。

9.6.3 案例要点

(1) 本案例中要熟悉自己的信息文件的存放路径,避免因路径不正确而引起的异常。

(2) 本案例中文件的数据格式:文件中的数据存放以行为单位,每一行代表一个对象的信息。

(3) 从文件读出的信息要封装到实体类里面,以备调用。

(4) 如果要对文件进行写操作,那么实体类必须序列化。

9.6.4 案例实施

(1) 新建一个 db 文件 user.db,放在项目根目录下,其内容如下(三者分别代表"用户名,密码,权限")。

```
Tom,123,0
Jerry,456,0
Rose,123,0
John,789,0
```

(2) 新建一个文件存取的类:ProductDataAccessor.java。

```java
import java.io.*;
import java.util.*;

public class ProductDataAccessor {
    /*
     * 用户文件格式如下:
     *   用户名,密码,权限
     */
    protected static final String USER_FILE_NAME="user.db";
    private HashMap userTable;

    public HashMap getUserTable(){
        return this.userTable;
    }

    /*
     * 默认构造方法
     */
    public ProductDataAccessor(){
        load();
    }
```

```java
/*
 * 读取数据的方法
 */
public void load(){
    userTable=new HashMap();
    ArrayList productArrayList=null;
    StringTokenizer st=null;
    User userObject;
    String line="";
    String userName, password, authority;
    try {
        line="";
        log("读取文件："+USER_FILE_NAME+"…");
        BufferedReader inputFromFile2=new BufferedReader(
                new FileReader(USER_FILE_NAME));
        while((line=inputFromFile2.readLine())!=null){
            st=new StringTokenizer(line, ",");
            userName=st.nextToken().trim();
            password=st.nextToken().trim();
            authority=st.nextToken().trim();
            userObject=new User(
                    userName,
                    password,
                    Integer.parseInt(authority));
            if(!userTable.containsKey(userName)){
                userTable.put(userName, userObject);
            }
        }
        inputFromFile2.close();
        log("文件读取结束！");
        log("准备就绪！\n");
    } catch(FileNotFoundException exc){
        log("没有找到文件 \""+USER_FILE_NAME+"\".");
        log(exc);
    } catch(IOException exc){
        log("发生异常："+USER_FILE_NAME);
        log(exc);
    }
}
/*
 * 保存数据
 */
public void save(User user){
    log("读取文件："+USER_FILE_NAME+"…");
```

```java
        try {
            String userinfo=user.getUsername()
                    +","+user.getPassword()
                    +","+user.getAuthority();
            RandomAccessFile fos=new RandomAccessFile(
                    USER_FILE_NAME, "rws");
            fos.seek(fos.length());
            fos.write(("\n"+userinfo).getBytes());
            fos.close();
        } catch(FileNotFoundException e){
            e.printStackTrace();
        } catch(IOException e){
            e.printStackTrace();
        }
    }
    /*
     * 日志方法
     */
    protected void log(Object msg){
        System.out.println("ProductDataAccessor 类: "+msg);
    }

    public HashMap getUsers(){
        this.load();
        return this.userTable;
    }
}
```

(3) 编写用户类 User.java。

```java
/*
 * 用户类 User
 */
public class User implements Serializable{
    //用户名
    private String username;
    //密码
    private String password;
    //权限
    private int authority;

    public User(String username,
            String password,
            int authority){
        this.username=username;
        this.password=password;
```

```java
        this.authority=authority;
    }
    public String getUsername(){
        return username;
    }
    public void setUsername(String username){
        this.username=username;
    }
    public String getPassword(){
        return password;
    }
    public void setPassword(String password){
        this.password=password;
    }
    public int getAuthority(){
        return authority;
    }
    public void setAuthority(int authority){
        this.authority=authority;
    }
}
```

(4) 编写测试类 Test.java。

```java
public class Test {
    public static void main(String[] args){
        ProductDataAccessor pda=new ProductDataAccessor();
        HashMap user=pda.getUserTable();
        Set set=user.keySet();
        for(Object o : set){
            User u= (User)user.get((String)o);
            System.out.println(u);
        }
    }
}
```

9.6.5 特别提示

(1) 在对数据进行读操作时不需要任何的其他辅助操作,但是在对数据进行写操作时需要对应的实体类实现序列化操作。

(2) 对象流的操作会在后面的 Socket 编程时进行详细的介绍。

9.6.6 拓展与提高

在学生管理系统中,需要一个学生对象,可以用一个 student.db 文件来进行数据的存放,学生的信息包括学号、姓名、性别、出生日期、入学年份、系别、专业、班级、民族、籍贯、政治面貌、身份证号、家庭住址、家长姓名、家长电话等。读者可以通过对其读写操作来拓展和提高。

另外，本案例中只是给出了数据流的"读"操作和测试，请读者实现对应的"写"操作。

本 章 总 结

本章主要介绍了以下内容：
- Java I/O 中字节流、字符流的概念及流的分类。
- Java I/O 的类框架的层次结构。
- 常用的输入输出类，包括 FileInputStream 类、ByteArrayInputStream 类、PipedInputStream 类、DataInputStream 类、FileOutputStream 类、ByteArrayOutputStream 类、PipedOutputStream 类和 DataOutputStream 类。
- 对于文件和目录的操作，包括 File 类和 RandomAccessFile 类的使用方法。
- 对于对象进行"流化"操作。

习 题

1. 字节流和字符流有什么区别？
2. 常用的输入类有哪些？
3. 常用的输出类有哪些？
4. 什么是对象的序列化操作？

第 10 章　　多线程编程

本章重点
- 线程相关概念。
- 线程的创建、启动方法。
- 线程状态及状态间的转换。
- 线程优先级及调度策略。
- 线程同步与互斥。

在现实世界中，经常会遇到执行并行任务的情况（如火车、航空售票系统）。本章将要学习的 Java 多线程编程为模拟现实中的并行问题提供了良好的环境。通过本章学习，能够了解线程的相关概念、线程的创建及启动方法，掌握线程的同步与互斥。

10.1　线程概念

随着计算机硬件性能的不断提高，计算机操作系统的设计也与时俱进，逐渐将原来只有在大型机和服务器上才具有的一些特性：如多任务和分时设计，引入到微机操作系统中。多任务是指同时运行两个或两个以上的程序，而每个程序似乎都独立运行在自己的 CPU 上，这样做大大提高了程序的执行效率，也充分挖掘了 CPU 的潜能。在这种能够执行多任务的操作系统中，一般都有进程的概念。

所谓"进程"，就是一个自包含的执行程序，每个进程含有自己独立的地址空间和系统资源。多任务的操作系统通过周期性地将 CPU 的时间分配给不同的任务而达到"同时"运行多个进程（程序）的目的。

将上述多任务的原理应用到程序的更低一层中进行发展就是多线程。"线程"（Thread）是线程控制流的简称，它是进程内部的一个控制序列流，一个进程中可以具有多个线程，每个线程执行不同的任务，而这些线程也可以像多个进程一样并发执行。能够同时运行两个或两个以上线程的程序称为多线程程序。

要使多个进程或多个线程看起来是"同时"运行，操作系统确实是通过某种底层机制将 CPU 的时间进行分配，但这些事情一般不需要程序员去考虑，因此这也使得多线程编程的任务变得更加容易。

多线程和多进程之间是有区别的，最根本的区别是每个进程都有属于自己的代码和数据空间，而线程则共享所属进程的这些数据。这样做也存在着一些安全隐患。但是创建和注销线程比进程所需的开销要少得多，线程间的通信比进程间的通信要快得多，因此目前多线程技术得到了所有操作系统的支持。多进程是指操作系统可以同时运行多个任务（程序），而多线程则指同一应用程序中有很多序列流同时执行。

多线程在实际应用中用途很大,例如,一个用户可以在下载数据的同时浏览新闻或听歌曲。Java 支持多线程编程,而且其本身对多线程也有很多应用,如后台使用一个线程进行"垃圾回收"。

10.2 线程的创建及启动

可以通过两种方式创建一个线程:一种是扩展 Thread 类;另一种是实现 Runnable 接口。下面分别介绍这两种方法。

1. 通过扩展 Thread 类创建线程

可以通过扩展 Thread 类,并覆盖 Thread 类中的 run()方法来创建一个线程。其中 run()方法中的代码就是让线程完成的工作。首先来看 Thread 类中所定义的方法,然后再通过一个程序示例来说明如何采用这种方式来创建一个线程。

Thread 类的声明如下:

```
public class Thread extends Object implements Runnable
```

Thread 类有下面几个构造方法:

```
Thread()
Thread(String name)
Thread(Runnable target)
Thread(Runnable target, String name)
Thread(ThreadGroup group, String name)
Thread(ThreadGroup group, Runnable target)
Thread(ThreadGroup group, Runnable target, String name)
Thread(ThreadGroup group, Runnable target, String name, long stackSize)
```

Thread 类中的静态方法如下:

```
static int activeCount()                    //返回当前线程的线程组中活动线程的数目
static Thread currentThread()               //返回对当前正在执行的线程对象的引用
static void dumpStack()                     //将当前线程的堆栈跟踪打印至标准错误流
static int enumerate(Thread[] tarray)       //将当前线程的线程组及其子组中的每一个活动
                                            //线程复制到指定的数组中
static Map<Thread,StackTraceElement[]> getAllStackTraces()
                                            //返回所有活动线程的堆栈跟踪的一个映射
static Thread.UncaughtExceptionHandler getDefaultUncaughtExceptionHandler()
                                            //返回线程由于未捕获到异常而突然终止时调用
                                            //的默认处理程序
static boolean holdsLock(Object obj)        //当且仅当当前线程在指定的对象上保持监视器
                                            //锁时,才返回 true
static boolean interrupted()                //测试当前线程是否已经中断
static void setDefaultUncaughtExceptionHandler(Thread.UncaughtExceptionHandler
```

```
eh)                                          //设置当线程由于未捕获到异常而突然终止,并
                                             //且没有为该线程定义其他处理程序时所调用的
                                             //默认处理程序
static void sleep(long millis)               //在指定的毫秒数内让当前正在执行的线程休眠
                                             //(暂停执行),此操作受到系统计时器和调度程
                                             //序精度和准确性的影响
static void sleep(long millis, int nanos)    //在指定的毫秒数加指定的纳秒数内让当前正在
                                             //执行的线程休眠(暂停执行),此操作受到系统
                                             //计时器和调度程序精度和准确性的影响
static void yield()                          //暂停当前正在执行的线程对象,并执行其他线程
```

Thread 类的实例方法如下:

```
void checkAccess()                           //判定当前运行的线程是否有权修改该线程
ClassLoader getContextClassLoader()          //返回该线程的上下文 ClassLoader
long getId()                                 //返回该线程的标识符
String getName()                             //返回该线程的名称
int getPriority()                            //返回线程的优先级
StackTraceElement[] getStackTrace()          //返回一个表示该线程堆栈转储的堆栈跟踪元素
                                             //数组
Thread.State getState()                      //返回该线程的状态
ThreadGroup getThreadGroup()                 //返回该线程所属的线程组
Thread.UncaughtExceptionHandler getUncaughtExceptionHandler()
                                             //返回该线程由于未捕获到异常而突然终止时调
                                             //用的处理程序
void interrupt()                             //中断线程
boolean isAlive()                            //测试线程是否处于活动状态
boolean isDaemon()                           //测试该线程是否为守护线程
boolean isInterrupted()                      //测试线程是否已经中断
void join()                                  //等待该线程终止
void join(long millis)                       //等待该线程终止的时间最长为 millis(毫秒)
void join(long millis, int nanos)            //等待该线程终止的时间最长为 millis(毫秒)+
                                             //nanos(纳秒)
void run()                                   //如果该线程是使用独立的 Runnable 运行对象
                                             //构造的,则调用该 Runnable 对象的 run 方法;
                                             //否则,该方法不执行任何操作并返回
void setContextClassLoader(ClassLoader cl)   //设置该线程的上下文 ClassLoader
void setDaemon(boolean on)                   //将该线程标记为守护线程或用户线程
void setName(String name)                    //改变线程名称,使之与参数 name 相同
void setPriority(int newPriority)            //更改线程的优先级
void setUncaughtExceptionHandler(Thread.UncaughtExceptionHandler eh)
                                             //设置该线程由于未捕获到异常而突然终止时调
                                             //用的处理程序
void start()                                 //使该线程开始执行;Java 虚拟机调用该线程的
                                             //run 方法
```

```
String toString()          //返回该线程的字符串表示形式,包括线程名称、优先级和线程组
```

在线程类 Thread 中,有两个方法必须首先掌握:一个是 run()方法,另一个是 start()方法。在编写一个线程类的时候,这个线程要完成的功能,也就是我们要做的事情,要放在 run()方法中,但 run()方法并不是直接自己去调用,而是通过 start()方法启动线程,由操作系统来决定什么时候执行 run()里面的内容。这点与之前的方法调用是有区别的。

下面程序演示了如何通过扩展 Thread 类创建线程。

【例 10-1】 扩展 Thread 类创建线程。

```
package sample;
public class ThreadExample extends Thread{
    public void run(){
        for(int i=0; i<5; i++){
            for(int j=0; j<8; j++){
                System.out.print(getName()+"["+j+"]   ");
            }
            System.out.println();
        }
        System.out.println("-----"+getName()+" ends-----");
    }

    public static void main(String[] args){
        Thread thread1=new ThreadExample();
        thread1.setName("线程 1");
        Thread thread2=new ThreadExample();
        thread2.setName("线程 2");
        thread1.start();
        thread2.start();
        System.out.println("====="+Thread.currentThread().getName()+" ends=====");
    }
}
```

编译运行上述程序,得到下面的输出结果:

```
=====main ends=====
线程 2[0]   线程 2[1]   线程 2[2]   线程 2[3]   线程 1[0]   线程 2[4]   线程 1[1]   线程 2[5]
线程 1[2]   线程 1[3]   线程 1[4]   线程 1[5]   线程 1[6]   线程 1[7]   线程 2[6]
线程 2[7]
线程 1[0]   线程 1[1]   线程 1[2]   线程 2[0]   线程 1[3]   线程 2[1]   线程 1[4]   线程 2[2]
线程 1[5]   线程 2[3]   线程 2[4]   线程 1[6]   线程 2[5]   线程 1[7]
线程 2[6]   线程 1[0]   线程 2[7]
线程 1[1]   线程 2[0]   线程 1[2]   线程 2[1]   线程 1[3]   线程 1[4]   线程 1[5]   线程 1[6]
线程 1[7]
线程 2[2]   线程 1[0]   线程 2[3]   线程 2[4]   线程 2[5]   线程 2[6]   线程 2[7]
线程 2[0]   线程 2[1]   线程 2[2]   线程 2[3]   线程 1[1]   线程 2[4]   线程 1[2]   线程 1[3]
```

线程 1[4]　　线程 1[5]　　线程 1[6]　　线程 2[5]　　线程 2[6]　　线程 2[7]
线程 2[0]　　线程 2[1]　　线程 2[2]　　线程 1[7]
线程 2[3]　　线程 2[4]　　线程 2[5]　　线程 2[6]　　线程 2[7]
线程 1[0]　　线程 1[1]　　线程 1[2]　　-----线程 2 ends-----
线程 1[3]　　线程 1[4]　　线程 1[5]　　线程 1[6]　　线程 1[7]
-----线程 1 ends-----

再重新运行程序，得到下面的运行结果：

=====main ends=====
线程 1[0]　线程 1[1]　线程 1[2]　线程 1[3]　线程 1[4]　线程 1[5]　线程 1[6]　线程 1[7]
线程 2[0]
线程 2[1]　线程 1[0]　线程 2[2]　线程 2[3]　线程 1[1]　线程 1[2]　线程 1[3]　线程 1[4]
线程 1[5]　线程 1[6]　线程 1[7]
线程 1[0]　线程 1[1]　线程 1[2]　线程 1[3]　线程 1[4]　线程 1[5]　线程 1[6]　线程 1[7]
线程 1[0]　线程 1[1]　线程 1[2]　线程 1[3]　线程 1[4]　线程 1[5]　线程 2[4]　线程 2[5]
线程 1[6]　线程 2[6]　线程 1[7]
线程 1[0]　线程 1[1]　线程 1[2]　线程 1[3]　线程 2[7]
线程 1[4]　线程 2[0]　线程 1[5]　线程 2[1]　线程 1[6]　线程 2[2]　线程 2[3]　线程 2[4]
线程 2[5]　线程 2[6]　线程 1[7]
线程 2[7]
-----线程 1 ends-----
线程 2[0]　线程 2[1]　线程 2[2]　线程 2[3]　线程 2[4]　线程 2[5]　线程 2[6]　线程 2[7]
线程 2[0]　线程 2[1]　线程 2[2]　线程 2[3]　线程 2[4]　线程 2[5]　线程 2[6]　线程 2[7]
线程 2[0]　线程 2[1]　线程 2[2]　线程 2[3]　线程 2[4]　线程 2[5]　线程 2[6]　线程 2[7]
-----线程 2 ends-----

从两次程序运行的结果可以看出来，每次运行这个程序，并不会得到同样的输出结果。读者可以试着多次运行程序，看看每次运行的结果是什么。

如果把程序中如下的两行代码修改一下，将 start() 换成 run()：

thread1.start();
thread2.start();

修改为：

thread1.run();
thread2.run();

程序的运行结果将是：

线程 1[0]　线程 1[1]　线程 1[2]　线程 1[3]　线程 1[4]　线程 1[5]　线程 1[6]　线程 1[7]
线程 1[0]　线程 1[1]　线程 1[2]　线程 1[3]　线程 1[4]　线程 1[5]　线程 1[6]　线程 1[7]
线程 1[0]　线程 1[1]　线程 1[2]　线程 1[3]　线程 1[4]　线程 1[5]　线程 1[6]　线程 1[7]
线程 1[0]　线程 1[1]　线程 1[2]　线程 1[3]　线程 1[4]　线程 1[5]　线程 1[6]　线程 1[7]
线程 1[0]　线程 1[1]　线程 1[2]　线程 1[3]　线程 1[4]　线程 1[5]　线程 1[6]　线程 1[7]
-----线程 1 ends-----
线程 2[0]　线程 2[1]　线程 2[2]　线程 2[3]　线程 2[4]　线程 2[5]　线程 2[6]　线程 2[7]

```
线程 2[0]    线程 2[1]    线程 2[2]    线程 2[3]    线程 2[4]    线程 2[5]    线程 2[6]    线程 2[7]
线程 2[0]    线程 2[1]    线程 2[2]    线程 2[3]    线程 2[4]    线程 2[5]    线程 2[6]    线程 2[7]
线程 2[0]    线程 2[1]    线程 2[2]    线程 2[3]    线程 2[4]    线程 2[5]    线程 2[6]    线程 2[7]
线程 2[0]    线程 2[1]    线程 2[2]    线程 2[3]    线程 2[4]    线程 2[5]    线程 2[6]    线程 2[7]
-----线程 2 ends-----
=====main ends=====
```

多次调用可以发现,结果都是相同的。这也很好地说明了程序中的直接方法调用和启动线程是完全不同的概念。

该程序需要说明以下几点:

首先,启动一个线程应该调用 start() 方法,而不是直接调用 run() 方法,启动 start() 方法后,具体该线程何时执行,分配多长时间执行都交由操作系统去分配,而不是由程序员来控制。

在线程执行过程中,可以调用 Thread 类的静态方法 currentThread() 来查看当前哪个线程正在执行。

另外,从程序中可以看出,Java 程序的入口 main() 方法其实也是由 Java 虚拟机启动一个线程来调用的,其默认名字为 main。

多次运行该程序,会得到不同的运行结果,因为每次操作系统为不同线程分配的时间片是不固定的,因此多次运行程序可以看出多线程程序的特点。

但有时在编写线程程序时,由于受到 Java 语言自身特点的限制,还必须使用另外一种创建线程的方法,这就是通过实现 Runnable 接口的方式。

2. 通过实现 Runnable 接口创建线程

除了通过扩展 Thread 类来创建线程外,也可以通过实现 Runnable 接口来创建一个线程。通过查看 Java API 文档会发现,其实 Thread 类也是实现了 Runnable 接口,这种创建线程的方式在某些情况下是必要的。例如,要编写一个线程类,这个类已经继承了一个父类,但 Java 中只支持单一继承,就无法再继承 Thread 了,这时就可以通过实现 Runnable 接口的方式来达到目的。

与 Thread 类一样,Runnable 接口位于 java.lang 包中,该接口只有一个 run() 方法需要实现。一个类实现 Runnable 接口后,如果要创建一个线程,需要先创建该类的一个实例,然后再将该实例作为参数传递给 Thread 类的一个构造方法来创建一个 Thread 类实例。下面是利用实现 Runnable 接口创建线程的程序。

【例 10-2】 实现 Runnable 接口创建线程。

```java
package sample;

public class RunnableExample implements Runnable {
    public void run(){
        for(int i=0; i<3; i++){
            for(int j=0; j<5; j++){
                System.out.print(Thread.currentThread().getName()+"["+j+"]   ");
            }
```

```
            System.out.println();
        }
        System.out.println("==="+Thread.currentThread().getName()+"结束===");
    }

    public static void main(String [] args){
        Thread t1=new Thread(new RunnableExample());
        Thread t2=new Thread(new RunnableExample());
        t1.start();
        t2.start();
        System.out.println("==="+Thread.currentThread().getName()+"结束===");
    }
}
```

从上面可以看出，通过实现 Runnable 接口来实现线程，解决了 Java 中单一继承的限制，因此，在实现多线程编程时，具体选择上面哪种实现方式，要根据自己的实际需求进行处理。

最后，对以上两种创建线程的方式进行总结。

一个线程对象是 Thread 类或其派生类的一个实例，不论哪种创建方式，都需要直接或间接地实现 Runnable 接口，并且实现 run()方法，run()方法存放着线程要完成工作的代码。线程的启动是调用 start()方法，而不是直接显式调用 run()方法。

在线程中，run()方法返回值为空(void)，因此，该方法执行后并不能返回操作结果，也无法抛出受检查的异常。从 JDK1.5 开始，在 java.util.concurrent 包中提供了一个类似于 Runnable 的接口 Callable，该接口定义了一个不带任何参数称为 call()的方法，它能够返回结果并且可能抛出异常。如果所构造的线程任务需要返回结果，可以使用 Callable 接口来实现，使用这种方式实现线程，其启动方法与上面两种也有所区别，具体操作可以参照 Java Doc API 帮助文档，在此不做详述。

10.3 线程状态及转化

从上一节的程序运行结果可以发现，通过 start()方法启动一个线程后，这个线程不一定会立即执行。并且一个线程在执行过程中，有可能会暂停执行，而去执行其他的线程，经过一段时间后又回过头来继续执行。这一过程说明线程在执行过程中具有多种不同的状态，几种状态之间在特定的条件下会相互转化。

一个线程总是处于下面几个状态中的某一状态：
- 新建状态(New Thread)。
- 可运行状态(Runnable)。
- 阻塞状态(Blocked)。
- 死亡状态(Dead)。

1. 新建状态

当使用 New 关键字新创建一个线程时，如上节中的例子 New MySimpleThread()，这时线程处于新建状态(New Thread)。处于新建状态的线程并没有真正执行程序代码，它只是一个空的线程对象，系统甚至没有分配资源给它。分配线程所需的资源是 start() 方法要完成的工作。

2. 可运行状态

一旦一个线程调用了 start() 方法，线程就进入可运行状态(Runnable)。处于可运行状态的线程未必真的在运行，这时系统已经为该线程分配了它所需要的资源，至于何时运行，则取决于操作系统何时为该线程分配时间，因为只有操作系统才有权决定 CPU 的时间分配。当线程被分配到时间开始执行时，这个线程进入运行中状态。Java 文档将运行中的线程看成是处于 Runnable 状态，即运行中状态不是一个独立的状态。因此，需要注意的是，处于可运行状态的线程有可能在运行，也有可能没有在运行。

3. 运行状态

处于可运行状态(Runnable)的线程，一旦得到了时间片就进入了运行状态(Running)。

4. 阻塞状态

阻塞状态也可以称为不可运行状态，即由于某种原因使线程不能执行的一种状态。这时即便是 CPU 正处在空闲状态，也无法执行该线程。导致一个线程进入阻塞状态可能有如下几个原因：

(1) 线程调用了 sleep() 方法。
(2) I/O 流中发生了线程阻塞。
(3) 线程调用了 wait() 方法。
(4) 线程调用了 suspend() 方法(已过时)。
(5) 线程要锁住一个对象，但该对象已被另一个线程锁住。

一个处于可运行状态的线程如果出现上述几种情况，就会进入阻塞状态。处于阻塞状态的线程要想重新回到可运行状态，需要分别满足不同的特定条件：

(1) 如果由于调用 sleep() 而进入阻塞状态，则当睡眠时间到达所规定的毫秒数就可以离开该状态。
(2) 如果由于等待 I/O 操作，那么当这个 I/O 操作完成后就可以离开该状态。
(3) 如果由于调用了 wait() 方法，那么只有等另一个线程调用了 notify() 或 notifyAll() 方法后才能离开该状态。
(4) 如果由于调用 suspend() 方法被挂起，则需调用 resume() 后才能离开该状态。
(5) 如果正在等待其他线程拥有的对象锁，只有该线程放弃锁后才能离开该状态。

由此可以看出，线程进入到阻塞状态后，需要某种特定事件将它重新唤醒，而唤醒的事件取决于导致该线程进入阻塞状态的原因。

5. 死亡状态

线程进入死亡状态一般有两种原因：

(1) 线程执行完毕，自然死亡。
(2) 异常终止 run() 方法(如调用 stop() 方法，stop() 方法已过时)。

线程的这 5 种状态可以用一张状态图来表示（见图 10-1）。

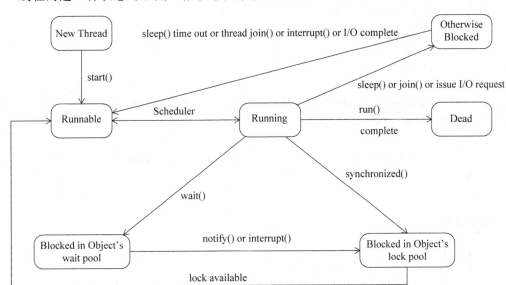

图 10-1　线程状态图

上面介绍了线程的几种状态及状态之间转化的条件。在程序中，可以使用 isAlive()方法来检测一个线程是否处于活动状态(线程活动状态只处于可运行状态或阻塞状态)。该方法返回一个布尔值，如果返回 true，则说明线程处于活动状态；如果线程处于新建状态或死亡状态，则返回 false。这里需要注意的是，利用 isAlive()方法检测线程状态时，无法区分一个处于活动状态的线程到底是处于可运行状态还是阻塞状态，也无法区分一个线程是新建状态还是死亡状态。

下面通过几个程序来更好地理解 Thread 类中的常用方法。

【例 10-3】　Thread 类的 sleep()方法和 interrupt()方法示例。

```
/*源文件名:TestInterrupt.java*/
package sample;
import java.util.Date;
class MyThread extends Thread {
    private boolean flag=true;
    public void run(){
        while(flag){
            System.out.println("---"+new Date()+"---");
            try {
                sleep(1000);
            } catch(InterruptedException ie){
                flag=false;
            }
        }
    }
}
```

```
}
public class TestInterrupt {
    public static void main(String[] args){
        MyThread thread=new MyThread();
        thread.start();
        try {
            Thread.sleep(5000);           //main 线程睡眠 5 秒
        } catch(InterruptedException e){
        }
        thread.interrupt();               //打断 thread 的睡眠
    }
}
```

运行结果：

---Fri Oct 21 16:40:17 CST 2016---
---Fri Oct 21 16:40:18 CST 2016---
---Fri Oct 21 16:40:19 CST 2016---
---Fri Oct 21 16:40:20 CST 2016---
---Fri Oct 21 16:40:21 CST 2016---

上面程序中，演示了 sleep()方法及 interrupt()方法的使用。在线程中调用 sleep()方法，该线程就进入睡眠状态，sleep()方法可以指定睡眠的时间，在 MyThread 类中指定了 1000ms，即 1 秒钟。调用一个线程对象的 interrupt()方法，就会中断睡眠，如果睡眠被中断，就会抛出 InterruptedException 异常。

下面再看 join()方法的使用。

【例 10-4】 Thread 类的 join()方法示例。

```
/*源文件名:TestJoin.java*/
class MyThread2 extends Thread {
    public MyThread2(String s){
        super(s);
    }
    public void run(){
        for(int i=0;i<5;i++){
            System.out.println("我是"+getName());
            try {
                sleep(1000);
            } catch(InterruptedException e){
                return;
            }
        }
    }
}
```

```java
public class TestJoin {
    public static void main(String[] args){
        MyThread2 thread1=new MyThread2("线程 1");
        thread1.start();
        try {
            thread1.join();
        } catch(InterruptedException e){
        }
        for(int i=0; i<5; i++){
            System.out.println("---我是主线程---");
        }
    }
}
```

运行结果：

我是线程 1
我是线程 1
我是线程 1
我是线程 1
我是线程 1
---我是主线程---
---我是主线程---
---我是主线程---
---我是主线程---
---我是主线程---

在 TestJoin 类中，创建了线程 thread1，调用 thread1.start()后，又调用了 thread1.join()。这相当于把线程 thread1 的内容合并到了当前线程，要等 thread1 执行完成后，才继续执行当前线程（主线程）。所以，尽管在线程 thread1 的 run()方法中，每输出一行后，都会睡眠 1 秒钟，但仍然是执行完 thread1 之后才继续执行 main 线程中的输出语句。

下面再看一个程序，演示了线程类的 yield()方法。

【例 10-5】 Thread 类的 yield()方法示例。

```java
/*源文件名:TestYield.java*/
class MyThread3 extends Thread {
    public MyThread3(String s){
        super(s);
    }
    public void run(){
        for(int i=1;i<=100;i++){
            System.out.println(getName()+" : "+i);
            if(i%10 ==0){
                yield();
            }
        }
```

```
            }
        }
    }
    public class TestYield {
        public static void main(String[] args){
            MyThread3 t1=new MyThread3("线程 1");
            MyThread3 t2=new MyThread3("线程 2");
            t1.start();
            t2.start();
        }
    }
```

方法 yield()的含义告诉当前执行的线程让出占用的 CPU,可以给线程池中有相同优先级的线程一个机会,让它们被调度。但是,yield 方法并不能保证使得当前正在运行的线程迅速转换到可运行的状态。以上程序读者可以自己运行,看一下结果,每当一个线程打印到 10 的整数倍的时候,就有很大的几率让另一个线程执行。

10.4 线程优先级及调度策略

CPU 在执行多个线程时,其执行顺序是不固定的。如果有多个线程都在等待被执行,那么调度程序如何来决定让哪一个线程先执行呢?本节将讨论线程的优先级和调度策略。

Java 自身有一个线程调度器,它负责监听所有的线程,当操作系统支持多线程时,Java 将利用系统提供的多线程支持。在调度线程时,线程调度器要参考两个因素:线程优先级(priority)和后台线程标志(daemon flag)。

线程优先级能告诉调度器该线程的重要程度。在 Java 语言中,每个线程都具有一个优先级,从 1 到 10。缺省时,一个线程与其父线程具有相同的优先级。也可以在程序中使用 setPriority()方法来对线程的优先级进行设置。在 Thread 类中有三个代表优先级的静态整型常量:MAX_PRIORITY、MIN_PRIORITY 和 NORM_PRIORITY,分别代表最高优先级(级别 10)、最低优先级(级别 1)和分配给线程的默认优先级(级别 5)。但需要注意的是,虽然 Java 中设置了 10 个优先级,但很多系统平台的优先级少于 10 个(如 Windows NT 中只有 7 个优先级),因此,Java 虚拟机中的优先级在映射到操作系统的优先级时,有可能出现 JVM 中多个优先级映射为操作系统中相同级别的优先级。所以,在进行多线程编程时,不能简单地完全依赖优先级。

在理想状态下,线程调度程序在选取一个要执行的线程时,总是选取处于可运行(runnable)状态下的具有最高优先级的线程来运行。

一个正在运行的线程可以通过 yield()方法主动放弃其执行权,让调度器去调度其他的已经处于可运行状态的线程。调用 yield()方法后,该线程处于可运行状态,但如果这时处于可运行状态的其他线程的优先级都低于该线程,则 yield()方法不会起作用。

sleep()方法强制当前运行的线程睡眠若干毫秒,这时线程由可运行状态变为阻塞(blocked)状态,至少在这段时间内,该线程不会被立即选中执行,睡眠时间过后再转入可运行状态。

一个线程还可以在其他线程上调用 join() 方法,其结果是该线程等待一段时间,一直到第二个线程执行结束再继续执行。在调用 join() 方法时,也可以加上一个超时参数,设置一个毫秒数,其含义是如果到了所设定的毫秒数而第二个线程还没有结束的话,join() 方法也将返回。

线程调度器在调度线程时除了看线程的优先级外,还参考一个要素,就是后台线程标志。所谓的"后台线程"(daemon thread)是一种服务线程,它并不是一个程序必不可少的部分,因此,如果所有的非后台线程结束时,程序也就终止了。换句话说,必须有非后台线程还在运行,程序才不会终止。要想将一个线程设置成后台线程,应该在启动这个线程之前调用 setDaemon() 方法。isDaemon() 方法可以用来判定一个线程是否是一个后台线程。另外,在一个后台线程中创建的任何线程将自动被设置为后台线程。

10.5 线程同步与互斥

之前列举的线程都是相互独立的,不同线程之间无须共享数据。在很多的实际应用中,两个或两个以上的线程需要共享相同的数据,这时线程就需要考虑其他线程的状态和行为,否则可能产生意想不到的结果。

10.5.1 基本概念

在介绍相关概念之前,首先来看一段代码。

【例 10-6】 模拟预订车票程序。

```java
/*源文件名:BookingTest.java*/
class BookingClerk {
    int remainder=10;
    void booking(int num){
        if(num<=remainder){
            System.out.println("预定"+num+"张票");
            try{
                Thread.sleep(1000);
                remainder=remainder-num;
            } catch(InterruptedException e){
                remainder=remainder-num;
            }
        } else {
            System.out.println("剩余票不足,无法接受预定");
        }
        System.out.println("还剩"+remainder+"张票");
    }
}
```

```
class BookingTest implements Runnable{
    BookingClerk bt;
    int num;
    BookingTest(BookingClerk bt, int num){
        this.bt=bt;
        this.num=num;
        new Thread(this).start();
    }

    public void run(){
        bt.booking(num);
    }

    public static void main(String [] args){
        BookingClerk bt=new BookingClerk();
        new BookingTest(bt, 7);
        new BookingTest(bt,5);
    }
}
```

下面是一种可能的运行结果：

预定 7 张票
预定 5 张票
还剩-2 张票
还剩-2 张票

很显然，这是数据不完整的错误。发生这种错误的原因是有些资源在同一时刻应该只能被一个线程所利用。为了保证程序运行的正确性，那些需要被多个线程共享的数据需要被加以限制，即一次只允许一个线程来使用它。这种一次只允许一个线程使用的资源称为"临界资源"，访问这种临界资源的代码称为"临界区"。显然，不同线程在进入临界区时应该是互斥的，即各个线程不能同时进入临界区。

Java 中采用对象锁的机制来处理临界区的互斥问题。Java 引入了 synchronized 关键字，可以用来修饰实例方法，一旦一个方法被该关键字修饰，这个方法就称为"同步方法"。同步方法在其执行期间是不会被中断的。每个对象具有一把锁，称为"对象锁"，当线程没有访问同步方法时，对象锁的状态是打开的。如果线程要进入对象中的同步方法，即被 synchronized 修饰的实例方法，需要先检查其对象锁的状态，如果锁是打开的，则线程可以进入该同步方法，同时关闭对象锁，此时线程持有该对象锁。如果这时其他线程也要访问该同步方法，就会进入阻塞状态，到对象的锁等待池中等待，直到前面的线程退出同步方法，释放对象锁后才能继续执行。

需要说明的是，上述开锁、关锁的操作以及线程状态的切换都是系统自动完成的，并不需要程序员去控制，程序员需要做的是用 synchronized 关键字设置好临界区，其他的事情交给系统做就可以了。

一个线程可以同时持有多个对象锁,但在任何时候,一个对象锁只能被一个线程持有。

现在可以将例 10-6 的程序加以修改,用 synchronized 关键字声明 booking()方法为同步方法。

```
synchronized void booking(int num){
...
}
```

再次运行该程序,就不会出现之前的错误。程序运行结果如下：

预定 7 张票
还剩 3 张票
剩余票不足,无法接受预定
还剩 3 张票

10.5.2 线程同步

多个相互合作的线程彼此间需要交换数据,则必须保证各线程运行步调一致。例如,一个线程在没有得到与其合作的线程发来的信息之前,处于等待状态,一直到信息到来时才被唤醒继续执行。如果相互合作的程序配合得不好,程序运行结果将会产生问题。下面看一个程序示例,在该程序中因为没有处理好多线程的资源共享而出现问题,后面会对其进行改进。

【例 10-7】 未处理好同步问题的队列。

```
package sample;
public class QueueOld {
    protected Object[] data;
    protected int writeIndex;
    protected int readIndex;
    protected int count;
    public QueueOld(int size){
        data=new Object[size];
    }

    public   void write(Object value){
        data[writeIndex++]=value;
        System.out.println("write data is: "+value);
        writeIndex %=data.length;
        count +=1;
    }

    public   void read(){
        Object value=data[readIndex++];
        System.out.println("read data is: "+value);
        readIndex %=data.length;
        count -=1;
```

```java
    }
    public static void main(String[] args){
        QueueOld q=new QueueOld(5);
        new Writer(q);
        new Reader(q);
    }
}

class Writer implements Runnable{
    QueueOld queue;
    Writer(QueueOld target){
        queue=target;
        new Thread(this).start();
    }

    public void run(){
        int i=0;
        while(i<100){
            queue.write(new Integer(i));
            i++;
        }
    }
}

class Reader implements Runnable{
    QueueOld queue;
    Reader(QueueOld source){
        queue=source;
        new Thread(this).start();
    }

    public void run(){
        int i=0;
        while(i<100){
            queue.read();
            i++;
        }
    }
}
```

程序部分运行结果：

write data is: 0
write data is: 1
write data is: 2
write data is: 3

```
write data is: 4
write data is: 5
write data is: 6
write data is: 7
read data is: 5
write data is: 8
read data is: 6
write data is: 9
read data is: 7
write data is: 10
read data is: 8
write data is: 11
read data is: 9
write data is: 12
…
```

从运行结果中可以看出，读写数据时发生了混乱的现象。下面将程序进行改进，解决好线程间的同步问题。

【例 10-8】 改进后的队列。

```java
package sample;
public class Queue {
    protected Object[] data;
    protected int writeIndex;
    protected int readIndex;
    protected int count;
    public Queue(int size){
        data=new Object[size];
    }
    public synchronized void write(Object value){
        while(count >=data.length){
            try{
                wait();
            }catch(InterruptedException e){}
        }
        data[writeIndex++]=value;
        System.out.println("write data is: "+value);
        writeIndex %=data.length;
        count +=1;
        notify();
    }
    public synchronized void read(){
        while(count <=0){
            try{
                wait();
```

```java
            }catch(InterruptedException e){}
        }
        Object value=data[readIndex++];
        System.out.println("read data is: "+value);
        readIndex %=data.length;
        count -=1;
        notify();
    }
    public static void main(String[] args){
        Queue q=new Queue(5);
        new Writer(q);
        new Reader(q);
    }
}

class Writer implements Runnable{
    Queue queue;
    Writer(Queue target){
        queue=target;
        new Thread(this).start();
    }
    public void run(){
        int i=0;
        while(i<100){
            queue.write(new Integer(i));
            i++;
        }
    }
}

class Reader implements Runnable{
    Queue queue;
    Reader(Queue source){
        queue=source;
        new Thread(this).start();
    }
    public void run(){
        int i=0;
        while(i<100){
            queue.read();
            i++;
        }
    }
}
```

程序部分运行结果：

```
write data is: 0
read data is: 0
write data is: 1
write data is: 2
write data is: 3
write data is: 4
write data is: 5
read data is: 1
read data is: 2
write data is: 6
write data is: 7
read data is: 3
read data is: 4
read data is: 5
read data is: 6
read data is: 7
write data is: 8
write data is: 9
write data is: 10
write data is: 11
write data is: 12
read data is: 8
read data is: 9
read data is: 10
read data is: 11
read data is: 12
write data is: 13
write data is: 14
write data is: 15
...
```

从结果中可以看出,改进后的程序其读写数据是同步的。

在进行多线程编程时,有可能由于处理不当而出现"死锁"现象。如果几个线程相互等待而都无法被唤醒正常执行,而每个线程又不会放弃自己占有的资源,这就导致了"死锁"。Java 语言本身并不能避免死锁,因此,必须由程序员在编写程序时自己处理好各种逻辑,避免出现死锁问题。

10.6 项目案例

10.6.1 学习目标

(1) 了解线程的概念。
(2) 熟练掌握线程的创建、启动等操作。

(3) 熟练掌握线程的同步操作。

10.6.2 案例描述

本案例将完成一个小球反弹的程序。程序运行后,单击"开始"按钮,就会有一个小球开始运动,多次单击"开始"按钮,将有多个小球同时运动。本程序很好地描述了 Java 中的多线程概念。

程序运行效果如图 10-2 所示。

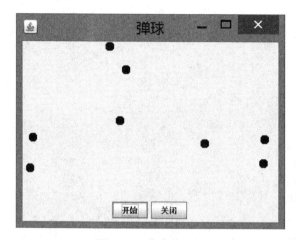

图 10-2 弹球小程序

10.6.3 案例要点

案例中一共有三个 Java 源文件：Ball.java、BallComponent.java 和 Bounce.java。案例中同时运用了 Java 中的图形界面编程,如果在程序中遇到看不懂的方法或类,可以参照 Java Doc API 帮助文档。

10.6.4 案例实施

(1) Ball.java 文件参考代码如下：

```
import java.awt.geom.Ellipse2D;
import java.awt.geom.Rectangle2D;
/*
 * A ball that moves and bounces off the edges of a rectangle
 **/
public class Ball {
    private static final int XSIZE=15;
    private static final int YSIZE=15;
    private double x=0;
    private double y=0;
    private double dx=1;
```

```java
        private double dy=1;
        public void move(Rectangle2D bounds){
            x +=dx;
            y +=dy;
            if(x<bounds.getMinX()){
                x=bounds.getMinX();
                dx=-dx;
            }
            if(x+XSIZE >=bounds.getMaxX()){
                x=bounds.getMaxX()-XSIZE;
                dx=-dx;
            }
            if(y<bounds.getMinY()){
                y=bounds.getMinY();
                dy=-dy;
            }
            if(y+YSIZE >=bounds.getMaxY()){
                y=bounds.getMaxY()-YSIZE;
                dy=-dy;
            }
        }
        public Ellipse2D getShape(){
            return new Ellipse2D.Double(x, y, XSIZE, YSIZE);
        }
}
```

(2) BallComponent.java 文件参考代码如下：

```java
import java.awt.*;
import java.util.ArrayList;
import javax.swing.JPanel;
public class BallComponent extends JPanel {
    public void add(Ball b){
        balls.add(b);
    }
    public void paintComponent(Graphics g){
        super.paintComponent(g);
        Graphics2D g2=(Graphics2D)g;
        for(Ball b : balls){
            g2.fill(b.getShape());
        }
    }
    private ArrayList<Ball> balls=new ArrayList<Ball>();
}
```

(3) Bounce.java 文件参考代码如下：

```java
import java.awt.*;
import java.awt.event.*;
import javax.swing.*;

public class Bounce {
    public static void main(String[] args){
        EventQueue.invokeLater(new Runnable(){
            public void run(){
                JFrame frame=new BounceFrame();
                frame.setDefaultCloseOperation(JFrame.EXIT_ON_CLOSE);
                frame.setVisible(true);
            }
        });
    }
}

class BounceFrame extends JFrame {

    private BallComponent comp;
    public static final int DEFAULT_WIDTH=450;
    public static final int DEFAULT_HEIGHT=350;
    public static final int STEPS=1000;
    public static final int DELAY=3;

    public BounceFrame(){
        setSize(DEFAULT_WIDTH, DEFAULT_HEIGHT);
        setTitle("弹球");
        comp=new BallComponent();
        add(comp, BorderLayout.CENTER);
        JPanel buttonPanel=new JPanel();
        addButton(buttonPanel, "开始", new ActionListener(){
            public void actionPerformed(ActionEvent event){
                addBall();
            }
        });
        addButton(buttonPanel, "关闭", new ActionListener(){
            public void actionPerformed(ActionEvent event){
                System.exit(0);
            }
        });
        add(buttonPanel, BorderLayout.SOUTH);
    }

    public void addButton(Container c, String title, ActionListener listener){
        JButton button=new JButton(title);
```

```
            c.add(button);
            button.addActionListener(listener);
        }

        public void addBall(){
            Ball b=new Ball();
            comp.add(b);
            Runnable r=new BallRunnable(b, comp);
            Thread t=new Thread(r);
            t.start();
        }
    }

    class BallRunnable implements Runnable {
        private Ball ball;
        private Component component;
        public static final int DEFAULT_WIDTH=450;
        public static final int DEFAULT_HEIGHT=350;
        public static final int STEPS=1000 * 100;
        public static final int DELAY=5;

        public BallRunnable(Ball aBall, Component aComponent){
            ball=aBall;
            component=aComponent;
        }

        public void run(){
            try {
                for(int i=1; i <=STEPS; i++){
                    ball.move(component.getBounds());
                    component.repaint();
                    Thread.sleep(DELAY);
                }
            } catch(Exception e){
            }
        }
    }
```

10.6.5 特别提示

由于三个类之间存在调用关系,因此,建议按照所列顺序进行程序的编写,避免发生编译错误。

10.6.6 拓展与提高

本案例并没有使用到多线程的同步概念,读者可以思考,在哪些场景下会出现多线程的同步问题,应如何进行程序的逻辑控制。

本 章 总 结

本章中主要介绍了以下内容:
- 线程和进程的概念。
- 线程的创建和启动方法。
- 线程的新建状态(New Thread)、可运行状态(Runnable)、阻塞状态(Blocked)和死亡状态(Dead)以及状态间的转换。
- 线程优先级及调度策略。
- 举例说明线程同步与互斥问题。

习 题

1. 线程和进程的区别是什么?
2. 创建线程的方式有哪两种? 如何启动一个线程?
3. 线程有哪几种状态? 状态之间是如何转换的?
4. 什么叫"临界资源"? 什么叫"临界区"? 什么叫"同步方法"?
5. Java 中的同步方法是如何处理临界区的互斥问题的?

第 11 章　Java 网络编程

本章重点
- 了解 Java 网络编程概念。
- 熟悉了解 TCP/IP 及 UDP/IP 协议。
- 掌握开发 TCP/IP 网络程序。
- 掌握开发 UDP/IP 网络程序。

Java 由于互联网的兴起而流行和普及，也必将随着互联网的发展而更加强大，因此有必要了解 Java 网络编程的相关知识。在本章中，将简要学习 Java 网络编程的相关概念，会用 Java 编写简单的基于 TCP/IP 和 UDP/IP 的网络程序。

11.1　网络编程概述

网络编程就是计算机通过互联网和网络协议与其他计算机进行通信。比较流行的网络编程模型有客户机/服务器（Client/Server，C/S）和浏览器/服务器（Browser/Server，B/S）结构。B/S 结构的程序设计即 Java Web 应用程序开发，涉及 Servlet/JSP、Web 开发框架等高级技术，由于篇幅所限本书无法尽述，本章仅专注于网络结构中较基础的开发知识。网络编程需要解决两个主要问题：一是如何对网络上的一台或多台主机进行定位；二是如何可靠、高效地进行数据传输。要解决上述问题，相互通信的计算机必须遵循一定的网络协议。

网络通信协议是一种网络通用语言，为连接不同操作系统和不同硬件体系结构的互联网络提供通信支持，是一种网络通用语言。例如，网络中一个微机用户和一个大型主机的操作员进行通信，由于这两个数据终端所用字符集不同，因此操作员所输入的命令彼此不认识。为了能进行通信，规定每个终端都要将各自字符集中的字符先变换为标准字符集的字符后，才能进入网络传送，到达目的终端之后，再变换为该终端字符集的字符。因此，网络通信协议也可以理解为网络上各台计算机之间进行交流的一种语言。

由于网络节点之间联系较为复杂，因此，在制定网络协议时，把复杂成分分解成一些简单的成分，再将它们复合起来。最简单的复合方式是分层，同层间可以通信，上一层可以调用下一层，各层互不影响，这样利于系统的开发和扩展。

对于网络的分层模型有 OSI 模型和 TCP/IP 模型（如图 11-1 所示）。

OSI 模型是国际标准化组织（ISO）创立的，这是一个理论模型，并无实际产品完全符合 OSI 模型。制订 OSI 模型只是为了分析网络通信方便而引进的一套理论，也为以后制订实用协议或产品打下基础。

TCP/IP 参考模型是计算机网络的祖父 ARPANET 和其后继的 Internet 使用的参考模

OSI模型			TCP/IP模型
第七层	应用层	Application	应用层
第六层	表示层	Presentation	
第五层	会话层	Session	
第四层	传输层	Transport	传输层
第三层	网络层	Network	网际互联层
第二层	数据链路层	Data Link	网络访问层
第一层	物理层	Physical	

图 11-1　OSI 模型与 TCP/IP 模型

型。ARPANET 是由美国国防部(U.S. Department of Defense,DoD)赞助研究的网络。逐渐地,它通过租用的电话线连接了数百所大学和政府部门。当无线网络和卫星出现以后,现有的协议在和它们相连的时候出现了问题,所以需要一种新的参考体系结构。这个新的体系结构在它的两个主要协议出现以后,被称为 TCP/IP 参考模型(TCP/IP reference model)。与 OSI 模型不同,TCP/IP 模型更具有实际的操作性,相当于一个事实的标准。

OSI 模型共分为以下 7 层。

(1) 应用层:指网络操作系统和具体的应用程序,对应 WWW 服务器、FTP 服务器等应用软件。

(2) 表示层:数据语法的转换、数据的传送等。

(3) 会话层:建立起两端之间的会话关系,并负责数据的传送。

(4) 传输层:负责错误的检查与修复,以确保传送的质量,是 TCP(报文)工作的地方。

(5) 网络层:提供了编址方案,IP 协议(数据报)工作的地方。

(6) 数据链路层:将由物理层传来的未经处理的位数据包装成数据帧。

(7) 物理层:对应网线、网卡、接口等物理设备(位)。

TCP/IP 模型包括 4 层,由于 OSI 参考模型的会话层、表示层、应用层与 TCP/IP 模型的应用层相对应,OSI 参考模型的物理层、数据链路层与 TCP/IP 模型的网络访问层相对应,有时为了介绍原理方便,往往采取折中的办法,将 TCP/IP 模型采用一种 5 层协议的原理体系结构,仍然把网络访问层分成物理层和数据链路层。

TCP/IP 模型的 4 层如下。

(1) 应用层:为用户提供所需要的各种服务,例如 FTP、Telnet、DNS、SMTP 等。

(2) 传输层:为应用层实体提供端到端的通信功能,保证了数据报的顺序传送及数据的完整性。

(3) 网际互联(Internet)层:主要解决主机到主机的通信问题。它所包含的协议涉及数据报在整个网络上的逻辑传输。注重重新赋予主机一个 IP 地址来完成对主机的寻址,它还负责数据报在多种网络中的路由。该层有三个主要协议:网际协议(IP)、互联网组管理协议(IGMP)和互联网控制报文协议(ICMP)。IP 协议是网际互联层最重要的协议,它提供的是一个可靠、无连接的数据报传递服务。

(4) 网络访问层(即主机-网络层):负责监视数据在主机和网络之间的交换。事实上,

TCP/IP 本身并未定义该层的协议,而由参与互连的各网络使用自己的物理层和数据链路层协议,然后与 TCP/IP 的网络接入层进行连接。地址解析协议(ARP)工作在此层,即 OSI 参考模型的数据链路层。

接下来重点讨论较为广泛使用的 TCP/IP 协议和 UDP/IP 协议。在这两个协议中,对于主机的定位主要由 IP 层实现,而我们进行编程时一般不需要关注 IP 层,而是更多地关注传输层的 TCP 和 UDP 协议。

11.2 理解 TCP/IP 及 UDP/IP 协议

传输控制协议(Transfer Control Protocol,TCP)是面向连接的协议,保证传输的可靠性。发送方和接收方的 Socket 之间需要建立连接,以保证得到的是一个顺序、无差错的数据流。一旦两个 Socket 成功建立连接,它们就可以进行双向数据传输,每一方既可以作为发送方,也可以作为接收方。

与 TCP 协议不同,数据报协议(User Datagram Protocol,UDP)是一种无连接协议,因此每个数据报向目的地传送的路径并不固定,它可能通过任何可能的路径到达目的地。至于每个数据报是否能最终到达以及内容的正确性都是无法保证的。

综上所述,对于数据可靠性要求高的数据传输,可以采用 TCP 协议,而对于一些数据可靠性要求不高的情况(如视频会议等),则可以选用占用资源较小的 UDP 协议。

11.3 使用 Socket 开发 TCP/IP 程序

在进行 TCP/IP 程序设计前,需要首先理解 Socket 的概念。Socket 通常称为套接字,用于描述 IP 地址和端口,是一个通信链的句柄。单词 socket 在英文中有"插座"的意思,而我们编程所说的 Socket 也非常类似于电话插座。以一个国家级电话网为例,电话的通话双方相当于相互通信的两个进程,区号是它的网络地址;区内一个单位的交换机相当于一台主机,主机分配给每个用户的局内号码相当于 Socket 号。任何用户在通话之前,首先要占有一部电话机,相当于申请一个 Socket;同时要知道对方的号码,相当于对方有一个固定的 Socket。然后向对方拨号呼叫,相当于发出连接请求(假如对方不在同一区内,还要拨对方区号,相当于给出网络地址)。对方假如在场并空闲(相当于通信的另一主机开机且可以接受连接请求),拿起电话话筒,双方就可以正式通话,相当于连接成功。双方通话的过程,是一方向电话机发出信号和对方从电话机接收信号的过程,相当于向 Socket 发送数据和从 Socket 接收数据。通话结束后,一方挂起电话机相当于关闭 Socket,撤销连接。

使用 Socket 编程包括下面三个基本步骤:

(1) 创建 Socket。
(2) 打开连接到 Socket 上的 I/O 流,遵照某种协议对 Socket 进行读写操作。
(3) 关闭 Socket。

下面分别介绍这三个基本步骤。

1. 创建 Socket

Java 中提供了 Socket 和 ServerSocket 两个类,分别用于表示双向连接的客户端和服务器端,这两个类位于 java.net 包中。进行网络编程的相关类都在 java.net 包中。

创建一个客户端的 Socket 可以使用下列语句:

```
try {
    Socket socket=new Socket("127.0.0.1", 4700);
} catch(IOException ioEx){
    ioEx.printStackTrace();
}
```

其中,Socket 构造方法的第一个参数代表网络地址,在这里是 TCP/IP 协议中默认的本机地址,第二个参数代表端口号。在选用端口时,应尽量选取大于 1024 的端口号,因为前 1024 个端口 0~1023 为系统保留端口(如 Http 服务的端口为 80,FTP 服务的端口号为 23)。

创建一个服务器端的 ServerSocket 可以使用如下语句:

```
ServerSocket server=null;
try {
    server=new ServerSocket(4700);
} catch(IOException ioEx){
    System.out.println("无法监听:"+ioEx);
}
Socket socket=null;
try {

} catch(){

}
```

创建 ServerSocket 实例时所给的参数 4700 即服务器端的监听端口,当在该端口上接收到客户端通过网络发送的数据流以后,服务端程序会给予相应的处理。

2. 打开 I/O 流进行读写操作

Socket 类提供了两个方法用于得到输入流和输出流,分别是 getInputStream() 和 getOutputStream(),这两个方法的返回值类型为 InputStream 和 OutputStream,对于得到的输入流和输出流,可以对其进行包装和转换,以便于数据的读写操作。例如:

```
PrintStream oStream=new PrintStream(
    new BufferedOutputStream(socket.getOutputStream()));
DataInputStream iStream=new DataInputStream(socket.getInputStream());
PrintWriter out=new new PrintWriter(socket.getOutputStream(), true);
BufferedReader in=new BufferedReader(new InputStreamReader(
    socket.getInputStream()));
```

3. 关闭 Socket

Socket 被创建后,会占用系统资源,因此在使用完 Socket 对象后,应及时将其关闭。关闭 Socket 的方法是 close()方法。需要注意的是,在关闭 Socket 对象之前,要先将与 Socket 相关联的所有输入流和输出流按照创建顺序的倒序依次关闭,最后再关闭 Socket。例如:

```
oStream.close();
iStream.close();
socket.close();
```

4. 使用 Socket 进行简单 C/S 结构程序设计

下面看一个简单的客户端与服务器端交互的程序示例,以体会上述各个概念。程序分为两部分:一部分是客户端程序;另一部分是服务器端程序。

【例 11-1】 使用 Socket 编写 C/S 结构网络程序。

```
/*客户端程序,源文件名:TalkClient.java */
package sample;

import java.io.BufferedReader;
import java.io.InputStreamReader;
import java.io.PrintWriter;
import java.net.Socket;

public class TalkClient {
    public static void main(String args[]){
        try {
            Socket socket=new Socket("127.0.0.1", 4700);
            //向本机的 4700 端口发出客户请求
            BufferedReader sin=new BufferedReader(
                    new InputStreamReader(System.in));
            //由系统标准输入设备构造 BufferedReader 对象
            PrintWriter os=new PrintWriter(socket.getOutputStream());
            //由 Socket 对象得到输出流,并构造 PrintWriter 对象
            BufferedReader is=new BufferedReader(
                    new InputStreamReader(socket.getInputStream()));
            //由 Socket 对象得到输入流,并构造相应的 BufferedReader 对象
            String readline;
            readline=sin.readLine();         //从系统标准输入设备读入一字符串
            while(!readline.equals("bye")){
                //若从标准输入设备读入的字符串为"bye"则停止循环
                os.println(readline);
                //将从系统标准输入设备读入的字符串输出到 Server
                os.flush();
                //刷新输出流,使 Server 马上收到该字符串
                System.out.println("Client:"+readline);
```

```java
            //在系统标准输出设备上打印读入的字符串
            System.out.println("Server:"+is.readLine());
            //从 Server 读入一字符串,并打印到标准输出设备上
            readline=sin.readLine();           //从系统标准输入设备读入一字符串
        } //继续循环
        os.close();                            //关闭 Socket 输出流
        is.close();                            //关闭 Socket 输入流
        socket.close();                        //关闭 Socket
    } catch(Exception e){
        System.out.println("Error"+e);         //出错,则打印出错信息
    }
  }
}
/*服务器端程序,源文件名:TalkServer.java*/
package sample;

import java.io.BufferedReader;
import java.io.InputStreamReader;
import java.io.PrintWriter;
import java.net.ServerSocket;
import java.net.Socket;

public class TalkServer {
    public static void main(String args[]){
        try {
            ServerSocket server=null;
            try {
                //创建一个 ServerSocket 在端口 4700 监听客户请求
                server=new ServerSocket(4700);
            } catch(Exception e){
                System.out.println("can not listen to:"+e);
                //出错,打印出错信息
            }
            Socket socket=null;
            try {
                socket=server.accept();
                //使用 accept()阻塞等待客户请求,有客户请求到来
                //则产生一个 Socket 对象,并继续执行
            } catch(Exception e){
                System.out.println("Error."+e);
                //出错,打印出错信息
            }
            String line;
            BufferedReader is=new BufferedReader(
                new InputStreamReader(socket.getInputStream()));
```

```
        //由 Socket 对象得到输入流,并构造相应的 BufferedReader 对象
        PrintWriter os=new PrintWriter(socket.getOutputStream());
        //由 Socket 对象得到输出流,并构造 PrintWriter 对象
        BufferedReader sin=new BufferedReader(
                new InputStreamReader(System.in));
        //由系统标准输入设备构造 BufferedReader 对象
        System.out.println("Client:"+is.readLine());
        //在标准输出设备上打印从客户端读入的字符串
        line=sin.readLine();
        //从标准输入设备读入一字符串
        while(!line.equals("bye")){
            //如果该字符串为"bye",则停止循环
            os.println(line);
            //向客户端输出该字符串
            os.flush();
            //刷新输出流,使 Client 马上收到该字符串
            System.out.println("Server:"+line);
            //在系统标准输出设备上打印读入的字符串
            System.out.println("Client:"+is.readLine());
            //从 Client 读入一字符串,并打印到标准输出设备上
            line=sin.readLine();
            //从系统标准输入设备读入一字符串
        } //继续循环
        os.close();                    //关闭 Socket 输出流
        is.close();                    //关闭 Socket 输入流
        socket.close();                //关闭 Socket
        server.close();                //关闭 ServerSocket
    } catch(Exception e){
        System.out.println("Error:"+e);
        //出错,打印出错信息
    }
  }
}
```

运行该程序,依次启动服务器端程序和客户端程序,在单机上程序间交互的运行效果如图 11-2 所示。

图 11-2 客户端与服务器端进行通信

读者也可以修改客户端程序的 IP 地址,在真实网络环境中运行该程序,这样能够对客户端和服务器端观察得更清楚、直观。

接下来再看一个客户端从服务器端获取时间的程序示例。

【例 11-2】 客户端获取服务器端时间。

```java
/*客户端程序,源文件名:DateClient.java*/

package sample;
import java.net.*;
import java.io.*;

public class DateClient {
    public static void main(String args[]){
        if(args.length !=1){
            System.out.println("usage: DateClient <server-name>");
            System.exit(1);
        }
        String serverName=args[0];
        Socket s=null;
        try {
            //1.create a Socket connection
            s=new Socket(serverName, 7000);
            System.out.println("Client "+s);

            //2. Read(write)with socket
            BufferedReader reader;
            reader=new BufferedReader(
                    new InputStreamReader(s.getInputStream()));
            System.out.println(serverName+" says "+reader.readLine());
        } catch(Exception e){
            System.out.println(e);
        } finally {
            try {
                //3. close connection
                s.close();
            } catch(Exception e){
            }
        }
    }
}

/*服务器端程序,源文件名:DateServer.java*/
package sample;
import java.net.*;
import java.io.*;
import java.util.Date;
```

```java
public class DateServer {
    public static void main(String[] args){
        ServerSocket ServerSocket1=null;
        Socket clientSocket=null;
        try {
            System.out.println("Waiting for a connection…");

            //1. create a socket(accept)
            ServerSocket1=new ServerSocket(7000);
            clientSocket=ServerSocket1.accept();
            System.out.println("Connected to "+clientSocket);

            //2. write(read)data
            PrintWriter out=new PrintWriter(
                    new OutputStreamWriter(clientSocket.getOutputStream()));
            Date date=new Date();
            out.println(date.toString());
            out.close();
        } catch(Exception e){
        } finally {
            try {
                //3. close connection
                ServerSocket1.close();
                clientSocket.close();
            } catch(Exception e){
            }
        }
    }
}
```

程序运行效果如图 11-3 所示。

图 11-3　客户端获取服务器时间

11.4 使用 Socket 开发 UDP/IP 程序

在 11.2 节中介绍了两个常用的网络协议：TCP 协议和 UDP 协议。虽然 UDP 协议不如 TCP 协议应用广泛，但随着当前网络的发展，越来越多的场合需要很强的实时交互性（如网络会议、网络游戏等），这时 UDP 的优势也越来越多地显现出来。因此，接下来讨论 Java 的 UDP 网络传输。

DatagramSocket 类和 DatagramPacket 类是用来支持数据报通信的两个类，它们位于 java.net 包中。DatagramSocket 类用于建立通信连接，DatagramPacket 类用于表示数据报。

用数据报方式编写客户端/服务器程序时，需要先建立一个 DatagramSocket 对象，用来接收或发送数据报，接下来再使用 DatagramPacket 类作为数据传输的载体。

下面通过程序示例来说明这种编程方式，例 11-3 使用 UDP 协议从服务器端获取当前时间，可以和上一节的程序进行比较，看看 TCP 与 UDP 在编写程序上的区别。

【例 11-3】 使用 UDP 协议从服务器端获取时间。

```
/*客户端程序,源文件名:UDPClient.java*/

package sample;

import java.io.*;
import java.net.*;

public class UDPClient {
    public void go()throws IOException, UnknownHostException {
        DatagramSocket datagramSocket;
        DatagramPacket outDataPacket;          //发送给服务端的数据报
        DatagramPacket inDataPacket;           //从服务端接收的数据报
        InetAddress serverAddress;             //服务端主机地址
        byte[] msg=new byte[100];              //消息缓冲区
        String receivedMsg;                    //接收消息的字符串

        //分配消息传递所用的套接字
        datagramSocket=new DatagramSocket();
        System.out.println("At UDPClient,datagramSocket is: "
                +datagramSocket.getPort()
                +"local port is: "
                +datagramSocket.getLocalPort());

        //假定服务端运行在本地,无法识别主机时
        //该方法会抛出 UnknownHostException
        serverAddress=InetAddress.getLocalHost();

        //设置发送给服务端的数据报,目标端口 8000
        outDataPacket=new DatagramPacket(
                msg,
```

```java
                1,
                serverAddress,
                8000);
        //发送请求
        datagramSocket.send(outDataPacket);
        //设置数据报以接收服务端响应
        inDataPacket=new DatagramPacket(msg, msg.length);
        //接收服务端数据
        datagramSocket.receive(inDataPacket);
        //输出服务端发送过来的数据
        receivedMsg=new String(
                inDataPacket.getData(),
                0,
                inDataPacket.getLength());
        System.out.println(receivedMsg);
        //关闭套接字
        datagramSocket.close();
    }
    public static void main(String args[]){
        UDPClient udpClient=new UDPClient();
        try {
            udpClient.go();
        } catch(Exception e){
            System.out.println("Exception occured with socket.");
            System.out.println(e);
            System.exit(1);
        }
    }
}
/*服务器端程序,源文件名:UDPServer.java*/
package sample;

import java.io.*;
import java.net.*;
import java.util.*;

public class UDPServer {
    //该方法获取服务端当前时间
    public byte[] getTime(){
        Date d=new Date();
        return d.toString().getBytes();
    }
```

```java
//服务端主循环
public void go()throws IOException {
    DatagramSocket datagramSocket;
    DatagramPacket inDataPacket;          //客户端传递过来的数据报
    DatagramPacket outDataPacket;         //发送给客户端的数据报
    InetAddress clientAddress;            //客户端返回地址
    int clientPort;                       //客户端返回端口
    byte[] msg=new byte[10];              //数据缓冲区
    byte[] time;                          //存储的时间数据

    //设置套接字在8000端口监听请求
    datagramSocket=new DatagramSocket(8000);
    System.out.println("At UDPServer,datagramSocket is: "
            +datagramSocket.getPort()+"local is: "
            +datagramSocket.getLocalPort());
    System.out.println("UDP server active on port 8000");

    try {
        //无限循环
        while(true){
            //设置接收数据报
            inDataPacket=new DatagramPacket(msg, msg.length);
            //获取消息
            datagramSocket.receive(inDataPacket);
            //从接收的数据中提取返回地址信息,包括InetAddress和端口号
            clientAddress=inDataPacket.getAddress();
            clientPort=inDataPacket.getPort();

            //获取当前时间
            time=getTime();

            //设置发送给客户端的数据报,包括时间、目的地址和端口号
            outDataPacket=new DatagramPacket(
                    time,
                    time.length,
                    clientAddress,
                    clientPort);

            //发送数据报
            datagramSocket.send(outDataPacket);
        }
    } finally {
        datagramSocket.close();
    }
}

public static void main(String args[]){
```

```
        UDPServer udpServer=new UDPServer();
        try {
            udpServer.go();
        } catch(IOException e){
            System.out.println("IOException occured with socket.");
            System.out.println(e);
            System.exit(1);
        }
    }
}
```
程序运行结果如图 11-4 所示。

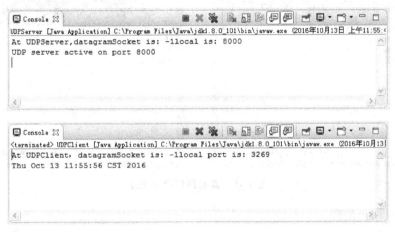

图 11-4　使用 UDP 协议从服务器获取时间

11.5　项目案例

11.5.1　学习目标

（1）通过本案例熟悉 TCP 协议的原理。
（2）掌握 ServerSocket 网络编程的代码实现。
（3）掌握网络编程的原理。

11.5.2　案例描述

本案例中，通过 TCP 和 Socket 实现多对一的局域网聊天室，可以实现多个客户端连接服务器，服务器接收到信息就会把信息广播到所有的客户端。

程序运行效果如图 11-5 所示。

11.5.3　案例要点

本案例会用到前面几章介绍的内容，包括：

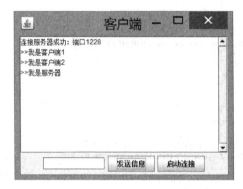
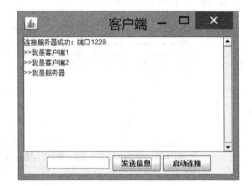

图 11-5 简易局域网聊天室

（1）Java 图形编程。

（2）Java 输入输出。

（3）Java 线程编程。

11.5.4 案例实施

程序分为服务器端和客户端两部分，服务器端包含三个类：

- ListenerClient.java。
- Server.java。
- ServerUI.java。

客户端包含两个类：

- ClientThread.java。
- ClientUI.java。

下面是各个类的实现代码。

1. ListenerClient.java

```
import java.io.BufferedReader;
import java.io.IOException;
import java.io.InputStreamReader;
import java.io.PrintWriter;
```

```java
import java.net.Socket;
/*这个类是服务器端的等待客户端发送信息*/
public class ListenerClient extends Thread {
    BufferedReader reader;
    PrintWriter writer;
    ServerUI ui;
    Socket client;
    public ListenerClient(ServerUI ui, Socket client){
        this.ui=ui;
        this.client=client;
        this.start();
    }
    //为每一个客户端创建线程等待接收信息,然后把信息广播出去
    public void run(){
        String msg="";
        while(true){
            try {
                reader=new BufferedReader(new InputStreamReader(
                        client.getInputStream()));
                writer=new PrintWriter(client.getOutputStream(), true);
                msg=reader.readLine();
                sendMsg(msg);

            } catch(IOException e){
                println(e.toString());
                //e.printStackTrace();
                break;
            }
            if(msg !=null && msg.trim()!=""){
                println(">>"+msg);
            }
        }
    }
    //把信息广播到所有用户
    public synchronized void sendMsg(String msg){
        try {
            for(int i=0; i<ui.clients.size(); i++){
                Socket client=ui.clients.get(i);
                writer=new PrintWriter(client.getOutputStream(), true);
                writer.println(msg);
            }

        } catch(Exception e){
            println(e.toString());
        }
```

```java
    }


    public void println(String s){
        if(s !=null){
            this.ui.taShow.setText(this.ui.taShow.getText()+s+"\n");
            System.out.println(s+"\n");
        }
    }
}
```

2. Server.java

```java
import java.io.BufferedReader;
import java.io.IOException;
import java.io.PrintWriter;
import java.net.ServerSocket;
import java.net.Socket;
import java.util.ArrayList;
/*这个类是服务器端的等待客户端连接*/
public class Server extends Thread {
    ServerUI ui;
    ServerSocket ss;
    BufferedReader reader;
    PrintWriter writer;
    public Server(ServerUI ui){
        this.ui=ui;
        this.start();
    }

    public void run(){
        try {
            ss=new ServerSocket(1228);
            ui.clients=new ArrayList<Socket>();
            println("启动服务器成功:端口 1228");

            while(true){
                println("等待客户端");
                Socket client=ss.accept();
                ui.clients.add(client);
                println("连接成功"+client.toString());
                new ListenerClient(ui, client);
            }
        } catch(IOException e){
            println("启动服务器失败:端口 1228");
```

```java
                println(e.toString());
                e.printStackTrace();
            }
        }
    }

    public synchronized void sendMsg(String msg){
        try {
            for(int i=0; i<ui.clients.size(); i++){
                Socket client=ui.clients.get(i);
                writer=new PrintWriter(client.getOutputStream(), true);
                writer.println(msg);
            }
        } catch(Exception e){
            println(e.toString());
        }
    }

    public void println(String s){
        if(s !=null){
            this.ui.taShow.setText(this.ui.taShow.getText()+s+"\n");
            System.out.println(s+"\n");
        }
    }

    public void closeServer(){
        try {
            if(ss !=null)
                ss.close();
            if(reader !=null)
                reader.close();
            if(writer !=null)
                writer.close();
        } catch(IOException e){
            //TODO Auto-generated catch block
            e.printStackTrace();
        }
    }
}
```

3. ServerUI.java

```java
import java.awt.BorderLayout;
import java.awt.FlowLayout;
import java.awt.event.ActionEvent;
import java.awt.event.ActionListener;
```

```java
import java.awt.event.WindowAdapter;
import java.awt.event.WindowEvent;
import java.net.Socket;
import java.util.List;

import javax.swing.JButton;
import javax.swing.JFrame;
import javax.swing.JOptionPane;
import javax.swing.JPanel;
import javax.swing.JScrollPane;
import javax.swing.JTextArea;
import javax.swing.JTextField;
/*这个类是服务器端的UI*/
public class ServerUI extends JFrame {
    public static void main(String[] args){
        ServerUI serverUI=new ServerUI();
    }

    public JButton btStart;                       //启动服务器
    public JButton btSend;                        //发送信息按钮
    public JTextField tfSend;                     //需要发送的文本信息
    public JTextArea taShow;                      //信息展示
    public Server server;                         //用来监听客户端连接
    static List<Socket> clients;                  //保存连接到服务器的客户端

    public ServerUI(){
        super("服务器端");
        btStart=new JButton("启动服务");
        btSend=new JButton("发送信息");
        tfSend=new JTextField(10);
        taShow=new JTextArea();
        btStart.addActionListener(new ActionListener(){
            public void actionPerformed(ActionEvent e){
                server=new Server(ServerUI.this);
            }
        });
        btSend.addActionListener(new ActionListener(){
            public void actionPerformed(ActionEvent e){
                server.sendMsg(tfSend.getText());
                tfSend.setText("");
            }
        });
        this.addWindowListener(new WindowAdapter(){
            public void windowClosing(WindowEvent e){
                int a=JOptionPane.showConfirmDialog(
```

```java
                        null,
                        "确定关闭吗？",
                        "温馨提示",
                        JOptionPane.YES_NO_OPTION);
                if(a==1){
                    server.closeServer();
                    System.exit(0);              //关闭
                }
            }
        });
        JPanel top=new JPanel(new FlowLayout());
        top.add(tfSend);
        top.add(btSend);
        top.add(btStart);
        this.add(top, BorderLayout.SOUTH);
        final JScrollPane sp=new JScrollPane();
        sp.setVerticalScrollBarPolicy(JScrollPane.VERTICAL_SCROLLBAR_ALWAYS);
        sp.setViewportView(this.taShow);
        this.taShow.setEditable(false);
        this.add(sp, BorderLayout.CENTER);
        this.setDefaultCloseOperation(JFrame.EXIT_ON_CLOSE);
        this.setSize(400, 300);
        this.setLocation(100, 200);
        this.setVisible(true);
    }
}
```

4．ClientThread.java

```java
import java.io.BufferedReader;
import java.io.IOException;
import java.io.InputStreamReader;
import java.io.PrintWriter;
import java.net.Socket;

public class ClientThread extends Thread {
    ClientUI ui;
    Socket client;
    BufferedReader reader;
    PrintWriter writer;

    public ClientThread(ClientUI ui){
        this.ui=ui;
        try {
            client=new Socket("127.0.0.1", 1228);      //设置连接服务器端的IP的端口
            println("连接服务器成功:端口 1228");
```

```java
            reader=new BufferedReader(new InputStreamReader(
                    client.getInputStream()));
            writer=new PrintWriter(client.getOutputStream(), true);
            //如果为 true,则 println、printf 或 format 方法将刷新输出缓冲区
        } catch(IOException e){
            println("连接服务器失败:端口 1228");
            println(e.toString());
            e.printStackTrace();
        }
        this.start();
    }
    public void run(){
        String msg="";
        while(true){
            try {
                msg=reader.readLine();
            } catch(IOException e){
                println("服务器断开连接");
                break;
            }
            if(msg !=null && msg.trim()!=""){
                println(">>"+msg);
            }
        }
    }
    public void sendMsg(String msg){
        try {
            writer.println(msg);
        } catch(Exception e){
            println(e.toString());
        }
    }
    public void println(String s){
        if(s !=null){
            this.ui.taShow.setText(this.ui.taShow.getText()+s+"\n");
            System.out.println(s+"\n");
        }
    }
}
```

5. ClientUI.java

```java
import java.awt.*;
```

```java
import java.awt.event.*;
import javax.swing.*;
public class ClientUI extends JFrame {
    public JButton btStart;
    public JButton btSend;
    public JTextField tfSend;
    public JTextField tfIP;
    public JTextField tfPost;
    public JTextArea taShow;
    public ClientThread server;
    public static void main(String[] args){
        ClientUI client=new ClientUI();
    }
    public ClientUI(){
        super("客户端");
        btStart=new JButton("启动连接");
        btSend=new JButton("发送信息");
        tfSend=new JTextField(10);
        tfIP=new JTextField(10);
        tfPost=new JTextField(5);
        taShow=new JTextArea();

        btStart.addActionListener(new ActionListener(){
            public void actionPerformed(ActionEvent e){
                server=new ClientThread(ClientUI.this);
            }
        });
        btSend.addActionListener(new ActionListener(){
            public void actionPerformed(ActionEvent e){
                server.sendMsg(tfSend.getText());
                tfSend.setText("");
            }
        });
        this.addWindowListener(new WindowAdapter(){
            public void windowClosing(WindowEvent e){
                int a=JOptionPane.showConfirmDialog(
                    null,
                    "确定关闭吗?",
                    "温馨提示",
                    JOptionPane.YES_NO_OPTION);
                if(a==1){
                    System.exit(0);              //关闭
                }
            }
        });
```

```java
            JPanel top=new JPanel(new FlowLayout());
            top.add(tfSend);
            top.add(btSend);
            top.add(btStart);
            this.add(top, BorderLayout.SOUTH);
            final JScrollPane sp=new JScrollPane();
            sp.setVerticalScrollBarPolicy(
                    JScrollPane.VERTICAL_SCROLLBAR_ALWAYS);
            sp.setViewportView(this.taShow);
            this.taShow.setEditable(false);
            this.add(sp, BorderLayout.CENTER);
            this.setDefaultCloseOperation(JFrame.EXIT_ON_CLOSE);
            this.setSize(400, 300);
            this.setLocation(600, 200);
            this.setVisible(true);
        }
    }
```

11.5.5 特别提示

（1）案例代码的有些类有关联关系，编写时请读者想好编写的顺序，以免发生编译错误。

（2）本案例的运行时先启动服务器端程序，再启动客户端程序。

11.5.6 拓展与提高

读者可以将案例程序进行完善，如客户端发送消息时，能让服务器和其他客户端识别出来，可以添加表情包等。

本章总结

本章主要讲解了以下内容：
- TCP/IP 协议和 UDP/IP 协议的概念。
- 基于 TCP/IP 协议开发 Java 网络程序。
- 基于 UDP/IP 协议开发 Java 网络程序。

习 题

1. 简述网络编程中的 C/S 结构和 B/S 结构。
2. TCP/IP 协议和 UDP/IP 协议的主要区别是什么？
3. 使用 Socket 编程的基本步骤是什么？

第 12 章 数据库程序设计

本章重点
- 了解关系数据库。
- 熟悉 JDBC。
- 掌握 JDBC 程序开发的基本步骤。

大多数应用程序都涉及对数据库的操作,本章将简要介绍 Java 数据库连接技术,通过本章的学习,能够了解 JDBC 的基本原理及使用 JDBC 进行数据库程序开发的基本步骤,并且能够进行简单的 Java 数据库程序设计。

12.1 关系数据库简介

关系数据库系统是支持关系模型的数据库系统。关系模型由关系数据结构、关系操作和完整性约束三部分组成。

在关系数据库模型方面有三个使用广泛的关键词:关系、属性和域。关系(relation)是一个由行和列组成的表,关系中的列称为属性(attribute),而域则是允许属性取值的集合。

关系模型的基本数据结构是表,实体(如雇员)的信息在列和行(也称为元组)中进行描述。因此,"关系数据库"中的"关系"是指数据库中的各种表,一个关系是一系列元组。列则列举了实体的不同属性(如雇员的住址或电话号码),而行则是由关系描述的实体的具体实例(即特定的雇员)。因此,雇员表的每个元组代表了每个雇员的不同属性。

关系数据库中的所有关系(即表)要想称之为关系必须遵循某些基本规则。首先,一个表中的列的顺序是无关紧要的。其次,在一个表中不能有相同的元组或行。最后,每个元组将包含每个属性的一个值(请记住,可以以任何方式安排元组和列的顺序)。

表有一个或一组称为"键"的属性,可以用键唯一确定表中的每个元组。键提供了许多重要的功能。它们通常用于多表数据的联结或组合。键还是创建索引的关键要素,而索引可以加速大表中数据的检索。虽然理论上可以使用很多个列的组合作为键的一部分,但是,仅有一个或两个属性的键比较容易处理。

目前,关系数据库管理系统(RDBMS)广泛应用于项目开发中,如甲骨文公司的 Oracle、IBM 的 DB2、微软的 SQL Server、开源的 MySQL 数据库等都属于关系数据库。另外,还有一些"麻雀虽小,五脏俱全"的嵌入式数据库,如 Derby、HSQLDB、PostgreSQL、SQLite 等。

12.2　JDBC 简介

JDBC(Java DataBase Connectivity)是 Java 数据库连接。Java 语言本身支持基本 SQL 功能的通用 API,它实现了不依赖于某一特定的数据库管理系统(DataBase Management System,DBMS)的通用的数据访问和存储结构,因此,JDBC 与 Java 语言本身一样,具有平台无关性,用 JDBC API 可以开发出在多个平台都能正确运行的数据库程序。

JDBC 体系结构如图 12-1 所示。

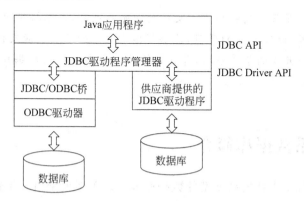

图 12-1　JDBC 体系结构

JDBC 中的驱动程序分为下面 4 类。

(1) 类型Ⅰ:把 JDBC 驱动器转换成 ODBC 驱动器,即利用 JDBC-ODBC 桥进行转换,最终与数据库通信的是 ODBC 驱动器。ODBC 是微软建立的一组规范,它提供了一组对数据库访问的标准 API。其限制就是依赖于 Windows 操作系统,且 ODBC 驱动器需要手工安装到每台客户机系统中。

(2) 类型Ⅱ:一部分 Java 语言代码和一部分本地代码两部分组成。这种驱动方式将 JDBC 调用转换成某种 DBMS 客户端函数库的 API。在使用这类驱动程序时,还需要将安装在指定平台上运行的二进制代码,但性能比类型Ⅰ好。

(3) 类型Ⅲ:纯 Java 客户端,使用与 DBMS 无关的协议,对于数据库的请求会被传递给某个服务器组件,该组件将请求转化为某种特定 DBMS 请求。Java 客户机不依赖于具体的数据库。

(4) 类型Ⅳ:本地协议纯 Java 驱动程序。这种方式直接将 JDBC 请求转换成 DBMS 使用的协议,即在客户机直接访问 DBMS 服务器。该类型驱动具有最高的性能,通过自己的本地协议直接与数据库引擎通信。

12.3　准备数据库环境

本书选择流行的开源数据库 MySQL 来进行演示,其官方网址是 http://www.mysql.com。需要下载的是 MySQL Community Server,即 MySQL 服务器的社区版本。同时,为了后面的 JDBC 开发,还需要下载 MySQL Connector/J,即 MySQL 的 JDBC 驱动。

MySQL 服务器的软件下载格式建议选择 ZIP 压缩包,下载后解压到任意目录下即可。解压后的 MySQL 目录下有一个 bin 文件夹,要从命令行窗口中跳转到这个目录下,然后执行一系列的命令以准备数据库实验环境。为了方便,可以将其添加到系统的 PATH 环境变量之中,那么在任意的工作目录下就都可以使用 MySQL 的命令了。假设,MySQL Server 解压后的 bin 目录位于 E:\mysql-5.5.53-win32\bin,那么 PATH 环境变量的设置参见图 12-2。

图 12-2 MySQL 的 PATH 环境变量设置

准备 MySQL 数据库的命令如下:

```
mysqld --install MySQL           ——安装 MySQL 的 Windows 服务
net start mysql                  ——启动 MySQL 服务
```

MySQL 服务器默认监听端口是 3306,默认的用户名是 root,密码为空。如果有必要,可以通过下面的命令修改 MySQL 数据库的 root 密码,其中 123456 是新的 root 账号密码,请自行替换。

```
mysqladmin -uroot -p password 123456
```

数据库基础环境初始化完成后,接下来准备后面程序开发所需的数据库表格及测试数据。

首先输入 mysql 命令,进入 MySQL 的命令行客户端,然后在 mysql 命令提示符后输入下面的命令。每一条命令以分号作为结束符,如果行尾未出现分号,可以在下一行继续输入。

```
use test;                        ——使用 test 数据库
```

为了令数据库支持中文,要设置其字符集:

```
ALTER DATABASE 'test' DEFAULT CHARACTER SET gbk COLLATE gbk_chinese_ci;
```

如果已存在表格 person,则删除重建:

```
DROP TABLE IF EXISTS 'person';
```

创建表格 person,将 pid 字段设置为自增主键:

```
CREATE TABLE person(
  pid INT AUTO_INCREMENT PRIMARY KEY NOT NULL ,
  name VARCHAR(50)NOT NULL ,
  age INT NOT NULL ,
  birthday DATE NOT NULL ,
  salary FLOAT NOT NULL
);
```

插入测试数据:

INSERT INTO person(name,age,birthday,salary)VALUES ('张三',30,'1992-02-24',9000.0);

一切就绪后,可以在 mysql 命令提示符后输入 quit 或 exit 命令退出。准备数据库表格以及测试数据的操作如图 12-3 所示。

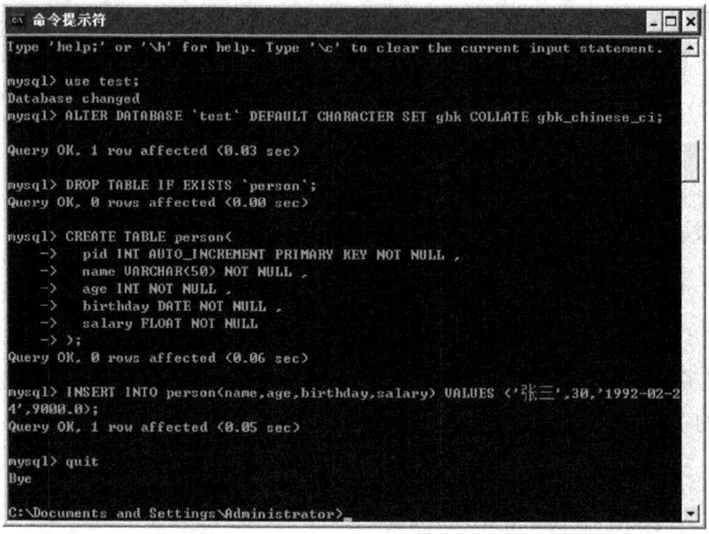

图 12-3 准备 MySQL 表格及数据

12.4 JDBC 开发流程

在进行数据库编程之前,需要在项目中加入 JDBC 驱动程序,MySQL 的驱动程序在官网就可以找到,名为 MySQL Connector/J。下载 ZIP 格式即可,解压缩后从中提取出需要的 JAR 包,文件名如 mysql-connector-java-3.1.14-bin.jar。下面在项目根目录下建立 lib 文件夹,并复制进去,如图 12-4 所示。

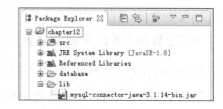

图 12-4 在项目中添加 MySQL 的 JAR 包

最后还要将 JAR 包添加到项目的构建路径(Build Path)中才能够访问 JDBC 的 API。在项目名 chapter12 上右击,在快捷菜单上依次选择 Build Path→Configure Build Path。在弹出的配置窗口中,选择右侧的 Libraries 标签页,单击 Add JARS 按钮,并选中当前项目 lib 目录中的 JAR 包。配置好的 Java 构建路径参见图 12-5。

Java 应用程序使用 JDBC 进行数据库操作,一般遵循下列几个步骤:

(1) 加载数据库驱动类。

(2) 与数据库建立连接。

(3) 执行 SQL 语句。

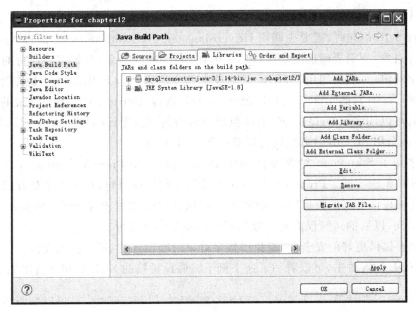

图 12-5 配置项目的构建路径

(4) 处理结果。

下列代码给出了使用 JDBC 进行数据库开发的常用方法:

```
//注册驱动
Class.forName("com.mysql.jdbc.Driver");
//与数据库建立连接
Connection con=DriverManager.getConnection("jdbc:mysql://localhost:3306/test",
"root", "");
Statement stmt=con.createStatement();
ResultSet rs=stmt.executeQuery("SELECT a, b, c FROM Table1");
while(rs.next()){
   System.out.println(rs.getString("a")+" "+rs.getString("b")+" "+rs.getString("c"));
}
```

下面对上述步骤进行说明。

1. 加载数据库驱动类

Class.forName 所做的工作是加载指定的 class 文件到 Java 虚拟机的内存,加载 class 文件到内存的时候,该 class 文件的静态变量和静态初始化块是要执行的。而 com.mysql.jdbc.Driver 类中就存在静态初始化块,用来执行数据库驱动程序的注册,以备 DriverManager 获取数据库连接使用。

2. 与数据库建立连接

DriverManager 类负责数据库驱动程序的选取和与数据库建立连接,但需要注意的是,驱动程序管理器只能激活已经登录的驱动程序。在获取数据库连接的 getConnection() 方法调用时,必须给出数据库服务器的 url、登录名和密码。

3. 执行 SQL 语句

在执行 SQL 语句时,需要先调用 DriverManager.getConnection()方法得到一个可用的 Connection 对象,下面要做的就是用该对象创建 Statement 对象,并把需要执行的 SQL 语句放进一个字符串中,然后调用 Statement 对象中的方法来执行 SQL 语句。数据库的基本操作包括新增(create)、删除(Delete)、修改(Update)、查询(Retrieve),也就是常说的 CRUD 操作。查询时可以用 executeQuery()方法执行查询语句,增、删、改时用 executeUpdate()方法修改数据,或是用 execute()方法执行任意一条 SQL 语句。

前面采用了 Statement 对象封装 SQL 语句,然而使用 PreparedStatement 对象是一项更优的 JDBC 编程实践。PreparedStatement 又称为预处理语句,其优势主要有以下两点:

(1) 能够提供更好的数据库访问性能,首次执行过后,数据库会缓存 PreparedStatement 的预编译语句,以后的访问仅需要向数据库传递动态参数即可。

(2) 能够提供更好的安全性,避免拼接字符串可能出现的 SQL 注入攻击。

对于 SQL 注入攻击,可以看一下这个例子。假设拼接的 SQL 语句字符串如下:

```
String sql="select * from tb_name where name='"+varname+"' and passwd='"+varpasswd+"'";
```

这明显是一段验证登录的 SQL 语句,如果把[' or '1'='1]作为 varpasswd 的变量值传递进来,那么 SQL 语句则会变成:

```
select * from tb_name='任意名称' and passwd='' or '1'='1';
```

由于'1'='1'肯定成立,其结果就会导致该条 SQL 语句可以轻易绕开权限验证。

更有甚者,如果把[';drop table tb_name;]作为 varpasswd 的值传入进来,则 SQL 语句为:

```
select * from tb_name='任意名称' and passwd='';drop table tb_name;
```

该语句执行所造成的后果将更加严重。

4. 处理结果

如果需要对查询结果进行处理,executeQuery()方法会返回一个 ResultSet 对象,可以直接利用这个对象来访问查询结果,调用 ResultSet 对象的 next()方法每次会访问一行。需要注意的是,该访问指针的初始位置是指向结果集第一行之前的位置,因此在使用前,必须先调用 next()方法,让它指向结果集的第一行。有时希望访问一条记录的某一列,Java 提供了一系列方法可以实现这样的需求。例如:

```
rs.getDouble(1);            //根据列所处位置取值
rs.getStirng("name");       //根据列名取值
```

Java 中的每种数据类型都有相应的方法,例如 getString()、getDouble()等。每个访问方法相应地提供了两种访问形式:一种方法是以整数作为参数,整数的含义是与这个数对应的列号,如 rs.getString(1)即访问第一列的字段;另一种方法是以字符串作为参数,字符串即字段名,如 rs.getString("name")。虽然使用整数参数的方法效率更高,但使用字符串参数的方法更易于代码的维护,程序的可读性也更好。当 get 方法的类型和字段类型不匹配时,会自动进行适当的类型转换。例如,rs.getString("age")会把数据库字段的整数值转换为字符串返回。

下面程序演示了如何使用 JDBC 进行数据库编程。

【例 12-1】 用 JDBC 进行数据库程序开发。

```
/*源文件名:JDBCExample.java*/

package example12_1;

import java.sql.Connection;
import java.sql.DriverManager;
import java.sql.PreparedStatement;
import java.sql.SQLException;
import java.text.SimpleDateFormat;
import java.util.Date;

public class JDBCExample {
  public static void main(String[] args){
    try {
      //使用 Class 类加载驱动程序
      Class.forName("com.mysql.jdbc.Driver");
      //与数据库建立连接
      Connection con=DriverManager.getConnection(
"jdbc:mysql://localhost:3306/test?useUnicode=true&characterEncoding=GBK",
"root", "");
      //创建 SQL 语句
      String name="张三";
      int age=30;
      Date date=new SimpleDateFormat("yyyy-MM-dd").parse("1983-02-15");
      float salary=7000.0f;
      String sql="INSERT INTO person(name,age,birthday,salary)VALUES(?,?,?,?)";
      //PreparedStatement 接口需要通过 Connection 接口进行实例化操作
      PreparedStatement pstm=con.prepareStatement(sql);
      //设置动态参数
      pstm.setString(1, name);                    //第一个?号的内容
      pstm.setInt(2, age);                        //第二个?号的内容
      pstm.setDate(3, new java.sql.Date(date.getTime()));
      pstm.setFloat(4, salary);
      //执行 SQL,处理结果
      pstm.executeUpdate();
      //关闭连接,释放资源
      pstm.close();
      con.close();
      System.out.println("Information was inserted into table ");
```

```
        } catch(SQLException e){
            System.out.println("Inserting failed");
            e.printStackTrace(System.out);
            System.out.println("ErrorCode is: "+e.getErrorCode());
            System.out.println("SQLState is: "+e.getSQLState());
        } catch(Exception e){
            e.printStackTrace(System.out);
        }
    }
}
```

12.5　项目案例

12.5.1　学习目标

(1) 了解 JDBC 的概念。
(2) 掌握 JDBC 操作的基本步骤，并达到熟练操作。
(3) 可以运用 JDBC 技术从 MySQL 数据库存取数据。

12.5.2　案例描述

在本案例中，要在数据库中存放 User 表的信息，用 JDBC 的方式把数据库中的数据取出来。

12.5.3　案例要点

(1) JDBC 的操作步骤。
(2) 执行 JDBC 操作之后，如何获取操作的结果。

12.5.4　案例实施

(1) 安装 MySQL 数据库，新建一个数据库 jdbcdemo，在这个数据库里建一个表 user，字段如下：

字　段　名	类　　型	长　　度	备　　注
id	int	11	自增主键
username	varchar	20	用户名
password	varchar	20	密码
authority	int	11	级别

(2) SQL 脚本如下：

```
create database jdbcdemo;
```

```
use jdbcdemo;
create table user(
    id int not null auto_increment,
    username varchar(20) not null,
    password varchar(20) not null,
    authority int not null,
    primary key(id)
);
```

(3) 向表中插入数据：

```
insert into user(username,password,authority) values('nepu','123456',0);
```

(4) 编写如下测试类 Test.java，并引用 MySQL 驱动包。

```java
/*源文件名:JDBCTest.java*/
import java.sql.Connection;
import java.sql.DriverManager;
import java.sql.PreparedStatement;
import java.sql.ResultSet;
import java.sql.SQLException;
public class JDBCTest {
  public static Connection getConnection(){
    Connection con=null;
    try {
      Class.forName("com.mysql.jdbc.Driver");     //注册驱动
      con=DriverManager.getConnection(
"jdbc:mysql://localhost:3306/jdbcdemo?user=root&password=");
    } catch(ClassNotFoundException e){
      e.printStackTrace();
    } catch(SQLException e){
      e.printStackTrace();
    }
    return con;
  }

  public static void findAllUser(){
    Connection conn=JDBCTest.getConnection();
    try {
      PreparedStatement pst=conn.prepareStatement("select * from user");
      ResultSet rs=pst.executeQuery();             //执行 SQL 语句
      while(rs.next()){
        String username=rs.getString("username");
        String password=rs.getString("password");
        System.out.println(username+"    "+password);
      }
```

```
    } catch(SQLException e){
      e.printStackTrace();
    }
  }
  public static void main(String[] args){
    JDBCTest.findAllUser();
  }
}
```

12.5.5　特别提示

（1）JDBC 访问数据库时，需要下载对应数据库的驱动程序，并将驱动程序的 JAR 包置于 CLASS PATH 中。另外，不同的数据库的链接字符串的写法有所不同。

（2）对数据库的操作，在 Java 进阶的 Web 程序开发中会有更多的应用。

12.5.6　拓展与提高

JDBC 数据库操作的步骤是基本固定的，但是具体实现代码可以有多种形式。例如，数据库连接的字符串可以从一个单独的属性文件（扩展名为.properties）里获取，驱动程序的加载及数据库连接的建立也可以提取出来为多个方法共用。另外，对 user 表的增、删、改操作请读者自己编码完成。

本 章 总 结

本章中主要介绍了以下内容：
- 关系数据库的概念。
- JDBC 的体系结构及 4 种 JDBC 驱动。
- JDBC 程序开发的基本步骤。

习　　题

1. 什么是 JDBC？它具有哪些特点？
2. JDBC 有哪 4 种驱动程序？
3. JDBC 进行数据库程序设计遵循哪几个步骤？

第 13 章　项目开发实战

本章重点

本章主要介绍一个简单项目案例的分析设计与开发实现。

学习 Java 语言的目的在于应用，目前 Java 语言的应用非常广泛，在 TIOBE 编程语言排行榜中长期占据第一的位置。使用 Java 可以开发许多类型的软件项目，尤其是在 Web 开发和移动应用开发这两个热门领域。如何应用 Java 语言进行项目开发是学习者最终的目标。本章主要介绍一个简单项目的总体概况、开发思路，其代码实现涉及的知识点贯穿于前面的各个章节，通过这个项目开发案例可以迅速体会 Java 应用的设计与开发流程。

13.1　问题描述

经过前面各章的学习，已经对如何使用 Java 语言的语法及编码技巧比较熟悉了。本章通过一个人员管理系统的设计与实现，深入介绍 Java 项目开发的实际过程。

几乎所有的软件系统都离不开对人员信息的管理，小到用户登录账号的维护模块，大到如客户关系管理系统(Customer Relationship Management，CRM)这样的完整软件平台，用户、管理员、操作员、客户等各类人员的信息经常需要在软件系统中记录，并赋予一定的系统操作权限。本案例结合前面各章学习的 Java 基础知识，展示一个包括对人员信息进行增、删、改、查操作的较为完整的 Java 项目。

13.2　需求分析

本案例的功能需求很简单，仅仅针对人员信息本身进行简单的维护管理，不涉及更为复杂的组织关系管理及权限分配。要求能够执行新增人员信息、浏览人员信息列表、根据编号查询单个人员信息、修改以及删除单条人员记录等操作。

人员信息包括编号、姓名、年龄、生日和通信地址。

要求实现的功能如下：
- 查询人员信息列表。
- 根据条件查询单个人员信息。
- 新增人员信息。
- 修改人员信息。
- 删除人员信息。

为了专注于核心 Java 基础知识的实际运用，该人员管理系统仅提供命令行操作界面，也就是在控制台之上进行用户交互的基础字符界面。不过，为了能够在稍后将该系统改进为 Swing 应用，甚至是 Web 应用或移动应用，需要分离出后台功能代码，这就要求进行适当的系统分层设计，合理设计模块间的接口，降低层间的耦合度。

人员信息的数据存储属于数据持久化的设计范畴，通常可以有两种实现方法：第一种方法是持久化保存到文件中，通过分隔符分离数据，这种方法的缺点是灵活度差、效率低、扩展性不足；第二种方法就是持久化保存到关系数据库之中，这种方法是主流的数据持久化方案。本系统采用流行的开源数据库 MySQL 作为数据的持久存储媒介，也方便日后的数据结构扩展。

项目的开发平台和工具如下：
- Windows 7 及以上版本操作系统。
- Java SE Development Kit 8。
- Eclipse 集成开发环境。
- MySQL 数据库，版本 5.5 及以上。

项目采用的关键技术如下：
- 使用 BufferedReader 或 Scanner 类完成用户的输入。
- 使用 SimpleDateFormat 类进行日期格式的转换。
- 使用类集框架进行数据的检索操作。
- 使用 MySQL 数据库进行数据的保存，其自带的命令行工具已足够使用，如需带有图形界面的客户端工具，Navicat、MySQL Front 等都是不错的选择。
- 使用 JDBC 技术进行数据库的操作，需要 MySQL 对应的驱动 JAR 包。
- 引入合适的设计模式，使用面向对象的方法进行合理的类/接口的结构划分。设计模式（design pattern）是一套被反复使用、多数人知晓、经过分类、代码设计经验的总结。使用设计模式的目的是为了提高代码的可重用性、可读性与可靠性。

13.3 概要设计

在人员管理系统中，需求提出的仅仅是开发对人员信息的增、删、改、查功能，从模块角度讲无法再细分，增删改查已经是粒度最细的业务操作了，但软件的层次结构划分还是需要的。由于功能相对简单，将代码结构分为两层：一层是用来处理用户输入和控制台输出的 Action 层，也称为动作层；另一层是通过 JDBC 与数据库进行交互的 DAO（Data Access Object）层，也称为数据访问对象层。而位于代码之下的就是数据库，提供数据的持久存储服务。

13.3.1 数据库设计

开发软件系统的一个重要部分就是数据库设计，不过本系统很简单，只需一张表（person 表）即可。数据库的 SQL 脚本如下：

```
DROP TABLE IF EXISTS 'person';
CREATE TABLE 'person'(
```

```
'pid' int(11)NOT NULL AUTO_INCREMENT,
'name' varchar(50)NOT NULL,
'age' int(11)NOT NULL,
'birthday' date NOT NULL,
'address' varchar(200)DEFAULT NULL,
PRIMARY KEY('pid')
)ENGINE=InnoDB DEFAULT CHARSET=utf8;
```

13.3.2 接口设计

接口的作用是定义代码应有的行为,即仅提供一组抽象方法的声明,而不给出方法体。抽象方法的具体实现工作应该在接口的实现类中完成。接口就是调用代码与被调用代码之间协商好的交互界面,只要接口中已经定义的抽象方法不变,那么调用代码与接口的实现代码就可以并行开发。

本系统中的DAO层代码会被上层调用,因此,在此处可以定义接口。

13.4 代码实现

系统在逻辑结构上分为Action层和DAO层,凡是与用户交互的UI代码都放在了Action层,而与数据库交互有关的代码都位于DAO层。此外,代码框架中还建立了独立的VO(Value Object)层用于放置值对象,值对象也称为域对象,一般对应数据库里的一张表,在代码中以JavaBean的形式进行定义。为了测试该系统,新增了test包,用于放置应用程序的启动代码。数据库脚本位于项目根目录的database之下,lib下保存了MySQL的JDBC驱动类库,应该正确地将其引入当前项目。人员管理系统的整体代码结构如图13-1所示。

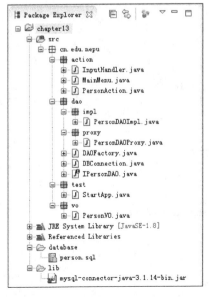

图13-1 人员管理系统的整体代码结构

13.4.1　PersonVO 类的实现

创建一个类 PersonVO，把数据库 person 表中的数据都装到这个类生成的对象里面，或者说 person 表的各个字段和 PersonVO 类的各个成员变量一一对应。

PersonVO 类的代码如下：

```java
/*源文件名:PersonVO.java*/
package cn.edu.nepu.vo;
import java.util.Date;
public class PersonVO {                              //本类是数据库中 person 表的映射
    private int pid;
    private String name;
    private int age;
    private Date birthday;
    private String address;
    public PersonVO(){
    }
    public PersonVO(int pid, String name, int age, Date birthday, String address){
        super();
        this.pid=pid;
        this.name=name;
        this.age=age;
        this.birthday=birthday;
        this.address=address;
    }
    public int getPid(){
        return pid;
    }
    public void setPid(int pid){
        this.pid=pid;
    }
    public String getName(){
        return name;
    }
    public void setName(String name){
        this.name=name;
    }
    public int getAge(){
        return age;
```

```java
    }
    public void setAge(int age){
        this.age=age;
    }
    public Date getBirthday(){
        return birthday;
    }
    public void setBirthday(Date birthday){
        this.birthday=birthday;
    }
    public String getAddress(){
        return address;
    }
    public void setAddress(String address){
        this.address=address;
    }
}
```

以上是 person 表对应的 VO 类,符合 JavaBean 的代码规范,即对属性使用 private 修饰符进行严格的封装,仅对外提供成对的 get/set 方法,对属性值进行查询与设置。

13.4.2 DBConnection 类的实现

凡是进行数据库的 CRUD 操作,必须要进行数据库的连接和关闭。而数据库连接的建立与关闭是每次访问数据库时都必须做的,具有重复性,并且与业务逻辑无关,仅仅是编程所必需的代码。因此,将数据库连接的创建/关闭代码单独提取出来,放在 DBConnection 类中。当程序中存在需要重复调用的公共代码时,不能够简单的复制与粘贴,而应该把它提取出来进行优化重构,这是防止代码腐化的有效手段,有利于软件的后期维护。DBConnection 类的实现代码如下:

```java
/*源文件名:DBConnection.java*/
package cn.edu.nepu.dao;

import java.sql.Connection;
import java.sql.DriverManager;
import java.sql.SQLException;

public class DBConnection {
    public static final String DB_DRIVER="com.mysql.jdbc.Driver";
    public static final String DB_URL =
        "jdbc:mysql://localhost:3306/test?useUnicode=true&characterEncoding=UTF-8";
    public static final String DB_USER="root";
    public static final String DB_PASSWORD="";
```

```java
    private Connection conn=null;
    public DBConnection(){
      try {
        Class.forName(DB_DRIVER);
        this.conn=DriverManager.getConnection(DB_URL, DB_USER, DB_PASSWORD);
      } catch(ClassNotFoundException e){
        e.printStackTrace();
      } catch(SQLException e){
        e.printStackTrace();
      }
    }

    public Connection getConnection(){
      return this.conn;
    }

    public void close(){
      if(this.conn !=null){
        try {
          this.conn.close();
        } catch(SQLException e){
          e.printStackTrace();
        }
      }
    }
}
```

提示：如果读者的开发环境中，数据库的设置有所不同，请根据实际情况修改该类最开始的几个静态字符串常量。

13.4.3　IPersonDAO 接口的实现

为了降低代码的耦合度，被调用的代码层应该提供接口以供其他层级或模块访问，接口内对于抽象方法声明的依据来源于需求分析中对功能的具体要求。增、删、改所对应方法的返回值应该是布尔类型，表明操作是否成功；查询单条记录的方法，应返回对应的值对象；查询多条记录的方法，应返回值对象的集合列表。

IPersonDAO 接口的代码如下：

```java
/*源文件名:IPersonDAO.java*/
package cn.edu.nepu.dao;

import java.util.List;

import cn.edu.nepu.vo.PersonVO;

public interface IPersonDAO {
```

```
/*
 * 数据库的增加操作
 */
public boolean doCreate(PersonVO person)throws Exception;

/*
 * 数据库的修改操作
 */
public boolean doUpdate(PersonVO person)throws Exception;

/*
 * 数据库的删除操作
 */
public boolean doDelete(int pid)throws Exception;

/*
 * 根据 ID 查询数据库
 */
public PersonVO findById(int pid)throws Exception;

/*
 * 查询全部的记录
 */
public List<PersonVO> findAll(String keyword)throws Exception;
}
```

通常在 CRUD 四种操作中，Create(新增)、Update(修改)和 Delete(删除)各提供一个方法，而 Retrieve(查询)对应单条记录查询和多条记录列表查询两个方法。开发时应该按照需求自行决定基础操作方法的声明。例如，针对操作日志无法修改或删除的特点，对应的 Update 和 Delete 方法就无须提供。

13.4.4 PersonDAOImpl 类的实现

PersonDAOImpl 类是 IPersonDAO 接口的具体实现类，在接口中声明的抽象方法，在 PersonDAOImpl 类中都进行了实现。

PersonDAOImpl 类的具体实现代码如下：

```
/*源文件名:PersonDAOImpl.java*/
package cn.edu.nepu.dao.impl;

import java.sql.Connection;
import java.sql.PreparedStatement;
import java.sql.ResultSet;
import java.util.ArrayList;
import java.util.List;
```

```java
import cn.edu.nepu.dao.IPersonDAO;
import cn.edu.nepu.vo.PersonVO;
public class PersonDAOImpl implements IPersonDAO {
    private Connection conn=null;
    public PersonDAOImpl(Connection conn){
        this.conn=conn;
    }
    @Override
    public boolean doCreate(PersonVO person)throws Exception {
        boolean flag=false;
        PreparedStatement pstmt=null;
        String sql="INSERT INTO person(name,age,birthday,address)VALUES(?,?,?,?)";
        try {
            pstmt=this.conn.prepareStatement(sql);
            pstmt.setString(1, person.getName());
            pstmt.setInt(2, person.getAge());
            pstmt.setDate(3, new java.sql.Date(person.getBirthday().getTime()));
            pstmt.setString(4, person.getAddress());
            int len=pstmt.executeUpdate();
            if(len>0){
                flag=true;
            }
        } catch(Exception e){
            throw e;
        } finally {
            try {
                pstmt.close();
            } catch(Exception e){
                throw e;
            }
        }
        return flag;
    }
    @Override
    public boolean doDelete(int pid)throws Exception {
        boolean flag=false;
        PreparedStatement pstmt=null;
        String sql="DELETE FROM person WHERE pid=?";
        try {
            pstmt=this.conn.prepareStatement(sql);
            pstmt.setInt(1, pid);
            int len=pstmt.executeUpdate();
```

```java
      if(len>0){
        flag=true;
      }
    } catch(Exception e){
      throw e;
    } finally {
      try {
        pstmt.close();
      } catch(Exception e){
        throw e;
      }
    }
    return flag;
  }

  @Override
  public boolean doUpdate(PersonVO person)throws Exception {
    boolean flag=false;
    PreparedStatement pstmt=null;
    String sql=" UPDATE person SET name =?, age =?, birthday =?, address =? WHERE pid=?";
    try {
      pstmt=this.conn.prepareStatement(sql);
      pstmt.setString(1, person.getName());
      pstmt.setInt(2, person.getAge());
      pstmt.setDate(3, new java.sql.Date(person.getBirthday().getTime()));
      pstmt.setString(4, person.getAddress());
      pstmt.setInt(5, person.getPid());
      int len=pstmt.executeUpdate();
      if(len>0){
        flag=true;
      }
    } catch(Exception e){
      throw e;
    } finally {
      try {
        pstmt.close();
      } catch(Exception e){
        throw e;
      }
    }
    return flag;
  }

  @Override
```

```java
public List<PersonVO> findAll(String keyword) throws Exception {
    List<PersonVO> list=new ArrayList<PersonVO>();
    PreparedStatement pstmt=null;
    String sql="SELECT pid,name,age,birthday,address FROM person ";
    if(keyword !=null && !keyword.isEmpty())
        sql +="WHERE name LIKE ? OR age LIKE ? OR birthday LIKE ? OR address LIKE ?";
    try {
        pstmt=this.conn.prepareStatement(sql);
        pstmt.setString(1, "%"+keyword+"%");       //模糊查询
        pstmt.setString(2, "%"+keyword+"%");       //模糊查询
        pstmt.setString(3, "%"+keyword+"%");       //模糊查询
        pstmt.setString(4, "%"+keyword+"%");       //模糊查询
        ResultSet rs=pstmt.executeQuery();         //执行查询
        PersonVO per=null;
        while(rs.next()){                          //如果有查询的结果,则转换为 VO 对象并插入 List
            per=new PersonVO();
            per.setPid(rs.getInt"pid");
            per.setName(rs.getString"name");
            per.setAge(rs.getInt"age");
            per.setBirthday(rs.getDate"birthday");
            per.setAddress(rs.getString"address");
            list.add(per);                         //向集合中插入内容
        }
    } catch(Exception e){
        throw e;
    } finally {
        try {
            pstmt.close();
        } catch(Exception e){
            throw e;
        }
    }
    return list;
}

@Override
public PersonVO findById(int pid) throws Exception {
    PersonVO per=null;
    PreparedStatement pstmt=null;
    String sql="SELECT pid,name,age,birthday,address FROM person WHERE pid=?";
    try {
        pstmt=this.conn.prepareStatement(sql);
        pstmt.setInt(1, pid);
        ResultSet rs=pstmt.executeQuery();         //执行查询
        if(rs.next()){                             //如果有查询的结果,则转换为 VO 对象
```

```
            per=new PersonVO();
            per.setPid(rs.getInt"pid");
            per.setName(rs.getString"name");
            per.setAge(rs.getInt"age");
            per.setBirthday(rs.getDate"birthday");
            per.setAddress(rs.getString"address");
        }
    } catch(Exception e){
        throw e;
    } finally {
        try {
            pstmt.close();
        } catch(Exception e){
            throw e;
        }
    }
    return per;
  }
}
```

该类是本系统的一个核心类,有几点需要说明:

(1) 对数据库操作的过程中,JDBC 操作代码有可能会抛出 SQLException 异常,应对其进行适当的处理。该类中仅仅捕捉了 Exception 的异常对象并原封不动地抛给上级调用代码,自然也包括 SQLException 类型的异常。

(2) 为 PreparedStatement 设置参数时,SQL 语句中占位符"?"的顺序号从 1 开始,而不是在数组中经常见到的初始数字 0。

(3) 数据库的增、删、改操作成功时,数据库会返回受影响的记录条数,通过判断返回值是否大于 0,来确定操作成功与否。

13.4.5 PersonDAOProxy 类的实现

对数据库的每一次操作,事实上包括两个部分,即打开和关闭数据库连接的代码以及具体的 CRUD 业务代码。其中,数据库的打开和关闭这些重复性操作由 DBConnection 类来完成,真正的业务代码由实现类 PersonDAOImpl 来完成。为了组装这两个类,系统使用了设计模式中的代理模式(Proxy Pattern),下面设计一个代理类 PersonDAOProxy,通过这个类对底层的实现细节进行隐藏。例如,我们从超市购买商品,而不必过于关心商品的工厂或者货源,在这里超市就是代理,它的存在就隐藏了商品在哪里生产、使用什么交通工具运送等具体实现细节。

PersonDAOProxy 类的代码实现如下:

```
/*源文件名:PersonDAOProxy.java*/
package cn.edu.nepu.dao.proxy;
```

```java
import java.util.List;
import cn.edu.nepu.dao.DBConnection;
import cn.edu.nepu.dao.IPersonDAO;
import cn.edu.nepu.dao.impl.PersonDAOImpl;
import cn.edu.nepu.vo.PersonVO;
public class PersonDAOProxy implements IPersonDAO {
    private DBConnection dbc=null;
    private IPersonDAO dao=null;
    public PersonDAOProxy(){
        this.dbc=new DBConnection();
        this.dao=new PersonDAOImpl(this.dbc.getConnection());
    }
    @Override
    public boolean doCreate(PersonVO person) throws Exception {
        boolean flag=false;
        try {
            flag=this.dao.doCreate(person);
        } catch(Exception e){
            throw e;
        } finally {
            this.dbc.close();
        }
        return flag;
    }

    @Override
    public boolean doDelete(int pid) throws Exception {
        boolean flag=false;
        try {
            flag=this.dao.doDelete(pid);
        } catch(Exception e){
            throw e;
        } finally {
            this.dbc.close();
        }
        return flag;
    }

    @Override
    public boolean doUpdate(PersonVO person) throws Exception {
        boolean flag=false;
        try {
            flag=this.dao.doUpdate(person);
```

```java
      } catch(Exception e) {
        throw e;
      } finally {
        this.dbc.close();
      }
      return flag;
    }

    @Override
    public List<PersonVO> findAll(String keyWord) throws Exception {
      List<PersonVO> all=null;
      try {
        all=this.dao.findAll(keyWord);
      } catch(Exception e) {
        throw e;
      } finally {
        this.dbc.close();
      }
      return all;
    }

    @Override
    public PersonVO findById(int pid) throws Exception {
      PersonVO per=null;
      try {
        per=this.dao.findById(pid);
      } catch(Exception e) {
        throw e;
      } finally {
        this.dbc.close();
      }
      return per;
    }
}
```

注意：同 PersonDAOImpl 类一样，代理类 PersonDAOProxy 也实现了 IPersonDAO 接口，因此各方法的签名都与实现类 PersonDAOImpl 保持一致。

13.4.6 DAOFactory 类的实现

工厂模式（Factory Pattern）也是设计模式中的一个重要概念。出于程序解耦的考虑，上层模块仅仅知道下层暴露出来的 IPersonDAO 接口，但是在运行时则需要该接口的实现类，也就是前面定义的 PersonDAOProxy 类。原有的办法是在 Action 层中使用 new 关键字来实例化实现类，但这样的话 Action 与 DAO 层间的关联还是太紧密，能否继续解耦，把实例化实现类的工作也分离出来呢？工厂模式可以解决这个问题，DAOFactory 类中保存了具体类的实例化代码。这样,DAO 对象实例化的工作就完全和 Action 层无关了。在工厂模式中,客户需要的是一个抽象产品类,而工厂生产的具体产品类到底是什么则取决于工厂类的内部选择,与客户没有直接的关联。

DAOFactory 类的代码如下:

```java
/*源文件名:DAOFactory.java*/
package cn.edu.nepu.dao;
import cn.edu.nepu.dao.proxy.PersonDAOProxy;
public class DAOFactory {
    public static IPersonDAO getPersonDAOInstance(){
        return new PersonDAOProxy();
    }
}
```

到此,DAO 层的代码已经展示完毕,接下来要实现的是 UI 部分的功能。

13.4.7　MainMenu 类的实现

前台 UI 界面的展示,首先是从显示用户主菜单开始,通过调用 MainMenu 类的 showMainMenu()方法,将各种用户的业务操作选项罗列出来。用户的输入由单独的 InputHandler 输入处理器类负责处理,调用底层业务代码的工作则由 PersonAction 类完成。MainMenu 类的代码如下:

```java
/*源文件名:MainMenu.java*/
package cn.edu.nepu.action;
public class MainMenu {
    public void showMainMenu(PersonAction action){        //显示菜单
        System.out.println("=======人员管理系统 =======");
        System.out.println("[1]--增加记录");
        System.out.println("[2]--修改记录");
        System.out.println("[3]--删除记录");
        System.out.println("[4]--查询所有记录");
        System.out.println("[5]--关键字检索");
        System.out.println("[0]--退出\n\n");
        int option=new InputHandler().getInt("请选择:", "选项必须是数字");
        switch(option){
        case 0: {
            System.out.println("bye bye.");
            System.exit(1);
        }
        case 1: {
            action.insert();
```

```
          break;
        }
        case 2: {
          action.update();
          break;
        }
        case 3: {
          action.delete();
          break;
        }
        case 4: {
          action.findAll();
          break;
        }
        case 5: {
          action.search();
          break;
        }
        default: {
          System.out.println("请选择正确的选项:");
        }
      }
   }
}
```

13.4.8　InputHandler 类的实现

InputHandler 类是一个工具类，专职负责对用户输入数据的处理。在菜单类中用到了 InputHandler 来处理用户输入的菜单选项。除了对主菜单中的选项进行处理外，InputHandler 类还要处理接下来的用户输入。例如，接收用户输入日期、查询关键字等。该类中用到的 Scanner 类能够更方便地处理程序执行过程中的用户输入。

```
/*源文件名:InputHandler.java*/

package cn.edu.nepu.action;

import java.text.ParseException;
import java.text.SimpleDateFormat;
import java.util.Date;
import java.util.Scanner;

public class InputHandler {
  private Scanner scan=null;                          //输入数据

  public InputHandler(){
    this.scan=new Scanner(System.in);                 //输入数据实例化
```

```java
    }
    public String getString(String infomation){
        String str=null;
        System.out.print(infomation);
        if(this.scan.hasNext()){
            str=this.scan.next();                          //接收内容
        }
        return str;
    }

    public int getInt(String infomation, String errorMessage){
        int data=0;
        System.out.print(infomation);
        if(this.scan.hasNextInt()){
            data=this.scan.nextInt();                      //接收内容
        } else {
            System.out.print(errorMessage);
        }
        return data;
    }

    public Date getDate(String infomation, String errorMessage){
        Date date=null;
        System.out.print(infomation);
        if(this.scan.hasNext("\\d{4}-\\d{2}-\\d{2}")){
            String str=this.scan.next("\\d{4}-\\d{2}-\\d{2}");
            try {
                date=new SimpleDateFormat("yyyy-MM-dd").parse(str);
            } catch(ParseException e){
                e.printStackTrace();
            }
        } else {
            System.out.print(errorMessage);
        }
        return date;
    }
}
```

13.4.9　PersonAction 类的实现

PersonAction 类是一个动作类，能够对接收到的用户输入数据进行处理，然后转给 DAO 层工厂提供的实现类进行相应的操作，并负责组织返回给用户控制台的显示内容。

PersonAction 类的实现代码如下：

```
/*源文件名:PersonAction.java*/
```

```java
package cn.edu.nepu.action;

import java.util.Date;
import java.util.Iterator;
import java.util.List;

import cn.edu.nepu.dao.DAOFactory;
import cn.edu.nepu.vo.PersonVO;

public class PersonAction {
    public void insert(){
        PersonVO per=new PersonVO();
        InputHandler input=new InputHandler();
        String name=input.getString("请输入人员的姓名:");
        int age=input.getInt("请输入人员的年龄:", "年龄必须是数字,");
        Date date=input.getDate("请输入人员的生日:", "输入的日期格式不正确,");
        String address=input.getString("请输入人员的住址:");
        per.setName(name);
        per.setAddress(address);
        per.setAge(age);
        per.setBirthday(date);
        try {
            DAOFactory.getPersonDAOInstance().doCreate(per);
            System.out.println("人员信息增加成功!");
        } catch(Exception e){
            System.out.println("人员信息增加失败!");
        }
    }

    public void update(){
        //在修改数据之前最好先将数据查询出来
        PersonVO per=null;
        InputHandler input=new InputHandler();
        int pid=input.getInt("请输入要修改人员的编号:", "编号必须是数字,");

        try {
            per=DAOFactory.getPersonDAOInstance().findById(pid);
        } catch(Exception e1){
        }
        if(per !=null){
            String name=input.getString("请输入新的姓名(原姓名:"
+per.getName()+"):");
            int age=input.getInt("请输入新的年龄(原年龄:"
+per.getAge()+"):", "年龄必须是数字,");
            Date date=input.getDate("请输入新的生日(原生日:"
+per.getBirthday()+"):", "日期格式不正确,");
            String address=input.getString("请输入新的住址(原住址:"
```

```java
      +per.getAddress()+"):");
        per.setName(name);
        per.setAddress(address);
        per.setAge(age);
        per.setBirthday(date);
        try {
          DAOFactory.getPersonDAOInstance().doUpdate(per);
          System.out.println("人员信息修改成功!");
        } catch(Exception e){
          System.out.println("人员信息修改失败!");
        }
      } else {
        System.out.println("没有此人员信息。");
      }
    }

    public void delete(){
      InputHandler input=new InputHandler();
      int pid=input.getInt("请输入要修改人员的编号:", "编号必须是数字,");
      try {
        DAOFactory.getPersonDAOInstance().doDelete(pid);
        System.out.println("人员信息删除成功!");
      } catch(Exception e){
        System.out.println("人员信息删除失败!");
      }
    }

    public void findAll(){
      List<PersonVO> all=null;
      try {
        all=DAOFactory.getPersonDAOInstance().findAll(null);
      } catch(Exception e){
        e.printStackTrace();
      }
      Iterator<PersonVO> iter=all.iterator();
      while(iter.hasNext()){
        PersonVO per=iter.next();
        System.out.println(
            per.getPid()+","
            +per.getName()+","
            +per.getAge()+","
            +per.getBirthday()+","
            +per.getAddress());
      }
    }
```

```java
public void search(){
    List<PersonVO> list=null;
    String keyword=new InputHandler().getString("请输入检索的关键字:");
    try {
        list=DAOFactory.getPersonDAOInstance().findAll(keyword);
    } catch(Exception e){
    }
    if(list !=null){
        Iterator<PersonVO> iter=list.iterator();
        while(iter.hasNext()){
            PersonVO per=iter.next();
            System.out.println(
                per.getPid()+","
                +per.getName()+","
                +per.getAge()+","
                +per.getBirthday()+","
                +per.getAddress());
        }
    }
}
```

13.4.10　StartApp 类的实现

完成上面所有代码之后,要让程序运行起来,还需要一个作为程序入口的类 StartApp,具体实现如下:

```java
/*源文件名:StartApp.java*/
package cn.edu.nepu.test;

import cn.edu.nepu.action.MainMenu;
import cn.edu.nepu.action.PersonAction;

public class StartApp {
    public static void main(String[] args)throws Exception {
        PersonAction action=new PersonAction();
        MainMenu menu=new MainMenu();
        while(true){
            menu.showMainMenu(action);
        }
    }
}
```

接下来,就可以运行 main 方法进行测试了,测试期间可以结合 MySQL 数据库验证人员信息的提交结果。

本 章 总 结

本章通过一个简单的项目案例展示了Java应用程序设计与开发的工作流程,从中可以体会到从需求分析到代码实现的整个过程,在实战演练中学习和掌握Java基础知识的运用方法。

习 题

1. 什么是DAO？什么是VO？它们和数据库有什么关系？
2. 代理模式和工厂模式各自的特点是什么？

附 录　　Java 编程规范

1. 注释规范

在本书前面已经提到过，Java 支持三种形式的注释。前两种形式分别是 // 和 /* */；第三种形式称为文档注释，它以 /** 开始，以 */ 标志结束。文档注释提供了将程序信息嵌入程序的功能，提供了编写程序文档的便利方式。

开发者可以使用 javadoc 工具将信息取出，然后转换为 HTML 文件。javadoc 工具生成的文档我们都很熟悉，因为 Sun 公司提供的 Java API 文档库就是这么生成的。javadoc 程序将 Java 程序的源文件作为输入，输出几个包含该程序文档的 HTML 文件。每个类的信息在其自己的 HTML 文件中。同时，javadoc 还输出一个索引和一个层次结构树。另外，javadoc 还可以生成其他 HTML 文件。不同实现版本的 javadoc 其工作方式可能有所不同，具体可以参考 Java 开发系统的说明书以了解相关版本的细节处理。

1) javadoc 标记

javadoc 标记见表附-1。

表附-1　javadoc 常用标记

Tag(标记)	意　　义
@author	表示类的作者
@deprecated	表示反对使用这个类或成员
{@docRoot}	表示当前文档的根目录路径
@exception	表示一个方法抛出的异常
{@link}	插入对另一个主题的内部链接
@param	描述方法的参数
@return	描述方法的返回值
@see	指定对另一个主题的链接
@serial	描述默认的可序列化字段
@serialData	为 writeObject() 或者 writeExternal() 方法编写的数据提供文档
@serialField	描述 ObjectStreamField 组件
@since	当引入一个特定改变时，声明发布版本
@throws	与 @exception 相同
@version	描述类的版本

正如上面看到的那样，所有的文档标记都以 @ 标志开始。在一个文档注释中，也可以使

用其他的标准 HTML 标记。然而，一些标记（如标题 title）是不能使用的，因为它们会破坏由 javadoc 生成的 HTML 文件外观。

可以使用文档注释为类、接口、数据、构造方法和方法提供文档。在所有的这些情况中，文档注释必须紧接在被注释的内容之前。其中，为变量进行注释，可以使用@see、@since、@serial、@serialField 和@deprecated 文档标记。为类进行注释，可以使用@see、@author、@since、@deprecated 和@version 文档标记。为方法进行注释，可以使用@see、@return、@param、@since、@deprecated、@throws、@serialData 和@exception 文档标记。而{@link}或{@docRoot}可以用在任何地方。

2）标记的使用方法

（1）@author

标记@author 指定一个类的作者。它的语法如下：

```
@author description
```

其中，description 通常是编写这个类的作者名字。标记@author 只能用在类的文档中。

在执行 javadoc 时，需要指定-author 选项，才可将@author 域包括在 HTML 文档中。

（2）@deprecated

@deprecated 标记指示不赞成使用一个类或者一个成员。建议使用@see 标记指示程序员其他可用的选择。其语法如下：

```
@deprecated description
```

其中，description 是描述反对的信息。由@deprecated 标记指定的信息由编译器识别，包括在生成的.class 文件中的信息，因此在编译 Java 源文件时，程序员可以得到这个信息。

@deprecated 标记可以用于变量、方法和类的文档中。

（3）{@docRoot}

{@docRoot}指定当前文档的根目录路径。

（4）@exception

@exception 标记描述一个方法的异常。其语法如下：

```
@exception exception-name explanation
```

其中，异常的完整名称由 exception-name 指定，explanation 是描述异常如何产生的字符串。

@exception 只用于方法的文档。

（5）{@link}

{@link}标记提供一个附加信息的联机超链接。其语法如下：

```
{@link name text}
```

其中，name 是加入超链接的类或方法的名字，text 是显示的字符串。

（6）@param

@param 标记注释一个方法的参数。其语法如下：

```
@param parameter-name explanation
```

其中,parameter-name 指定方法的参数名。这个参数的含义由 explanation 描述。

@param 标记只用在方法的文档中。

(7) @return

@return 标记描述一个方法的返回值。其语法如下：

```
@return explanation
```

其中,explanation 描述方法返回值的类型和含义。

@return 标记只用在方法的文档中。

(8) @see

@see 标记提供附加信息的引用。最常见的使用格式如下：

```
@see anchor
@see pkg.class#member text
```

在第一种格式中,anchor 是一个指向绝对 URL 或相对 URL 的超链接。在第二种格式中,pkg.class#member 指示项目的名字,text 是项目的文本显示。文本参数是可选的,如果不用,则显示由 pkg.class#member 指定的项目。成员名也是可选的。因此,除了指向特定方法或者字段的引用之外,还可以指定一个引用指向一个包、一个类或者一个接口。名字可以是完全限定的,也可以是部分限定的。但是,成员名(如果存在的话)之前的点必须被替换成一个散列字符。

(9) @serial

@serial 标记为默认的可序列化字段定义注释文档。其语法如下：

```
@serial description
```

其中,description 是字段的注释。

(10) @serialData

@serialData 标记为 writeObject()或者 writeExternal()方法编写的数据提供文档。其语法如下：

```
@serialData description
```

其中,description 是数据的注释。

(11) @serialField

@serialField 标记为 ObjectStreamField 组件提供注释。其语法如下：

```
@serialField name type description
```

其中,name 是数据名,type 是数据类型,description 是数据的注释。

(12) @since

@since 标记声明由一个特定发布版本引入的类或成员。其语法如下：

```
@since release
```

其中,release 是指示这个特性可用的版本或发布的字符串。

@since 标记可以用在变量、方法和类的文档中。

(13) @throws

@throws 标记与 @exception 标记的含义相同。

(14) @version

@version 标记指示类的版本。其语法如下：

@version info

其中，info 是包含版本信息的字符串，在典型情况下是如 2.3 这样的版本号。

@version 标记只用在类的文档中。在执行 javadoc 时，指定 -version 选项，可将 @version 域包含在 HTML 文档中。

3）文档注释的一般形式

在用 /** 开头后，第一行或者头几行是类、变量或方法的主要描述。其后，可以包括一个或多个不同的 @ 标记。每个 @ 标记必须在一个新行的开头，或者跟随在一个星号（*）之后。同类型的多个标记应该组合在一起。例如，如果有三个 @see 标记，最好是一个接着一个。

下面是一个使用文档注释的程序示例：

```
/**
 * This class describe a student.
 * @author Zhang San
 * @version 2.3
 */
public class Student {
    /**
     * This field describes student's score
     */
    private double score;

    /**
     * This method set the value of score
     * This is a multiline description. You can use
     * as many lines as you like
     * @param score The value to be set
     * @return Nothing
     */
    public void setScore(double score){
        this.score=score;
    }
    /**
     * This method returns student's score
     * @return The value of score as a double
     */
    public double getScore(){
        return this.score;
```

```
    }
    /**
     * This method is the main entrance
     * @param args Unused
     * @return Nothing
     */
    public static void main(String args[]){
       Student stu=new Student();
       stu.setScore(86.5);
       System.out.println("Student's score is: "+stu.getScore());
    }
}
```

2．命名规范

定义命名规范的目的是让项目中所有的文档看起来都像一个人写的，增加可读性，减少项目组中因为开发人员变动而带来的损失。

1) Package 的命名

Package 的名字应该都由一个小写单词组成。

2) Class 的命名

Class 的名字必须由大写字母开头而其他字母都由小写的单词组成。

3) Class 变量的命名

Class 变量的名字必须用一个小写字母开头，后面的单词用大写字母开头。

4) static final 变量的命名

static final 变量的名字应该都大写，并且指出其完整含义。

5) 参数的命名

参数的名字必须和变量的命名规范一致。

6) 数组的命名

数组变量的定义格式，要把数组的前缀放在前面。格式如下：

数组前缀+变量的前缀+描述

例如，NodeList[] arrNLTemp[3]表示节点列表数组。

7) 方法的参数命令

应使用有意义的参数命名，如果可能的话，使用和要赋值的字段一样的名字。例如：

```
public void setSize(int size){
    this.size=size;
}
```

3．Java 文件样式

所有的 Java(*.java)文件都必须遵守如下的样式规则。

1) 版权信息

版权信息必须在 Java 文件的开头。例如：

```
/**
 * Copyright ? 2005 Bei Jing XXX Co. Ltd.
 * All right reserved.
 */
```

其他不需要出现在 javadoc 中的信息也可以包含在这里。

2) package/import

package 行要在 import 行之前,import 中标准的包名要在本地的包名之前,而且按照字母顺序排列。如果 import 行中包含了同一个包中的不同子目录,则应该用 * 来处理。

```
package cn.edu.nepu.space.test;
import java.io.*;
import java.util.List;
import cn.edu.nepu.space.util.Conn;
```

这里,java.io.* 用来代替 InputStream 和 OutputStream 等。

3) Class

接下来是类的注释,一般是用来解释类的。

```
/**
 * A class representing a counter
 */
```

然后是类定义,包含了在不同行的 extends 和 implements。

```
public class CounterTest
    extends Object
    implements Cloneable
```

4) Class Fields

接着是类的成员变量。

```
/**
 * Packet counters
 */
protected int[] packets;
```

public 的成员变量必须生成文档(javadoc)。protected、private 和 package 定义的成员变量如果名字含义明确的话,也可以没有注释。

5) 存取(Accessor)方法

再接着是类变量的存取方法。若它只是简单地用来将类的变量赋值获取值的话,则可以写在一行上。

```
/**
 * Get the counters
 * @return an array containing the statistical data
 */
```

```java
public int[] getPackets(){ return copyArray(packets, offset); }
public int[] getBytes(){ return copyArray(bytes, offset); }

public int[] getPackets(){ return packets; }
public void setPackets(int[] packets){ this.packets=packets; }
```

其他的方法不要写在一行上。

6）构造方法

有多个重载的构造方法时，应该用参数个数递增的方式写（即参数多的写在后面）。

访问类型（如 public、private 等）和任何 static、final 或 synchronized 应该在一行中，并且方法和参数另写一行，这样可以使方法和参数更易读。

```java
public CounterTest(int size){
    this.size=size;
}
```

7）克隆方法

如果这个类是可以被克隆的，那么下一步就是 clone()方法。

```java
public Object clone(){
    try {
        CounterTest obj=(CounterTest)super.clone();
        obj.packets=(int[])packets.clone();
        obj.size=size;
        return obj;
    }catch(CloneNotSupportedException e){
        throw new InternalError("Unexpected CloneNotSUpportedException: "
            +e.getMessage());
    }
}
```

8）类方法

下面是类方法的使用示例。

```java
/**
 * Set the packet counters
 */
protected final void setArray(int[] r1, int[] r2, int[] r3, int[] r4)
throws IllegalArgumentException
{
    /**
     * Ensure the arrays are of equal size
     */
    if(r1.length!=r2.length||r1.length!=r3.length||r1.length!=r4.length)
        throw new IllegalArgumentException("Arrays must be of the same size");
    System.arraycopy(r1, 0, r3, 0, r1.length);
```

```
        System.arraycopy(r2, 0, r4, 0, r1.length);
}
```

9) toString()方法

无论如何,每一个类都应该定义 toString()方法。

```
public String toString(){
    String retval="CounterTest: ";
    for(int i=0; i<data.length(); i++){
        retval +=data.bytes.toString();
        retval +=data.packets.toString();
    }
    return retval;
}
```

10) main()方法

如果 main(String[])方法已经定义了,那么它应该写在类的底部。

4. 代码编写格式

1) 代码样式

代码应该用 UNIX 的格式,而不是 Windows 的格式(如回车变成回车+换行)。

2) 文档化

必须用 javadoc 来为类生成文档。不仅因为它是标准,而且这也是被各种 Java 编译器都认可的方法。不推荐使用@author 标记,因为代码不应该被个人拥有。

3) 缩进

缩进应该是每行 4 个空格。不要在源文件中保存 Tab 字符,在使用不同的源代码管理工具时,Tab 字符将因为用户设置的不同而扩展为不同的宽度。

下面是一个例子。

```
/**
 *   comment line1
 *   comment line2
 *   comment line3
 */
import java.io.*;
import java.util.*;

public class HelloWorldApp{
    int a=1;                        //comment line

    /**
     *   function name:PrintString()
     *   statement
     *   @param     int     iTemp process flag
     *   @return    void
```

```
 *   note: input parameter iTemp can not be null
 */
private void printString(int iTemp){
    语句 1；
    语句 2；
    ...
    }
}
```

4) 页宽

页宽应该设置为 80 个字符。源代码一般不会超过这个宽度，否则将导致无法完整显示，但这一设置也可以灵活调整。在任何情况下，超长的语句应该在一个逗号或者一个操作符后折行。一条语句折行后，应该比原来的语句再缩进 2 个字符。

5) {}对

{}中的语句应该单独作为一行。例如，下面的第 1 行是错误的，第 2 行是正确的。

```
if(i>0){ i++};                        //错误,{和}在同一行

if(i>0){
    i++
};                                    //正确,{单独作为一行
```

}语句永远单独作为一行。}语句应该缩进到与其对应的{那一行相对齐的位置。

6) 括号

左括号和其后的字符之间不应该出现空格，同样，右括号和其前的字符之间也不应该出现空格。下面的例子演示了括号和空格的错误及正确使用。

```
CallProc( AParameter );               //错误
CallProc(AParameter);                 //正确
```

不要在语句中使用无意义的括号，括号只应该为达到某种目的而出现在源代码中。下面的例子演示了括号错误和正确的用法。

```
if((i)=42){                           //错误,括号无意义
if((i==42)or(j==42)){                 //正确,的确需要括号
```

7) 空行、空格

空行只允许空一行。使用空行的地方如下：

① 方法体与其他语句之间以及方法与方法之间。
② 相对独立的小节之间。
③ 主程序内，不同类型变量声明以及变量声明与程序语句之间。

除语法规定要加空格的地方与缩进加空格以外，程序的其他地方不能加空格。

5. 其他规范

1) exit()

exit()除了在 main()中可以被调用外，其他地方不应该被调用。因为这样做不给任何

代码机会来截获退出。一个类似后台服务的程序，不应因为某一个库模块决定要退出就退出。

2）异常

声明的错误应该抛出一个 RuntimeException 异常或者派生的异常。

顶层的 main()方法应该截获所有的异常，并且打印在屏幕上（或者记录在日志中）。

3）垃圾收集

Java 使用成熟的后台垃圾收集技术来代替引用计数。但是，这样会导致一个问题：必须在使用完对象的实例以后进行清场工作。例如，一个程序员可能这样编写：

```
...
{
    FileOutputStream fos=new FileOutputStream(projectFile);
    project.save(fos, "IDE Project File");
}
...
```

除非输出流一出作用域就被关闭，否则，非引用计数的程序语言（如 Java）是不能自动完成变量的清场工作的。必须像下面这样编写：

```
FileOutputStream fos=new FileOutputStream(projectFile);
project.save(fos, "IDE Project File");
fos.close();
```

4）clone()

下面是一种有用的方法。

```
class Fooimplements Cloneable{
public Object clone()
{
    try {
        ThisClass obj=(ThisClass)super.clone();
        obj.field1=(int[])field1.clone();
        obj.field2=field2;
        return obj;
    } catch(CloneNotSupportedException e){
        throw new InternalError("Unexpected CloneNotSUpportedException: "+
        e.getMessage());
    }
}
}
```

5）final 类

绝对不要因为性能原因将类定义为 final 的（除非程序的框架要求）。如果一个类还没有准备好被继承，最好在类文档中注明，而不要将它定义为 final 的。这是因为没有人可以保证会不会由于什么原因需要继承它。

6) 访问类的成员变量

大部分的类成员变量应该定义为 private 的来防止继承类使用它们。

注意：要用 int[] packets 而不是 int packets[]，后一种永远也不要用。

例如：

```
public void setPackets(int[] packets){ this.packets=packets; }
CounterTest(int size)
{
    this.size=size;
}
```

7) byte 数组转换到 characters

为了将 byte 数组转换到 characters，可以如下处理：

```
"Hello world!".getBytes();
```

8) Utility 类

Utility 类（只提供方法的类）应该被声明为抽象的来防止被继承或被初始化。

9) 初始化

下面的代码是一种很好的初始化数组的方法。

```
objectArguments=new Object[] { arguments };
```

10) 枚举类型

从 Java5 开始，可以使用 enum 关键字定义枚举类型。

```
enum Color{
    BLACK,RED,GREEN,BLUE,WHITE;
}
```

这种技术实现了 RED、GREEN、BLUE 等可以像其他语言的枚举类型一样使用的常量。可以用==操作符来比较它们，equal() 方法也有效。

11) Swing

避免使用 AWT 组件。避免混合使用 AWT 和 Swing 组件。

12) 滚动的 AWT 组件

AWT 组件绝对不要用 JScrollPane 类来实现滚动。滚动 AWT 组件时一定要用 AWT ScrollPane 组件来实现。

13) 避免在 InternalFrame 组件中使用 AWT 组件

尽量不要在 InternalFrame 组件中使用 AWT 组件，否则会出现不可预料的后果。

14) AWT/Swing 顺序问题

AWT 组件总是显示在 Swing 组件之上。当使用包含 AWT 组件的 POP-UP 菜单时要谨慎，尽量不要这样使用。

15）调试

调试在软件开发中是一个很重要的部分,存在于软件生命周期的各个部分中。调试能够用配置开、关是最基本的。

很常用的一种调试方法就是临时使用 System.out.println() 方法。还可以使用 Log4j 等日志工具或借助 IDE 进行代码调试。

16）性能

在编写代码的时候,从头至尾都应该考虑性能问题。这不是说时间都应该花费在优化代码上,而是时刻应该提醒自己要注意代码的效率。例如,如果没有时间来实现一个高效的算法,那么就应该在文档中记录下来,以便在以后有时间时再来实现它。

不是所有的人都同意在写代码时应该优化性能这个观点的,有些人认为性能优化的问题应该在项目的后期,等到程序的轮廓已经实现了以后再考虑。

17）不必要的对象构造

不要在循环中构造和释放对象。

18）使用 StringBuilder 对象

在处理 String 时要尽量使用 StringBuilder 类。在构造字符串时,应该用 StringBuilder 来实现大部分的工作,当工作完成后将 StringBuilder 对象再转换为需要的 String 对象。例如,如果有一个字符串必须不断地在其后添加许多字符来完成构造,那么应该使用 StringBuilder 对象和它的 append() 方法。如果用 String 对象代替 StringBuilder 对象,则会花费许多不必要的创建和释放对象的 CPU 时间。

19）避免太多地使用 synchronized 关键字

仅在要时使用关键字 synchronized,这有助于减少系统开销,也是一个避免死锁的好方法。

有些工具不喜欢 synchronized 这个关键字,如果断点设在这些关键字的作用域内,那么调试的时候就会发现断点会到处乱跳,让人不知所措。除非必须,否则尽量不要使用。

20）换行

如果需要换行,则尽量用 println 来代替在字符串中使用"\n"。

不要这样写：

```
System.out.print("Hello,world!\n");
```

而要这样写：

```
System.out.println("Hello,world!");
```

或者构造一个带换行符的字符串,至少要像下面这样：

```
String newline=System.getProperty("line.separator");
System.out.print("Hello world"+newline);
```

21）PrintStream

PrintStream 已经被摈弃(deprecated)使用,可以使用 PrintWriter 来代替它。

参 考 文 献

[1] 娄不夜,王利. 面向对象程序设计与 Java. 北京:清华大学出版社,2004.
[2] 张桂珠,陈爱国,姚晓峰. Java 面向对象程序设计. 北京:北京邮电大学出版社,2005.
[3] [美]Cay S Horstmann. Java 核心技术 卷 I:基础知识. 北京:机械工业出版社,2016.
[4] [美]Cay S,Horstmann. Java 核心技术 卷 II:高级特性. 北京:机械工业出版社,2014.
[5] 梁立新. 项目实践精解:Java 核心技术应用开发. 北京:电子工业出版社,2007.
[6] 梁立新. 项目实践精解:Java Web 应用开发. 北京:电子工业出版社,2007.
[7] [美]Bruce Eckel. Java 编程思想. 4 版. 北京:机械工业出版社,2007.
[8] 邵丽萍,邵光亚. Java 语言实用教程. 2 版. 北京:清华大学出版社,2008.
[9] 赵凤芝,包锋. C 语言程序设计能力教程. 3 版. 北京:中国铁道出版社,2014.
[10] 庞永庆,庞丽娟. 21 天学通 Java. 北京:电子工业出版社,2009.
[11] 侯俊杰. Java2 程序设计教程与上机实训. 北京:中国铁道出版社,2004.
[12] 朱仲杰. Java SE6 全方位学习. 北京:机械工程出版社,2008.
[13] 贾振华. Java 语言程序设计. 北京:中国水利出版社,2008.
[14] 明日科技. Java 从入门到精通. 3 版. 北京:清华大学出版社,2012.
[15] [美] Bruce Eckel. Java 编程思想. 4 版. 北京:机械工业出版社,2007.
[16] 林信良. Java 学习笔记. 8 版. 北京:清华大学出版社,2015.
[17] 魔乐科技(MLDN)软件实训中心. Java 从入门到精通. 2 版. 北京:人民邮电出版社,2015.
[18] 传智播客高教产品研究部. Java 基础入门. 北京:清华大学出版社,2014.
[19] 孙卫琴. Java 面向对象编程. 北京:电子工业出版社,2006.
[20] [美]Edward Finegan. OCA Java SE 7 Programmer Ⅰ 认证学习指南(Exam IZO-803). 北京:清华大学出版社,2014.